UG NX11
모션시뮬레이션

이건범, 임대섭, 이승원, 이해원 지음

光文閣
www.kwangmoonkag.co.kr

머리말

현대 산업사회의 패러다임은 3D 프린팅, 빅데이터, 무인 드론, 전기자동차 등과 같은 첨단기술이 급변하고 있어 고급 기술 기반의 전문성과 창의성이 요구되는 시대이다.

1970년대 중반 빠르게 변화하는 소비자의 욕구에 맞춰 설계와 디자인이 같이 진행되기 시작하였으며, 이러한 시스템의 변화로 인하여 CAD/CAM/CAE이 도입되기 시작했다. CAD/CAM/CAE의 도입은 현대 산업사회에 엄청난 변화를 가져왔으며, 제조업체 내 초보자도 단순한 데이터 작업으로 평균적이며 빠른 생산이 가능하도록 하였다. 현재 이러한 시스템은 제품의 디자인, 제품의 기능과 안전성, 제품의 규격을 고려하여 제품의 전반적인 라이프 사이클을 단축하기 위해 사용되고 있다.

Siemens사의 NX11.0은 제조업체의 제품 생산 시간을 단축시키며 원가 절감, 품질 향상을 통해 다른 기업들과 경쟁력을 높여주는 CAD/CAM/CAE 통합 솔루션이다. NX11.0은 기본적으로 3D 모델링, 조립 및 2D 도면 작성을 지원하고 있다. 또한 제품의 가공 제작을 위한 CAM 가공데이터를 추출할 수 있고 표준화된 규격 제품을 불러와 사출금형을 손쉽게 생성할 수 있다. 그뿐만 아니라 기구학적, 동역학적 해석 및 구조 해석을 통해 기 설계된 메커니즘에 대한 가상의 성능 평가를 통해 설계 변경이 손쉽게 이뤄질 수 있도록 지원하고 있다. 최근에는 엑추에이터나 센서와 같은 메카트로닉스 요소를 설계, 시뮬레이션 할 수 있는 기능 또한 보강되어 활용이 기대되고 있다.

본 교재는 NX11.0의 모델링 과정과 모션 시뮬레이션 과정을 습득하는 지침서이다. 모델링(3D Modeling) 과정에서는 동력전달장치와 치공구 장치를 대표하는 과제를 선정하여 초보자도 따라하기 쉽게 집필하였다. 시중에 나와 있는 다른 서적들이 모델링 관련 내용에 집중되어 모션 시뮬레이션에 대한 충분한 설명과 예제가 없는 상황이기에 본 교재의 모션 시뮬레이션(Motion Simulation) 과정에서는 설계한 기구나 제품들의 동작 테스트 및 기구학적/운동학적 분석을 위한 프로세스와 심도 있는 분석을 위해 이론적 배경 지식과 다수의 예제를 추가하였다. 또한 기존의 NX 구버전(NX8.5, NX9, NX10)의 경우도 이 교재를 기반으로 사용할 수 있다.

이 책을 통하여 NX 사용자들에게 많은 도움이 된다면 그 보다 큰 보람이 없으리라고 생각되며 내용 중 미비한 점은 계속 보완해 나갈 것을 약속드립니다. 교재 집필에 많은 도움을 주신 도서출판 광문각 관계자들에게 진심으로 감사드립니다.

저자 일동

목 차

PART 03 모델링(3D Modeling) 따라 하기 ······················· 43

1

NX의 환경 구성과
인터페이스

제1절 NX11의 시작

NX11의 작업을 시작하기 위해 새로운 Part 파일을 생성해야 한다.

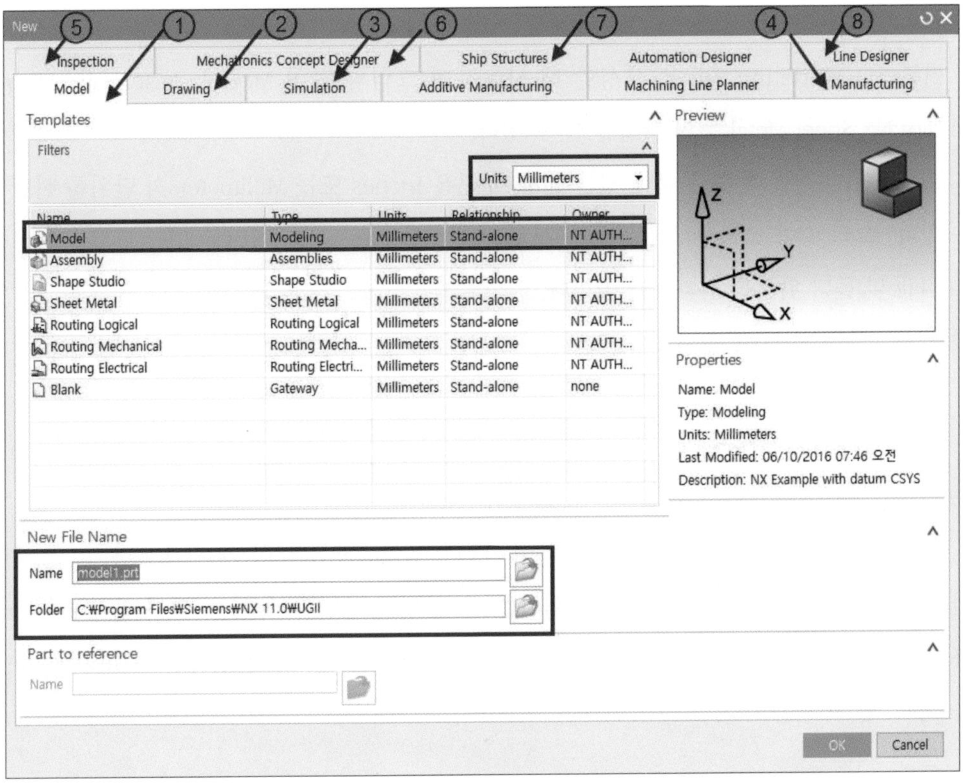

【그림 1-1】

[그림 1-1] 과 같은 Window가 생성되는 것을 확인할 수 있다.

아래 내용은 New File에서 사용될 수 있는 각각의 탭에 관한 설명이다.

(※ NX10 이전 버전에서는 한글 및 특수문자는 인식할 수 없으므로 파일이 저장되는 폴더나 파일의 이름은 반드시 영문과 숫자로만 이루어져야 했으나 NX11에서는 한글 및 특수문자가 인식이 되므로 파일이 저장되는 폴더나 이름을 한글, 영문, 숫자, 특수문자로 이루어져도 된다.)

1. Model Model 탭

기존 3D Modeling File을 생성할 때 사용하며 그림과 같이 Model, Assembly, Shape Studio, NX Sheet Metal 등의 작업을 할 수 있다.

[그림 1-1]의 상단 우측 부분에 있는 Units 부분은 Inches 또는 Millimeters의 단위를 선택할 수 있다. 그리고 아래 하단 부분 Name 부분은 생성할 Part Name이며 Folder 부분은 생성될 Part File의 폴더 위치를 정의하는 곳이다.

2. Drawing Drawing 탭

사용자가 정의한 Templates를 사용하여 2D Drawing 작업을 할 때 사용된다. 그림 하단의 Part to create a drawing of 부분은 원하는 3D 모델링 파일을 Open 하면서 바로 Drawing Mode로 작업할 때 Templates list에서 선택하는 것이 아닌 사용자가 원하는 Templates File을 Open 할 때 사용된다.

3. Simulation Simulation 탭

그림과 같이 MSC Nastran Analysis ANSYS, ABAQUS 등의 해석이 가능하며 Nastran을 기본 Solver로 사용하고 있다.

4. Manufacturing Manufacturing 탭

CNC 밀링이나 선반과 같은 가공에 필요한 데이터를 생성하기 위한 환경을 정의한다.

5. Inspection Inspection 탭

실 제품에 대한 모델링 파일을 기준으로 측정기를 이용하여 모델링한 데이터와 실제 구현화 된 물체를 측정기를 이용하여 측정 검사 프로그램 데이터를 생성하기 위한 환경을 정의한다.

6. Mechatronics Concept Designer Mechatronics Concept Designer 탭

기계 시스템의 복잡한 움직임을 시뮬레이션하는 데 사용하는 응용 프로그램이다.

7. Ship Structures Ship Structures 탭

선박 설계를 위한 Application으로 선박 설계의 서로 다른 단계를 각각 지원하는 세 개의 Application으로 구성되어 있다.

8. Line Designer Line Designer 탭

제품 생산 라인의 도면을 설계하고 시각화하는 데 사용된다.

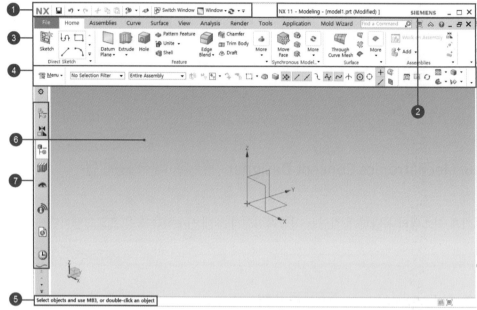

【그림 1-2】

1. 빠른 실행 - Quick Access Toolbar

저장, 취소 등 일반적으로 사용되는 메뉴가 포함되어 있다.

2. 제목 표시 줄 - Title Bar

| NX 11 - Modeling - [model1.prt (Modified)] | SIEMENS | _ □ X |

현재 작업되는 응용 프로그램과 파일 이름, 특성을 보여준다.

3. 리본 메뉴 - Ribbon Bar

탭과 그룹으로 각 응용 프로그램들의 명령을 구성한다.

File - Application에서 원하는 Application으로 이동이 가능하다.

4. 메뉴 툴 바(Top Border Bar)

사용자가 선택하려는 Object를 선택하기 쉽도록 도와주는 Selection Filter와 뷰를 전환하는 View Group과 Application별로 전체 Menu를 확인 가능한 Full Down Menu가 포함되어 있다.

5. Cue Position

Select objects and use MB3, or double-click an object

사용자가 다음에 진행해야 할 작업을 미리 알려 준다.

6. Graphics Window

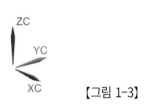

【그림 1-3】

작업 좌표계 (WCS)

모델링의 기준이 되는 좌표계이다. Format ⇨ WCS 에서 위치 변경이 가능하다.

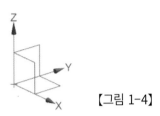

【그림 1-4】

Datum CSYS

3개의 Datum 평면과 3개의 Datum 축, 원점의 point로 이루어져 있으며, Sketch 평면이나 기준 면, 기준 축, 원점으로 사용될 수 있다.

● 화면상에서 마우스 오른쪽 버튼을 길게 누르면 나타나는 메뉴이다.

⇦ 화면상에서

【그림 1-5】

⇦ 객체 상에서

【그림 1-6】

● 화면상에서 마우스 오른쪽 버튼을 짧게 누르면 나타나는 메뉴이다.

⇦ 화면상에서

【그림 1-7】

⇦ 객체 상에서

【그림 1-8】

- 화면상에서 Ctrl +Shift 키를 누른 상태에서 마우스 버튼을 한 버튼씩 눌러보면 아래와 같은 팝업창을 볼 수 있다. Radial Pop Up Icon을 통해 쉽고 빠르게 명령을 실행할 수 있다. Customize를 이용하여 Icon을 변경하거나 추가할 수 있다.

【그림 1-9】
마우스 왼쪽 버튼을
눌렀을 때

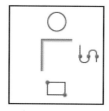

【그림 1-10】
마우스 휠 버튼을
눌렀을 때

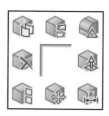

【그림 1-11】
마우스 오른쪽 버튼을
눌렀을 때

- 화면상에서 마우스 가운데 버튼이나 휠 버튼을 누르고 있으면 아래 그림과 같이 하나의 포인트가 생성된다.

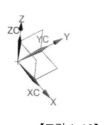

【그림 1-12】

휠 버튼을 누르고 있을 때 생기는 ◎모양의 포인트는 모델링을 회전시키면서 개체 확인을 할 때 이 포인트 중심으로 회전을 하게 된다. 모델링을 회전시키다 보면 전체의 모습이 회전하게 되어 작업이 불편해질 때 이 기능을 사용하여 사용자가 원하는 위치에서 회전시켜 작업을 진행할 수 있다.

7. Resource Bar

Navigators

어셈블리나 모델링과 같은 기능의 정보를 표시한다. Navigator를 사용하여 데이터를 편집, 보기, 순서 변경 같은 작업이 가능하다.

	HD3D Tools	HD3D에 접속하여 작업하는 3D 모델과 직접 정보 교환을 할 수 있다.
	Integrated Web browser	NX 안에서 인터넷을 접속할 수 있도록 돕는다.
	Palettes	기존 생성해 놓은 데이터를 확인하는 작업이나 작성 중인 모델에 시각화 작업, 사용자의 Tool Kit 환경을 변경할 수 있는 작업들이 가능하다.

● 마우스 사용법

MB1 : 객체를 선택할 때 쓰인다.
MB1 + Shift : 선택된 객체를 해제한다.
MB2 : 클릭하면 OK의 역할을 하며, 길게 누른 상태에서 마우스를 움직이면, 화면을 Rotate한다.

MB1 + MB2 : Zoom in out 기능을 한다.
Ctrl + MB2 : Zoom in out 기능을 한다.
MB2 + MB3 : Pan 기능을 한다.
Shift + MB2 : Pan 기능을 한다.
MB3 : Pop up menu를 표시한다.
MB3(길게 누를 때) : Pop up icon을 표시한다.

【그림 1-13】

제3절 사용자 환경 설정

1. 사용자 환경 설정(Preferences)

Top Border Bar의 ☰ Menu ▾ ➪ Preferences는 사용자 환경 설정을 할 수 있다.
하지만 NX를 다시 실행하게 되면 사용자 설정이 초기화된다.

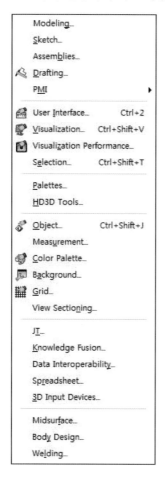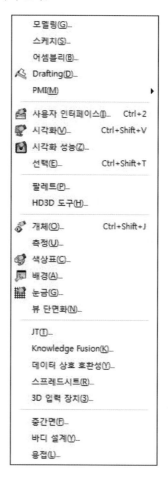

【그림 1-14】

사용자 환경 설정을 계속 유지하게 위해서는 File ⇨ Utilities ⇨ Customer Defaults에서 설정해야 한다. 설정 후 NX를 재실행하여야 설정값이 적용된다. 단 처음 시작 시 Modeling Templates에서 원하는 Templates를 선택하면 Templates의 바탕색이 기본적으로 제공되기 때문에 배경색은 바뀌지 않는다.

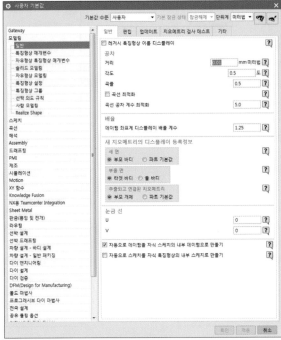

【그림 1-15】

2. 사용자 맞춤(Customize)

Icon Toolbar를 마우스 우측 버튼으로 클릭하면 아래 그림과 같은 풀다운 메뉴가 나타나게 되는, 여기서 가장 아래쪽의 메뉴가 Customize이다.

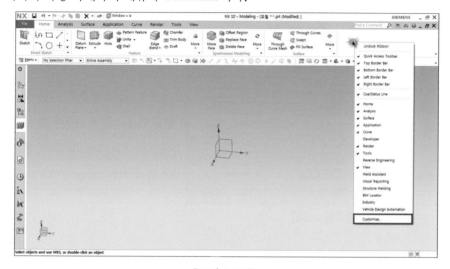

【그림 1-16】
아이콘 툴바의 빈 공간에서 마우스 우측 버튼을 클릭했을 때 나타나는 풀다운 메뉴

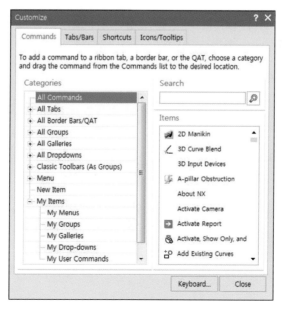

【그림 1-17】
Customize 아이콘 툴바

3. 명령(Command)

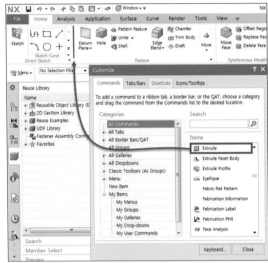

NX를 사용할 수 있는 모든 기능 아이콘이 들어 있다. 탭에 기능을 배치할 때 사용할 수 있으며 배치는 Drag and Drop으로 배치한다.

예를 들어 돌출을 리본 탭에 배치한다면 【그림 1-18】과 같이 Design Feature ⇨ Extrude를 드래그, 원하는 탭 위치에 Drop.

【그림 1-18】

4. 탭/바(Taps/Bars)

최초 실행 시에 화면에 나타나는 바들을 설정하거나 또는 리본 Menu 중 탭을 추가하거나 기존에 작성되어 있는 탭에 들어갈 기능의 배열을 편집할 수 있다. New... 버튼을 이용하여 새로운 탭을 추가하여 자신만의 탭 설정을 꾸밀 수 있다.

5. 단축 툴바(Shortcut Toolbars)

Shortcut Toolbars는 개체 혹은 빈 그래픽 윈도를 클릭했을 때 나타나는 숏 컷 메뉴를 편집할 수 있는 메뉴이다.

6. 아이콘/도구 정보(Icons/Tooltips)

Option 탭에서는 풍선 모양의 도움말 표시 여부 및 각 아이콘 툴바의 크기를 설정할 수 있다. 5종류의 크기를 제공하고 있다.

7. 단축키(Shortcut Key)

Customize 대화상자에서 【그림 1-19】와 같이 Keyboard 버튼을 클릭하면 Customize Keyboard라는 창이 나타난다.

【그림 1-19】

원하는 키보드를 입력한 후 Assign 버튼을 클릭하면 해당 단축키가 할당된다.

기능을 선택한다. 예를 들어 Extrude 기능에 단축 버튼을 할당하기 원한다면

Insert ⇨ Design Feature ⇨ Extrude에 클릭한 후 Press new shortcut key에 원하는 단축 버튼을 누른다.

제4절 템플릿(template)

사용자가 설계 작업에 투입될 때 작업 환경에 대한 여러 가지 설정들이 필요하다. 하지만 이러한 설정들을 작업을 시작할 때마다 다시 설정하는 것은 매우 비효율적이다. 따라서 현장에서는 각 업체 업무 특성에 맞는 고유 포맷을 사용한다. 이러한 포맷이나 사용자 환경설정을 손쉽게 가져다 쓸 수 있도록 템플릿으로 저장해 놓는 것이 시간적인 낭비를 없앨 수 있다.

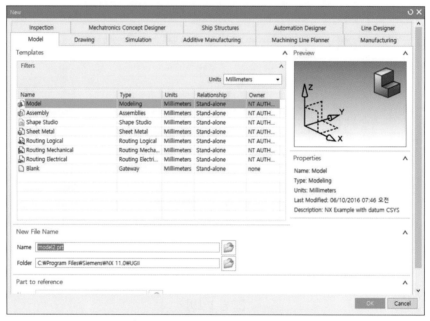

【그림 1-20】 NX 11의 여러 가지 템플릿들

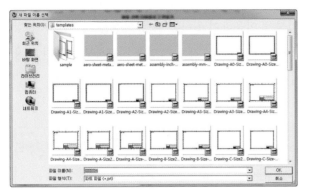

【그림 1-21】

NX 11 템플릿 저장 위치
C:\Program Files\Siemens\
NX 11.0\UGII\templates

• 모델링 템플릿 기본 설정 변경

① Open

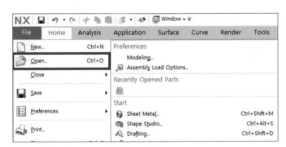

【그림 1-22】

② C:\Program Files\Siemens\NX11.0\UGII\templates 경로의 model-plain-1-mm-
template.prt 파일 선택 후 OK 한다.

【그림 1-23】

③ Preferences 등의 환경 설정 기능을 이용하여 원하는 각종 설정을 지정한 후 저장하면 된다. 저장 후 NEW 버튼을 클릭하여 Model로 새로 작업을 시작하면 변경한 내용들을 적용받으면서 작업을 시작할 수 있다.

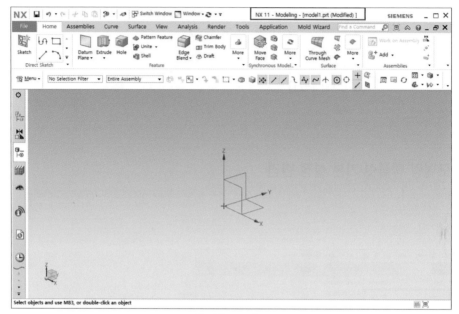

【그림 1-24】

제5절 Full Screen Mode

Full Screen Mode는 불필요한 아이콘들을 감추고 화면을 넓게 보면서 모델링하기에 조금 더 편리한 환경을 제공한다.

메인 메뉴의 View ⇨ Full Screen 또는 Alt+Enter, 화면 오른쪽 상단의 ▣ 아이콘을 누르면 Full Screen Mode로 들어가게 된다.

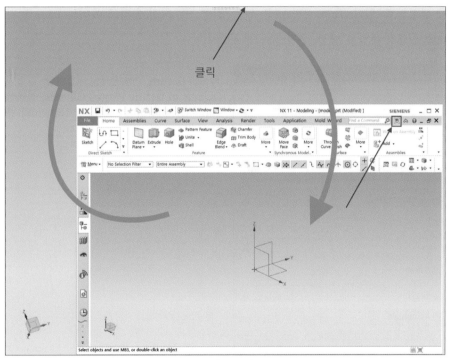

【그림 1-25】

최초 Full Screen Mode를 실행하면 1번 화면이 나타난다.

【그림 1-25】의 1번 화면 중 화살표가 가르치는 Click 부분을 선택하면 리본 탭이 나타나며 2번처럼 표시된다. 다시 Main Display를 클릭하면 Full Screen Mode로 넘어간다. 나머지 좌·우측의 Navigator 등은 모두 숨겨진 상태이다.

1. 데이텀 평면(Datum Plane)

위치 : Insert ⇨ Datum/Point ⇨ Datum Plane

Datum Plane 옵션을 사용하면 기존의 평면을 사용할 수 없는 경우 보조로 사용되는 참조 평면을 생성할 수 있다. Datum Plane는 원통, 원뿔, 구, 회전 솔리드 바디의 Trim 및 기타 오브젝트에서 특징 형상을 생성, 수정하는 데 용이하다.

Type : Datum 생성 방식을 지정한다.
Objects to Define Plane : Object를 선택한다.
Plane Orientation : 생성되는 Datum의 방향을 반전시킨다.
Offset : 기존 데이텀을 offset한다.
Settings : 연관성을 정의한다.

【그림 1-26】

 Inferred Plane — 평면 또는 Datum Plane을 선택하면 해당 선택 기반으로 한 Datum Plane의 미리 보기가 Offset 구속 조건을 통해 자동으로 표시한다.

 Point and Direction — 점과 벡터 방향을 정의하여 Datum Plane을 생성한다.

	Plane on Curve	곡선 위의 점에 접선, 법선 또는 종법선을 이루는 Datum plane 면을 생성한다.
	At Distance	추정 면으로부터 일정 거리 값만큼 옵셋하여 평면을 생성한다.
	At Angle	추정 면과 벡터로 일정 각도만큼 회전된 평면을 생성한다.
	Bisector	두 개의 추정 평면을 2등분 하는 위치에 평면을 생성한다.

위의 Type 외에 더 많은 방식에 Type이 존재한다. 하지만 대부분 Inferred Plane로 그 기능들을 대신할 수 있다.

2. ↑ 데이텀 축(Datum Axis)

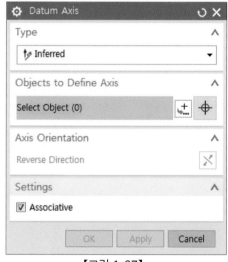

【그림 1-27】

Type : Axis 생성 방식을 지정한다.

Objects to Define Axis : Object를 선택한다.
Axis Orientation : 생성되는 Axis의 방향을 반전 시킨다.
Setting : 연관성을 정의한다.

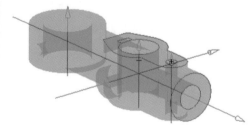

① 관계 데이텀 축

관계 데이텀 축은 하나 이상의 다른 오브젝트(Object)에 구속되거나 다른 오브젝트를 통해 참조된다. 기본적으로 구속 조건 종류는 사용자가 선택한 오브젝트와 이를 선택한 순서를 기반으로 추정된다. 구속 조건을 명확하게 지정한 다음 이에 연관된 오브젝트를 선택할 수도 있다.

② 고정 데이텀 축

관계 데이텀 축과는 달리 고정 데이텀 축은 다른 지오메트리 오브젝트(Geometry Object)를 통해 참조되거나 구속되지 않는다.

3. 데이텀 CSYS (Datum CSYS)

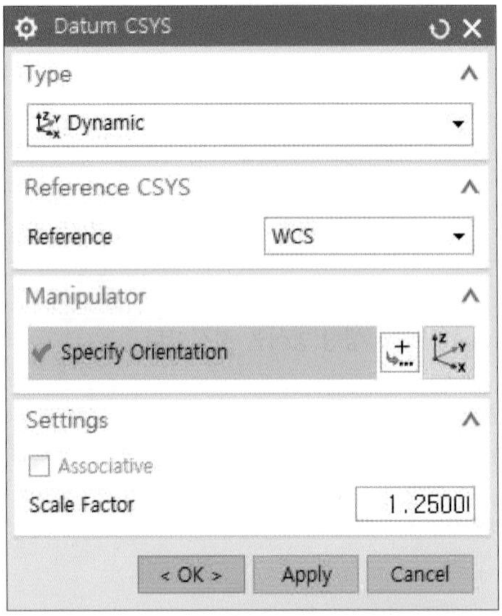

【그림 1-28】

Type : Datum CSYS를 생성할 시 유형 선택

Reference CSYS : 생성되는 데이텀 좌표계의 위치를 지정하기 위하여 참조 지정

Manipulator : 좌표계의 원점이 되는 위치를 정의한다.

Setting : 데이텀 좌표계의 크기 배율을 정의한다.

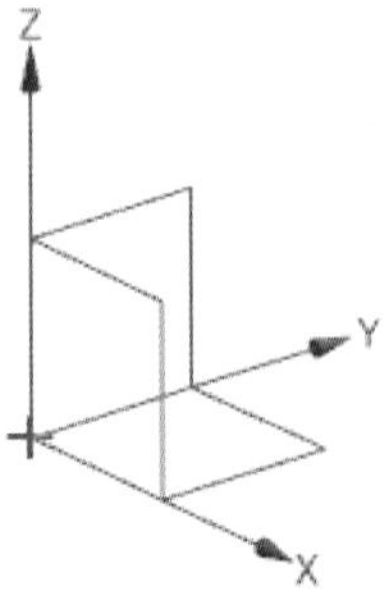

① Datum CSYS는 3개의 Datum Plane, 3개의 Datum Axis, 1개의 Coordinate System, 1개의 점으로 총 8개의 Object로 구성되어 있으며, 이 Object들이 하나의 세트로 구성되어 있다.

② Datum Plane과 Datum Axis, Datum CSYS는 모두 3D Modeling, 3D 설계 작업 시 조금 더 빠르게 수정하거나 빠르게 Modeling 하게 하는 부가적인 명령들이다.

③ 반대로 이야기한다면 Datum Plane와 Datum Axis, Datum CSYS 모두 사용한다면 3D Modeling 및 설계를 더 빠르게 할 수 있다.

2

Assembly 개요

제1절 어셈블리(Assembly) 개요

1. Assembly Application의 활용

Assembly를 이용하면 실제 작업을 시작하기 전에 디지털 모의 표현을 생성할 수 있다. 또한, 조립되는 부품 사이의 거리 및 각도 등의 수치를 측정할 수 있다.

Assembly를 이용하여 조립된 상태로 완성하고 그것을 이용하여 조립 도면을 만들 수도 있다. 부품을 조립하거나 분해하는 데 필요한 동작을 보여주는 sequence를 정의할 수 있다.

【그림 2-1】

2. Assembly application 시작

NX Assembly application은 다른 Application과 다르게 독립적으로 사용되지 않고, 다음 application과 함께 Sub application으로 사용된다.

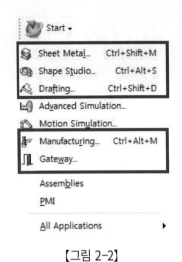

【그림 2-2】

Gateway
Modeling
Drafting
Manufacturing
NX Sheet Metal
Shape Studio

Assembly를 선택하여 메뉴를 활성화시킨 후 사용한다.
Gateway
Modeling
Drafting
Manufacturing
NX Sheet Metal
Shape Studio

Assembly를 선택하여 메뉴를 활성화시킨 후 사용한다.

위치 : Resource bar ⇨ Assembly Navigator

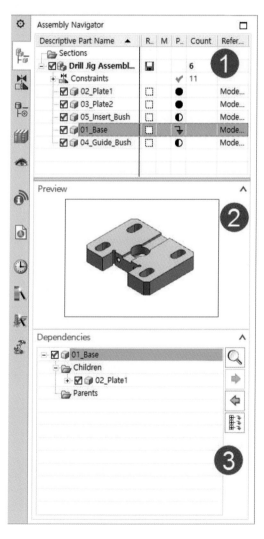

【그림 2-3】

① Assembly Navigator main panel columns
   - 특정 구성 요소를 식별하고 계층 구조 트리를 보여준다.

② Preview panel
   - 선택한 구성 요소에 대한 저장된 부분 미리 보기를 표시한다.

③ Dependencies panel
   - 선택한 어셈블리 또는 부분의 일부 노드에 대한 부모-자식 종속성을 표시한다.

1. Assembly Navigator Main Panel Columns

● 특정 구조 요소를 식별하고 계층 구조 트리를 보여준다.

Columns	상세 설명
Descriptive Part Name	File Name, Description, Specified Attribute
Info	◆ 참조 파트, ⬡ 링크된 파트, ▥ 그룹 파트의 일부 파트
Read-Only	💾 읽기-쓰기, 🔒 읽기 전용, ▥ 그룹 파트의 일부 파트 읽기 전용, ⬚ 부분적 로드
Modified	📝 현재 세션이 수정되었는지 여부
Position	● Fully constrained
	● Fully mated
	⏚ Fixed
	● Fully constrained, implicit override
	● Fully mated, implicit override
	◗ Partially constrained
	◗ Partially mated
	● Partially constrained, explicit override
	⊗ Inconsistently constrained
	? Deferred constraints
	○ Unconstrained/Unmated
	○ Suppressed
	✔ All Geometry Loaded
Count	어셈블리 구성 요소의 개수
Reference Set	Reference Set의 현재 상태

제3절 Assembly Modeling

Assembly Modeling 방식에는 크게 Bottom-up 방식과 Top-down 방식 두 가지로 나뉜다.

1. Bottom-up Modeling

일반적으로 사용되는 방식으로 부품별로 Modeling하여 Modeling된 Part를 라이브러리에 등록시켜 Assembly하는 방식이다.

먼저 부품을 하나씩 Modeling하여 Assembly한다.

Assembly 시 일정한 규칙만을 준수하면 누구나 손쉽게 Assembly가 가능하다.

【그림 2-4】

2. Top-down Modeling

상위 Assembly에서부터 필요한 부품을 연관 설계하는 모델링 방식이다.

Assembly에서 설정한 설계 초기 정보를 모든 부품에 적용이 가능하다.

한 Part 안에서 Assembly 형태로 Modeling한다.

Modeling된 Assembly에서 부품을 추출한다.

설계 초기에 정보를 만든 부품에 적용하기 때문에 원하는 Part를 수정하면 연관이 있는 다른 Part도 같이 자동으로 수정이 되는 방식이다.

하지만 Assembly의 특성을 이해해야 하기 때문에 상당한 노력이 필요하다.

【그림 2-5】

3

모델링(3D Modeling) 따라 하기

1. 동력전달장치 모델링

● 다음과 같이 동력전달장치 모델링을 생성한다.

① 하우징 ② 샤프트 ③ 스퍼 기어

④ 커버 ⑤ 체인 스프로킷

① 하우징 모델링하기

파일(File) ⇨ 새로 만들기 혹은 (Creates a new file) 아이콘을 클릭한다.

이름에서 파일 이름 정의, 폴더에서 파일의 경로를 정의한다.

확인 을 클릭하여 새 작업 파트 생성한다.

【동력전달장치 1-1】

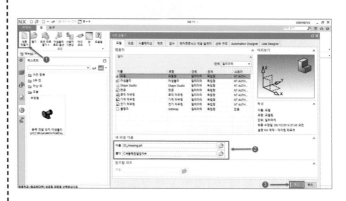

메뉴(Menu) ⇨ 삽입(Insert) ⇨ 타스크 환경의 스케치 (Sketch in Task Environment)를 클릭한다.

【동력전달장치 1-2】

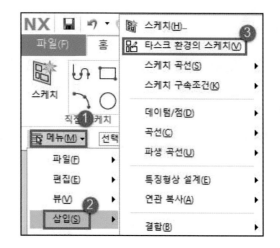

유형(Type) = 평면상에서 (On Plane) 평면 방법(Plane Method) = 추정됨(Inferred)을 설정한 후 XZ 평면을 클릭하고 확인 을 클릭한다.

【동력전달장치 1-3】

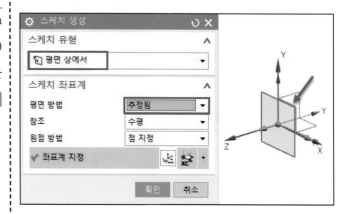

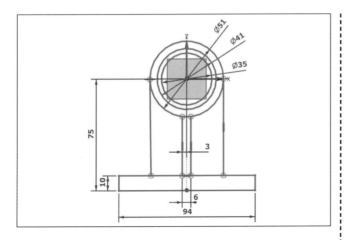

☑ 선, ⬚ 직사각형, ◯ 원,
✂ 트림, ⚞ 추정 치수,
⬚ 구속 조건을 이용하여
그림과 같이 스케치하고
🏁 Finish Sketch를 클릭하여
스케치를 종료한다.

【동력전달장치 1-4】

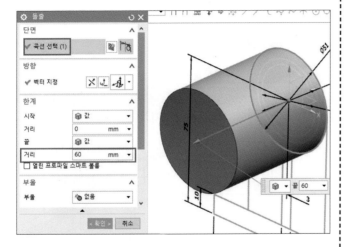

⬛ 돌출(Extrude) 아이콘을 클
릭한 후 선택 옵션(Curve Rule)
을 Single Curve ▼ (단일 곡선)로 설
정한 후 직경 51mm의 원을 클
릭하여 60mm만큼 돌출시키고
확인 을 클릭한다.

【동력전달장치 1-5】

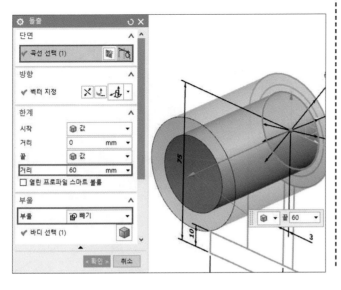

계속해서 직경 35mm 원을 클
릭한다.
끝 거리(End Distance) = 60mm
부울 = 🔧 빼기(Subtract)로 설
정하고 확인 을 클릭한다.

【동력전달장치 1-6】

선택 옵션(Curve Rule)을
Region Boundary Curve ▼ (영역 경계 곡
선)로 정의하고 화살표가 가리
키는 영역을 클릭한다.

시작 거리(Start Distance) = 7mm
/ 끝 거리(End Distance) = 15mm

부울 = 📍 결합(Unite)

위와 같이 설정하고 확인 을
클릭한다.

【동력전달장치 1-7】

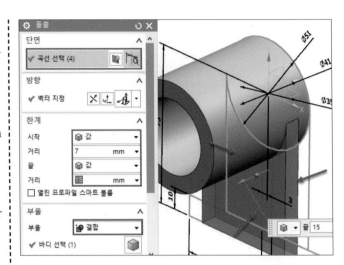

계속해서 화살표가 가리키는
영역을 클릭한다.

시작 거리(Start Distance) = 7mm
/ 끝 거리(End Distance) = 51+7mm

부울 = 📍 결합(Unite)

위와 같이 설정한 후 확인 을
클릭한다.

【동력전달장치 1-8】

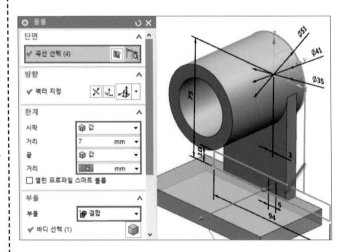

화살표가 가리키는 영역을 클
릭한다.

시작 거리(Start Distance) = 7mm
/ 끝 거리(End Distance) = 58-12mm

부울 = 📍 결합(Unite)

위와 같이 설정하고 확인 을
클릭한다.

【동력전달장치 1-9】

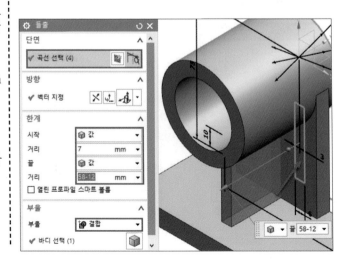

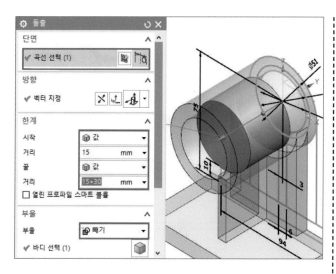

선택 옵션(Curve Rule)을
Single Curve ▾ (단일 곡선)로 정의
하고 직경 41mm의 원을 클릭
한다.

시작 거리(Start Distance) = 15mm
/ 끝 거리(End Distance) = 15+30mm

부울 = 🔘 빼기(Subtract)

위와 같이 설정 후 확인 을 클
릭하여 완성한다.

【동력전달장치 1-10】

🔲 모서리 블렌드(Edge Blend)
아이콘을 클릭하고 2개의 타원
으로 표시된 모서리를 클릭한다.

형상(Shape)= 🖊 원형(Circular)
반경 1(Radius 1) = 12mm 위와
같이 설정한 후 확인 을 클릭
한다.

【동력전달장치 1-11】

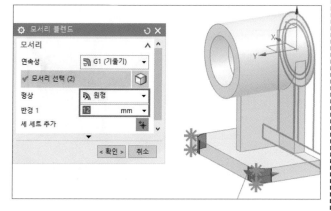

그림과 같이 베이스와 리브의
모든 모서리를 선택한다.

형상(Shape)= 🖊 원형(Circular)
반경 1(Radius 1) = 3mm

위와 같이 설정한 후 확인 을
클릭한다.

【동력전달장치 1-12】

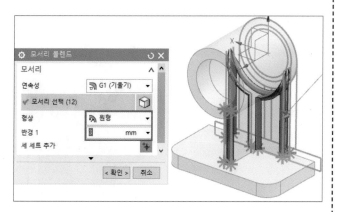

원통 안쪽의 2개의 모서리와
바닥 모서리를 클릭한다.
형상(Shape)= ◥ 원형(Circular)
반경 1(Radius 1) = 3mm
위와 같이 설정한 후 확인 을
클릭한다.

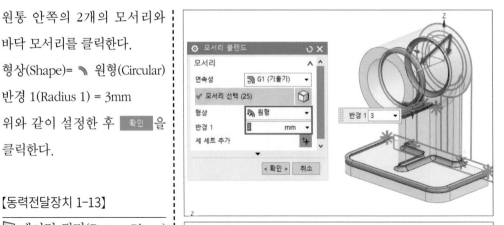

【동력전달장치 1-13】

▢ 데이텀 평면(Datum Plane)
아이콘을 클릭한다.
유형(Type) = 추정됨(Inferred)
평면을 정의할 개체
(Object to Define Plane)
        = XY 평면 선택
옵셋 거리(Offset Distance)
        = 102-75mm
위와 같이 설정한 후 확인 을
클릭한다.

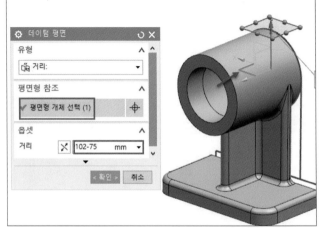

【동력전달장치 1-14】

메뉴(Menu) ⇨ 삽입(Insert)
⇨ 🔡 타스크 환경의 스케치
(Sketch in Task Environment)
를 클릭한다.
유형(Type) = 🔲 평면상에서
(On Plane)
스케치 평면(Sketch Plane) =
전 단계에서 생성한 평면을 선
택하고 확인 을 클릭한다.

【동력전달장치 1-15】

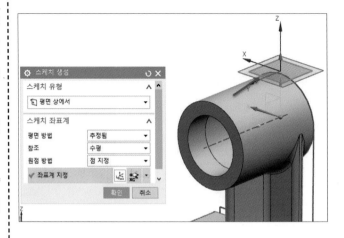

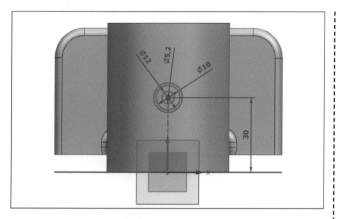

○ 원, 추정 치수,

구속 조건을 이용하여

그림과 같이 스케치하고

Finish Sketch를 클릭하여

스케치에서 빠져나온다.

【동력전달장치 1-16】

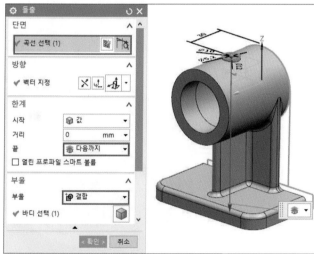

돌출(Extrude) 아이콘을 클릭한다.

선택 옵션(Curve Rule)은

Single Curve ▾ (단일 곡선)로 설정한 후 직경 12mm의 원을 클릭한다.

끝 거리(End Limits) = 다음까지

(Until Next)

Boolean = 결합(Unite)

위와 같이 설정한 후 확인 을 클릭한다.

【동력전달장치 1-17】

계속해서 직경 10mm의 원을 클릭한다.

끝 거리 = 1mm

부울 = 빼기(Subtract)

위와 같이 설정한 후 확인 을 클릭한다.

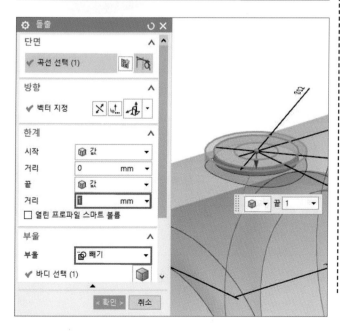

【동력전달장치 1-18】

계속해서 직경 5.2mm의 원을 클릭한다.

끝 거리 = 🎯 다음까지

부울 = 🔧 빼기(Subtract)으로 설정한 후 확인 을 클릭한다.

【동력전달장치 1-19】

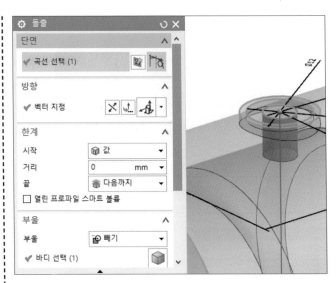

메뉴(Menu) ⇨ 삽입(Insert) ⇨ 특징 형상 설계(Design Feature) ⇨ 🔩 스레드(Thread)를 클릭한다.

그림과 같이 원통 면을 선택한다.

수동 입력(Manual Input)과 전체 스레드(Full Thread)에 체크한 후

외경 = 6mm

내경 = 5.2mm

피치(Pitch) = 0.8mm

위와 같이 설정한 후 확인 을 클릭한다.

【동력전달장치 1-20】

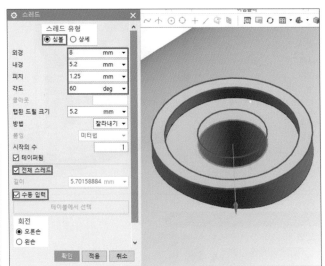

🧊 모서리 블렌드(Edge Blend) 아이콘을 클릭하고 본체의 원통 면과 만나는 모서리에 반경 3mm를 입력하고 확인 을 클릭한다.

【동력전달장치 1-21】

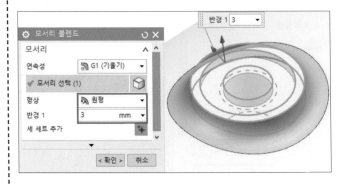

메뉴(Menu) ⇨ 삽입(Insert) ⇨
파생 곡선(Derived Curve) ⇨
🖰 옵셋 곡선(Offset Curve)을
클릭한다.
원통의 최외곽 모서리를 선택
한다.
옵셋 거리(Offset Distance) =
4.5mm로 정의하고 ▣확인▣ 을
클릭한다.
【동력전달장치 1-22】

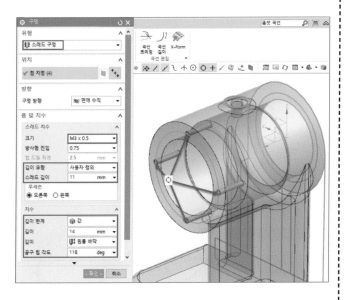

🖫 구멍(Hole) 아이콘을 클릭
한다.
유형(Type) =
스레드 구멍(Threaded Hole)
크기(Thread Dimensions Size)
= M3 × 0.5 / 스레드 깊이(Thread
Depth) = 11mm
깊이(Depth)=14mm/원통 바닥
(Cylinder Bottom)
위와 같이 설정 한 후 위치
(Position)에서 Offset Curve를
이용해 그림과 같이 생성한 원
의 4분점을 모두 선택하고
▣확인▣ 을 클릭한다.
【동력전달장치 1-23】

Threaded Hole을 반대쪽 면에서 생성하기 위해
메뉴(Menu) ⇨ 삽입(Insert) ⇨ 연관 복사(Associative Copy) ⇨ 🔩 대칭 특징 형상(Mirror feature)을 클릭한다.

특징 형상 선택(Select Feature)에는 이전 작업에서 생성한 4개의 Threaded Hole을 선택하고 대칭 평면(Mirror Plane) 탭의 평면 지정(Specify Plane)에서 새 평면(New plane)으로 설정하고 화살표가 가리키는 면을 선택 한 후 거리 값을 -30mm로 입력하고 확인 을 클릭한다.

【동력전달장치 1-24】

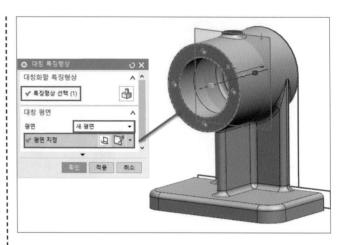

🔩 모따기(Chamfer) 아이콘을 클릭한다. 모서리 선택(Select Edge)에서 베어링이 삽입될 2개소의 모서리를 선택한다.

단면(Cross Section)
      = 대칭(Symmetric)

거리(Distance) = 1mm

위와 같이 설정한 후 확인 을 클릭한다.

【동력전달장치 1-25】

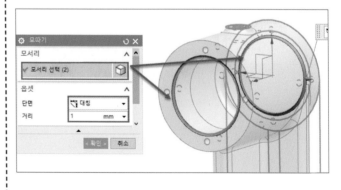

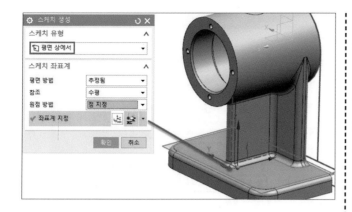

메뉴(Menu) ⇨ 삽입(Insert)
⇨ 🔛 타스크 환경의 스케치
(Sketch in Task Environment)
를 클릭한다.
화살표가 가리키는 면을 선택
하고 확인 을 클릭한다.

【동력전달장치 1-26】

한쪽에만 그림과 같이
스케치하고 🏁 **Finish Sketch** 를
클릭하여 스케치 환경에서 빠
져나온다.

【동력전달장치 1-27】

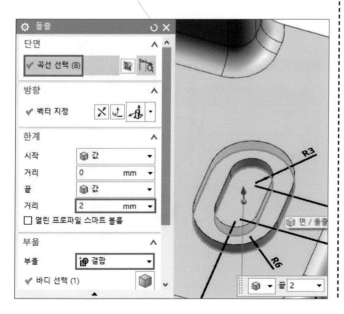

🗄 돌출(Extrude) 아이콘을 클
릭한 후 선택 옵션(Curve Rule)
Region Boundary Curve ▼ (영역 경계 곡
선)로 선택하고 화살표가 가리
키는 영역을 선택한다.
끝 거리 = 2mm
부울 = 🔧 결합(Unite)
위와 같이 정의한 후 확인 을
클릭한다.

【동력전달장치 1-28】

이어서 화살표가 가리키는 안
쪽 면을 선택하고
끝 거리 = 🔩 끝부분까지
부울 = 🔗 빼기(Subtract)
위와 같이 설정한 후 확인 을
클릭한다.

【동력전달장치 1-29】

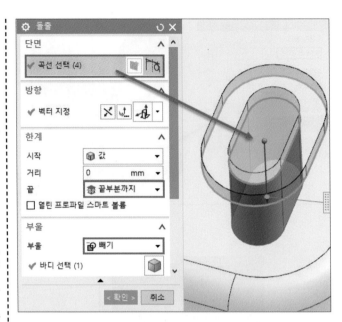

🔩 모서리 블렌드(Edge Blend)
아이콘을 클릭하고 화살표가
가리키는 모서리에 반경 3mm를
입력하고 확인 을 클릭한다.

【동력전달장치 1-30】

메뉴(Menu) ⇨ 삽입(Insert) ⇨
연관 복사(Associative Copy)
⇨ 🔩 대칭 특징 형상(Mirror
feature)을 클릭한다.
면 선택(Select Face)에서는 반
대쪽에 대칭 복사되어야 할 모
든 면을 선택한다.
평면 선택(Select Plane)은 좌표
계의 YZ 평면을 선택한다.
확인 을 클릭하여 대칭 복사
를 완성한다.

【동력전달장치 1-31】

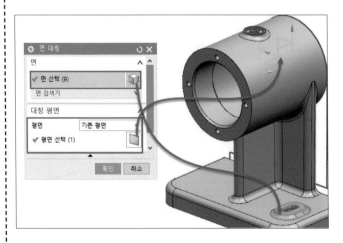

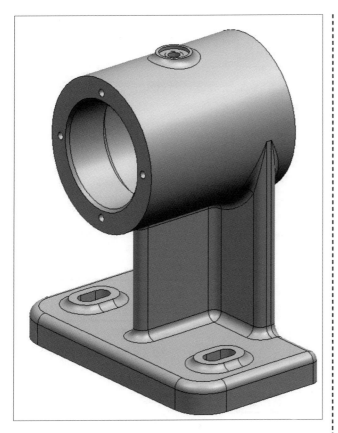

1번 부품 하우징(Housing)의
모델링을 완성하였다.

【동력전달장치 1-32】

② 샤프트 모델링하기

파일(File) ⇨ 새로 만들기 혹은
(Creates a new file) 아이콘
을 클릭한다.
이름에서 파일 이름 정의, 폴더
에서 파일의 경로를 정의한다.
확인 을 클릭하여 새 작업 파
트를 생성한다.

【동력전달장치 2-1】

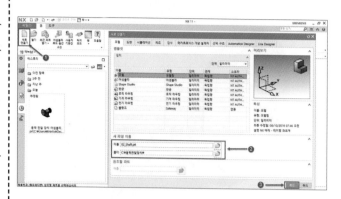

메뉴(Menu) ⇨ 삽입(Insert)
⇨ 타스크 환경의 스케치
(Sketch in Task Environment)
를 클릭한다.

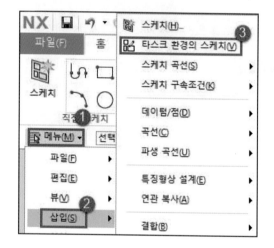

【동력전달장치 2-2】

유형(Type) = 평면상에서
(On Plane) 스케치 평면(Sketch
Plane) = XZ 평면을 클릭하고
확인 을 클릭한다.

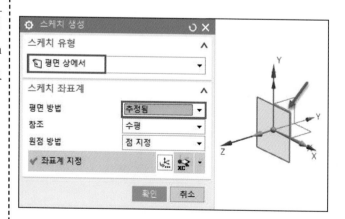

【동력전달장치 2-3】

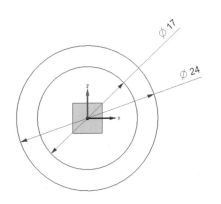

그림과 같이 직경 24mm, 17mm
의 두 개의 원을 스케치하고
🏁 Finish Sketch를 이용해 스케
치 환경에서 빠져나온다.

【동력전달장치 2-4】

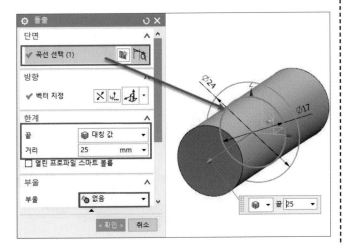

🗔 돌출(Extrude) 아이콘을 클릭
한 후 선택 옵션(Curve Rule)은
Single Curve ▾ 로 설정하고 직경
17mm의 원을 클릭한다.

끝 한계 = 🔲 대칭 값

값 = 25mm

부울 = 🔾 없음(None)
위와 같이 설정한 후 확인 을
클릭한다.

【동력전달장치 2-5】

이어서 직경 24mm의 원을 클
릭한다.

시작 거리(Start Distance) = 10mm
/ 끝 거리(End Distance) = 15mm

부울 = 🔲 결합(Unite)
위와 같이 설정한 후 확인 을
클릭한다.

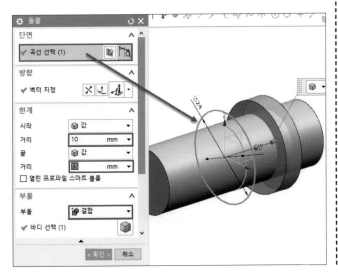

【동력전달장치 2-6】

다시 직경 24mm의 원을 클릭한 후, ☒ 방향 반전(Reverse Direction) 아이콘을 클릭하고 확인 을 클릭한다.

【동력전달장치 2-7】

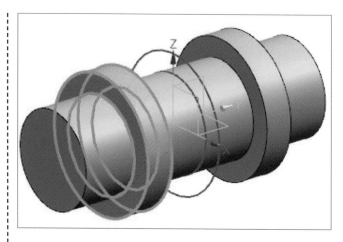

메뉴(Menu) ⇨ 삽입(Insert) ⇨ 특징 형상 설계(Design Feature) ⇨ 🔲 보스(Boss)를 클릭한다. 화살표가 가리키는 면을 클릭한다.
직경(Diameter) = 12mm
높이(Height) = 45mm
위와 같이 설정한 후 확인 을 클릭한다.
【동력전달장치 2-8】

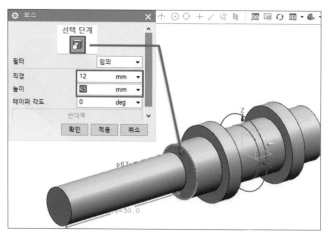

🔲 점상의 점(Point onto Point) 아이콘을 클릭하고 계속해서 화살표가 가리키는 모서리를 클릭한다.

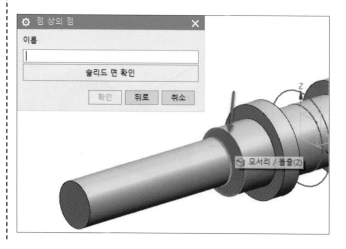

【동력전달장치 2-9】

Arc Center (원호 중심)를 클릭하면 자동으로 동심으로 위치가 정렬되는 것을 확인할 수 있다.

【동력전달장치 2-10】

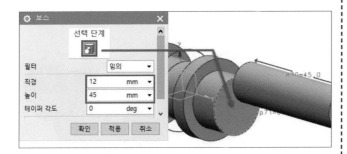

이어서 반대쪽 면을 클릭한다.

직경(Diameter) = 12mm
높이(Height) = 45mm
위와 같이 정의한 후 확인 을 클릭한다.

【동력전달장치 2-11】

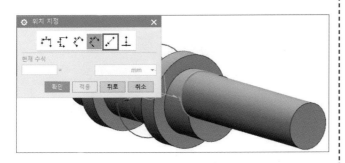

이전의 작업과 동일하게 위치 지정(Positioning)은 점상의 점(Point onto Point)을 선택하고 확인 을 클릭한다.

【동력전달장치 2-12】

다음으로 화살표가 가리키는 모서리를 선택한 후 **Arc Center** (원호 중심)를 클릭하여 동심으로 정렬한다.

【동력전달장치 2-13】

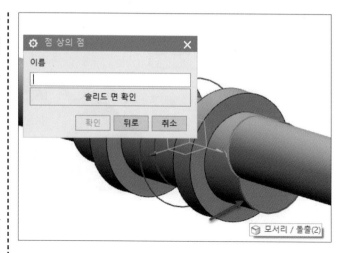

계속 해서 🔲 보스(Boss)를 실행하고 화살표가 가리키는 면을 클릭한다.

직경(Diameter) = 7.5mm

높이(Height) = 2mm

로 정의하고 점상의 점(Point onto Point)와 **Arc Center** (원호 중심)를 이용해 가운데로 정렬한다.

【동력전달장치 2-14】

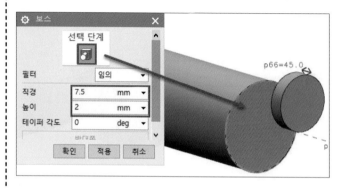

계속해서 🔲 보스(Boss)를 실행하고 화살표가 가리키는 면을 클릭한다.

직경(Diameter) = 10mm

높이(Height) = 17mm

로 정의하고 점상의 점(Point onto Point)와 **Arc Center** (원호 중심)를 이용해 가운데로 정렬한다.

【동력전달장치 2-15】

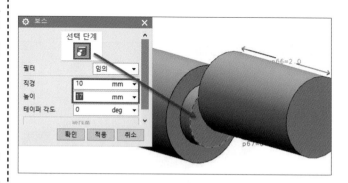

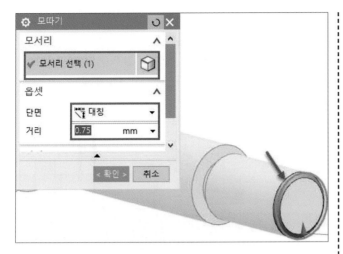

모따기(Chamfer) 아이콘을 클릭한다. 모서리 선택(Select Edge) 부분에 화살표가 가리키는 모서리를 선택한다.

단면 = 대칭(Symmetric)

거리(Distance) = 0.75mm

위와 같이 정의하고 확인 을 클릭한다.

【동력전달장치 2-16】

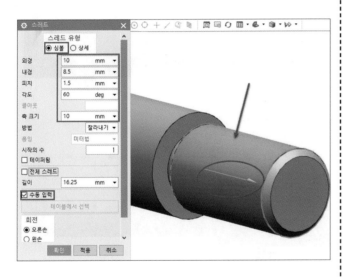

스레드(Thread)를 클릭한다. 화살표가 가리키는 원통 면을 클릭한 후 수동 입력 체크박스에 클릭한다.

이때 스레드 방향을 표시하는 흰색 화살표의 방향이 그림과 맞는지 확인한다.

유형 = 심볼(Symbolic)

외경 = 10mm

내경 = 8.5mm

피치(Pitch) = 1.5mm

각도(Angle) = 60°

축 크기 = 10mm

위와 같이 정의한 후 확인 을 클릭한다.

【동력전달장치 2-17】

메뉴(Menu) ⇨ 삽입(Insert) ⇨ 🔲 타스크 환경의 스케치 (Sketch in Task Environment) 를 클릭하고 XZ 평면을 선택한 후 확인 을 클릭한다.

【동력전달장치 2-18】

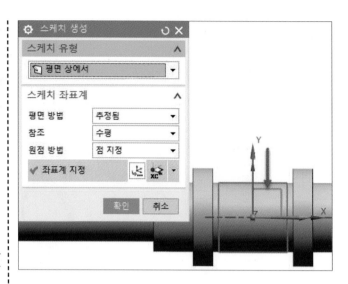

그림과 같이 축의 왼쪽과 오른 쪽에 키 홈과 세트 스크루를 고 정하기 위한 홈을 파기 위해 스 케치를 그린 후 🏁 Finish Sketch 를 이용해 스케치 환경으로부 터 빠져나간다.

【동력전달장치 2-19】

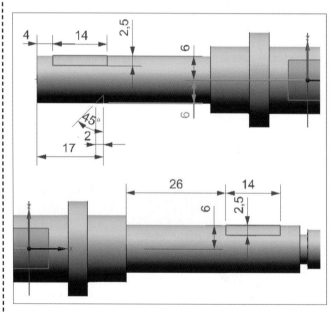

🔲 돌출(Extrude) 아이콘을 클 릭한 후 선택 옵션(Curve Rule) 은 Connected Curves ▾ 로 설정하고 키 홈 부분의 2개의 사각형을 클릭한다.

끝(End) = 대칭 값

거리(Distance) = 2mm

부울 = 🔲 빼기(Subtract)

위와 같이 설정한 후 확인 을 클릭한다.

【동력전달장치 2-20】

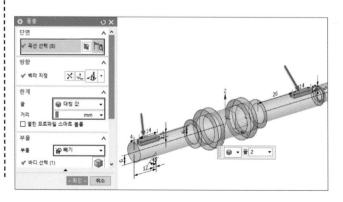

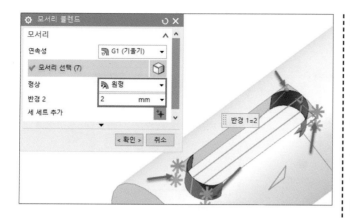

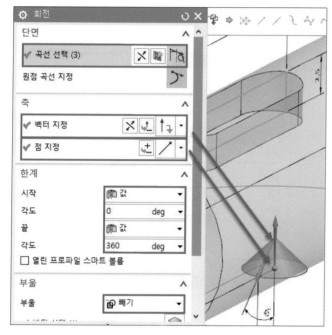

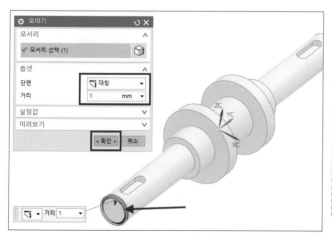

모서리 블렌드(Edge Blend) 아이콘을 클릭하고 키 홈 부분의 8개의 모서리를 클릭한다.

형상(Shape)= 원형(Circular)

반경 1(Radius 1) = 2mm

위와 같이 설정한 후 확인 을 클릭한다.

【동력전달장치 2-21】

회전(Revolve) 아이콘을 클릭한 후 선택 옵션 Connected Curves ▾ (연결된 곡선)로 설정하고 삼각형으로 스케치한 곡선을 선택한다.

백터 지정 = 화살표가 가리키는 수직선

시작(Start)=0/끝(End)=360

부울 = 빼기(Subtract)

위와 같이 설정한 후 확인 을 클릭한다.

【동력전달장치 2-22】

모따기(Chamfer) 아이콘을 클릭한다. Select Edge 부분에 화살표가 가리키는 모서리를 선택한다.

단면 = 대칭(Symmetric)

거리(Distance) = 1mm 위와 같이 정의하고 확인 을 클릭한다.

【동력전달장치 2-23】

③ 스퍼기어 모델링하기

파일(File) ⇨ 새로 만들기 혹은
(Creates a new file) 아이콘
을 클릭한다.

이름에서 파일 이름 정의, 폴더
에서 파일의 경로를 정의한다.

확인 을 클릭하여 새 작업 파
트 생성한다.

【동력전달장치 3-1】

메뉴(Menu) ⇨ 삽입(Insert) ⇨
특징 형상 설계(Design Feature)
⇨ 실린더(Cylinder)를 선택
한다.

백터 지정(Specify Vector)
= YC/직경(Diameter) = 72mm
높이(Height) = 21mm
위와 같이 설정하고 확인 을
클릭한다.

【동력전달장치 3-2】

메뉴(Menu) ⇨ 삽입(Insert)
⇨ 타스크 환경의 스케치
(Sketch in Task Environment)
를 클릭한다.

그림과 같이 화살표가 가리키는
면에 스케치한다.

【동력전달장치 3-3】

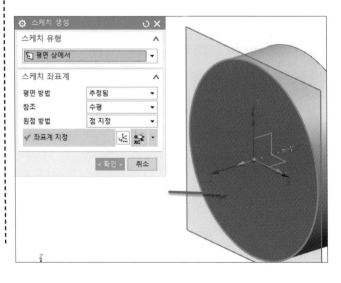

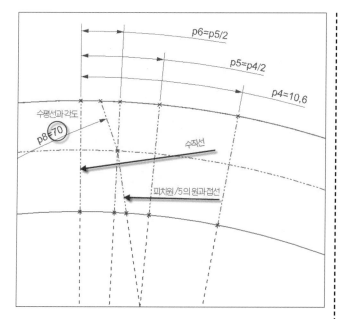

※ 문제도의 모듈(M)과 이수(Z)
  를 참고하여 치형을 그린다.

여기서 치형은 약식을 따른다.

P4 = 360/잇수(34)

p5 = p4/2

p6 = p5/2

【동력전달장치 3-4】

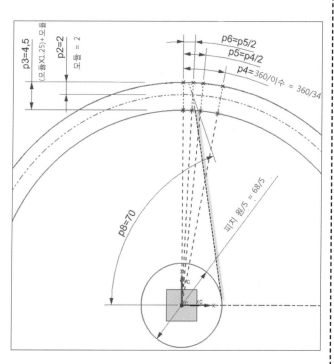

【동력전달장치 3-5】

호(ARC)를 이용하여 그림과 같이 3점을 지나는 호를 그린다. 대칭 곡선(Mirror Curve)을 실행한다. 호를 선택하고 중심선으로 화살표가 가리키는 선을 선택한 후 확인 을 클릭한다.
【동력전달장치 3-6】

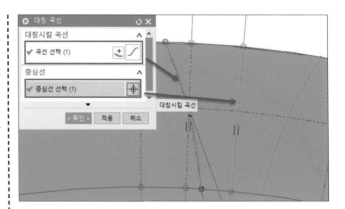

Finish Sketch 를 클릭하여 스케치를 빠져나온 후 모따기(Chamfer) 아이콘을 클릭한다. 화살표가 가리키는 두 개의 모서리를 선택한다.
단면 = 대칭(Symmetric)
거리 = 2mm
위와 같이 설정하고 확인 을 클릭한다.
【동력전달장치 3-7】

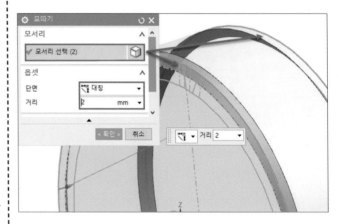

돌출(Extrude) 아이콘을 클릭한 후 선택 옵션(Curve Rule)을 Region Boundary Curve (영역 경계 곡선)로 설정한 후 화살표가 가리키는 영역을 선택한다.
끝 한계 = 끝부분까지
부울 = 빼기(Subtract)
위와 같이 설정하고 확인 을 클릭한다.
【동력전달장치 3-8】

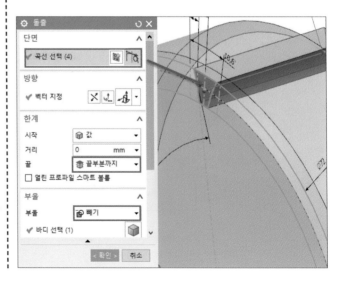

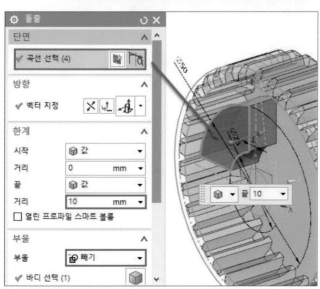

⚜️ 패턴 특징 형상(Pattern Feature)을 클릭한다. 이전 과정에서 생성한 특징 형상을 선택한다.

유형 = ◯ 원형(Circular)

벡터 지정 = 원통 면 선택

피치 각도 = 360/34(이수)

개수(Count) = 34

위와 같이 설정하고 확인 을 클릭한다.

【동력전달장치 3-9】

메뉴(Menu) ⇨ 삽입(Insert) ⇨ 🔲 타스크 환경의 스케치(Sketch in Task Environment)를 클릭하여 XY 평면에 그림과 같이 스케치한 후 🏁 Finish Sketch를 클릭하여 스케치를 종료한다.

【동력전달장치 3-10】

🔲 돌출(Extrude) 아이콘을 클릭한 후 선택 옵션(Curve Rule)을 Region Boundary Curve ▼ (영역 경계 곡선)로 설정한 후 화살표가 가리키는 영역을 선택한다.

끝 거리 = 10mm

부울 = 🔗 빼기(Subtract)

위와 같이 설정하고 확인 을 클릭한다.

【동력전달장치 3-11】

🟦 모서리 블렌드(Edge Blend)
아이콘을 클릭하고 이전 단계
의 돌출로 생성된 모든 모서리
를 선택한다.

🪝 원형(Circular) 반경 1 (Radius
1) = 3mm

위와 같이 설정하고 확인 을
클릭한다.

【동력전달장치 3-12】

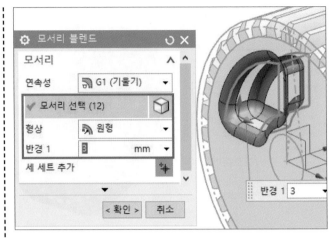

🟫 패턴 특징 형상(Pattern Feature)
을 클릭한다.

돌출과 모서리 블렌드로 생성
한 특징 형상을 선택한다.

유형 = ⚪ 원형(Circular)

백터 지정 = 원통 면 선택

간격 = 개수 및 범위 (Count and
Span)

개수(Count) = 4

범위 각도 = 360 deg

위와 같이 설정하고 확인 을
클릭한다.

【동력전달장치 3-13】

메뉴(Menu) ▷ 삽입(Insert)
▷ 🔲 타스크 환경의 스케치
(Sketch in Task Environment)
를 클릭하여 좌표계의 XZ 평면
을 선택하고 그림과 같이 스케
치한다.

【동력전달장치 3-14】

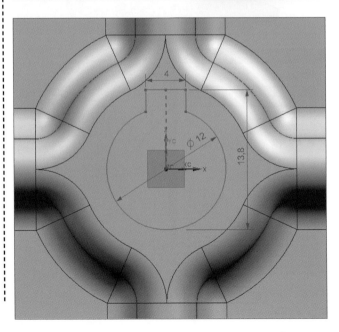

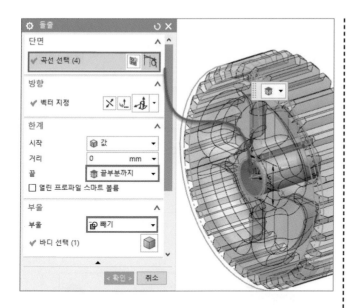

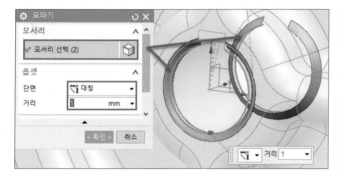

■ 돌출(Extrude) 아이콘을 클릭한 후 선택 옵션(Curve Rule)을 Region Boundary Curve ▼ (영역 경계 곡선)로 설정한 후 화살표가 가리키는 영역을 선택한다.

끝 한계 = ⬛ 끝부분까지

부울 = ⬛ 빼기(Subtract0)

위와 같이 설정하고 [확인] 을 클릭한다.

【동력전달장치 3-15】

___

■ 모따기(Chamfer) 아이콘을 클릭한다. 모서리 선택에서 화살표 가리키는 모서리를 선택한다.

단면 = 대칭(Symmetric)

거리(Distance) = 1mm

위와 같이 설정한 후 [확인] 을 클릭한다.

【동력전달장치 3-16】

___

스퍼기어의 모델링을 완성하였다.

【동력전달장치 3-17】

④ 커버 모델링하기

파일(File) ⇨ 새로 만들기 혹은
(Creates a new file) 🗋 아이콘
을 클릭한다.

이름에서 파일 이름 정의, 폴더
에서 파일의 경로를 정의한다.
확인 을 클릭하여 새 작업 파
트 생성한다.

【동력전달장치 4-1】

메뉴(Menu) ⇨ 삽입(Insert)
⇨ 🖳 타스크 환경의 스케치
(Sketch in Task Environment)
를 클릭한다.

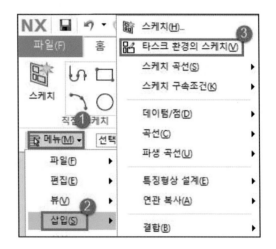

【동력전달장치 4-2】

유형 = 🗐 평면상에서
평면 방법 = 추정됨
위와 같이 설정한 후 XZ 평면을
클릭하고 확인 을 클릭한다.

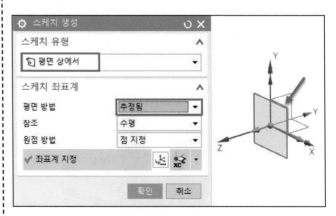

【동력전달장치 4-3】

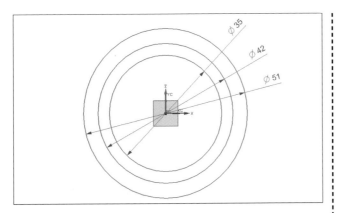

XZ 평면에 그림과 같이 스케치
한 후 🏁 **Finish Sketch** 를 클릭하
여 스케치를 종료한다.

【동력전달장치 4-4】

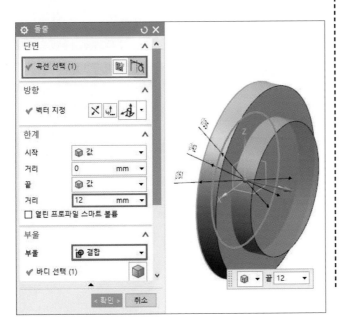

🗔 돌출(Extrude) 아이콘을 클
릭한 후 선택 옵션(Curve Rule)
은 Single Curve ▾ (단일 곡선)로 설
정하고 직경 51mm의 원을 클
릭한다.
끝 거리 = 6mm
위와 같이 설정한 후 확인 을
클릭한다.

【동력전달장치 4-5】

이어서 직경 35mm의 원을 선
택한다.

끝 거리 = 12mm
Boolean = 🔩 결합(Unite)

위와 같이 설정한 후 확인 을
클릭한다.

【동력전달장치 4-6】

메뉴(Menu) ⇨ 삽입(Insert) ⇨
특징 형상 설계(Design Feature)
⇨ 🛢 실린더(Cylinder)를 선택
한다.

벡터 지정 = YC

직경(Diameter) = 30mm

높이(Height) =5.2mm

부울 = 🔩 빼기(Subtract)

위와 같이 설정한 후 [확인]을
클릭한다.

【동력전달장치 4-7】

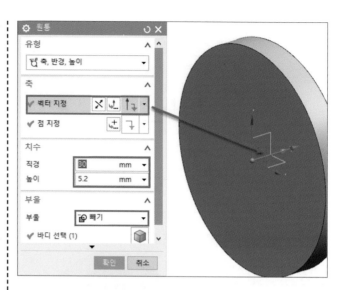

벡터 지정 = YC

점 지정 = 화살표 위치

직경(Diameter) = 18mm

높이(Height) = 2mm

부울 = 🔩 빼기(Subtract)

위와 같이 설정한 후 [확인]을
클릭한다.

【동력전달장치 4-8】

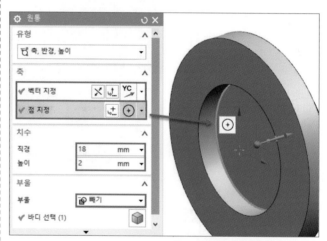

벡터 지정 = YC

점 지정 = 화살표 위치

직경(Diameter) = 30mm

높이(Height) = 10mm

부울 = 🔩 빼기(Subtract)

위와 같이 설정한 후 [확인]을
클릭한다.

【동력전달장치 4-9】

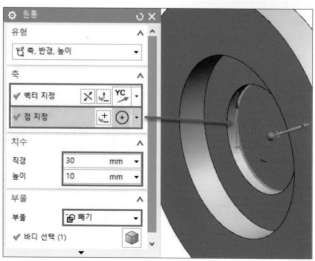

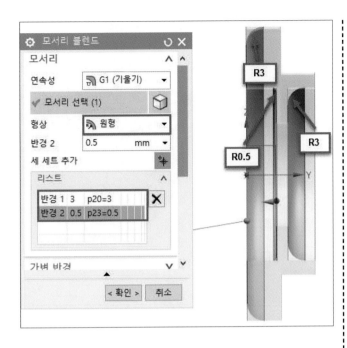

모서리 블렌드(Edge Blend)를 클릭한다.

그림과 같이 R3이 들어갈 모서리를 클릭하고 새 세트 추가(Add New Set)를 이용하여 R0.5 부분도 클릭하고 확인 을 클릭한다.

【동력전달장치 4-10】

모따기(Chamfer) 아이콘을 클릭한다.

화살표가 가리키는 모서리를 선택한다.

단면 = 옵셋 및 각도

거리(Distance) = 0.75mm

각도(Angle) = 30deg

위와 같이 설정한 후 확인 을 클릭한다.

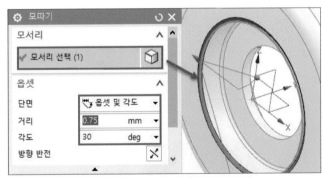

【동력전달장치 4-11】

그림과 같이 모서리를 선택한다.

단면 = 대칭(Symmetric)

거리(Distance) = 1mm

위와 같이 설정한 후 확인 을 클릭한다.

【동력전달장치 4-12】

구명(Hole) 아이콘을 클릭한다.

폼잉 = 카운터 보어

카운터 보어 직경 = 6mm

카운터 보어 깊이 = 3.3mm

직경(Diameter) = 3.4mm

깊이 한계(Depth Limits) = 바디 통과(Through Body)

부울 = 빼기(Subtract)

위와 같이 설정한 후 사분 점 스냅 옵션이 활성화되어 있는지 확인한 후 직경 41mm인 원의 4개의 사분 점을 모두 클릭하고 확인 을 클릭한다.

【동력전달장치 4-13】

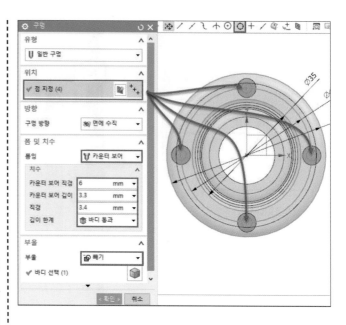

커버(Cover) 모델링이 완성되었다.

【동력전달장치 4-14】

⑤ 체인 스프로킷 모델링하기

파일 ⇨ 새로 만들기 혹은 새로 만들기 아이콘을 클릭한다.

이름에서 파일 이름 정의, 폴더에서 파일의 경로를 정의한다.

확인 을 클릭하여 새 작업 파트 생성한다.

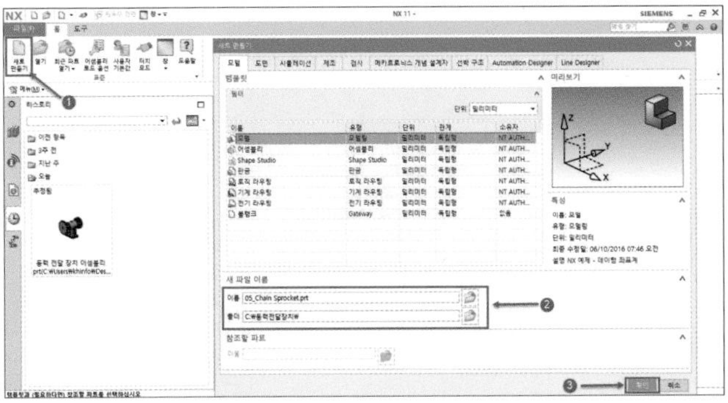

【동력전달장치 5-1】

메뉴(Menu) ⇨ 삽입(Insert) ⇨ 타스크 환경의 스케치(Sketch in Task Environment)를 클릭한다.

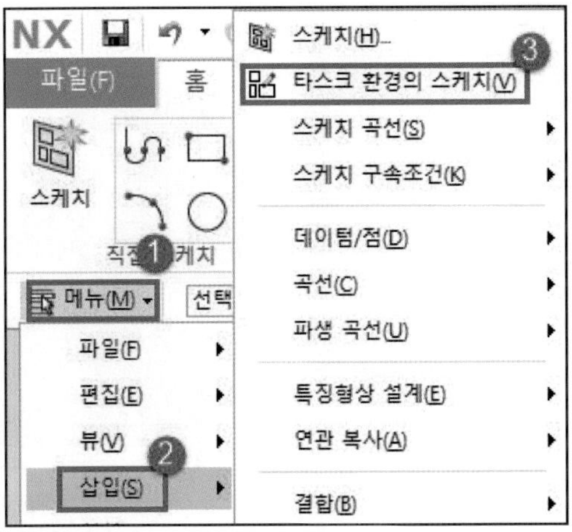

【동력전달장치 5-2】

유형(Type) = 평면상에서(On Plane)

평면 방법(Plane Method) = 추정됨(Inferred)을 설정한 후 XZ 평면을 클릭하고 확인 을 클릭한다.

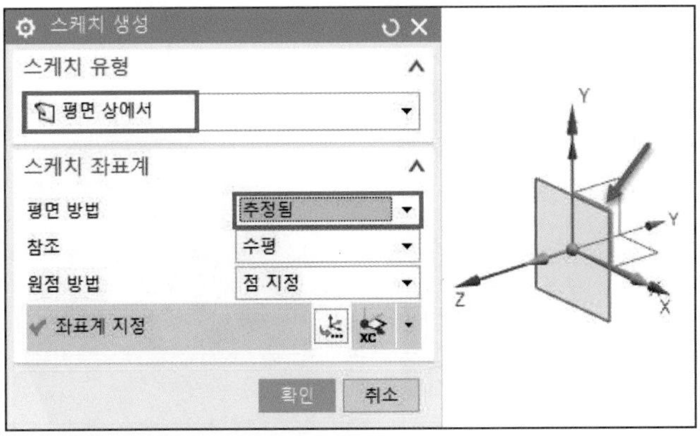

【동력전달장치 5-3】

⊙ 원, 추정 치수, 구속 조건을 이용하여 그림과 같이 스케치하고 Finish Sketch 를 클릭하여 스케치를 종료한다.

【동력전달장치 5-4】

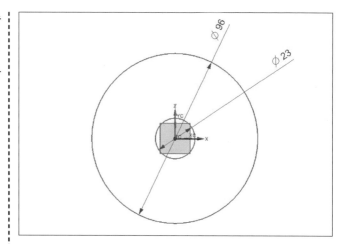

돌출(Extrude) 아이콘을 클릭한 후 선택 옵션(Curve Rule)을 Single Curve ▾ (단일 곡선)로 설정한 후 직경 96mm의 원을 클릭하여 7.2mm만큼 돌출시키고 확인 을 클릭한다.

【동력전달장치 5-5】

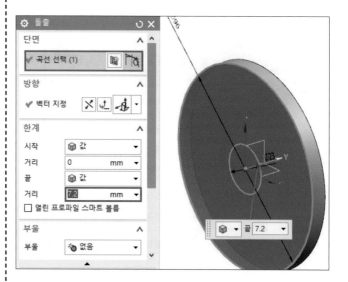

이어서 직경 23mm의 원을 선택한다.
끝 거리(End Distance) = 7.2+16mm
Boolean = 결합(Unite)
위와 같이 설정하고 확인 을 클릭한다.

【동력전달장치 5-6】

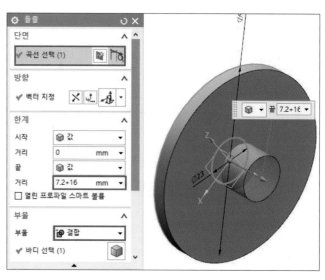

메뉴(Menu) ⇨ 삽입(Insert)
⇨ 🔢 타스크 환경의 스케치
(Sketch in Task Environment)
를 클릭한다.

유형(Type) = 평면상에서(On
Plane)로 설정한 후

YZ 평면을 클릭하고 [확인]을
클릭한다.

【동력전달장치 5-7】

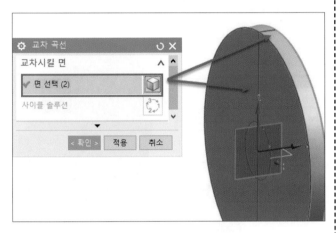

메뉴(Menu) ⇨ 삽입(Insert) ⇨
방법 곡선(Recipe Curve) ⇨
🔷 교차 곡선(Intersection
Curve)를 클릭하고 그림과 같
이 면을 선택하여 교차 곡선을
생성시킨 후 [확인]을 클릭한다.

【동력전달장치 5-8】

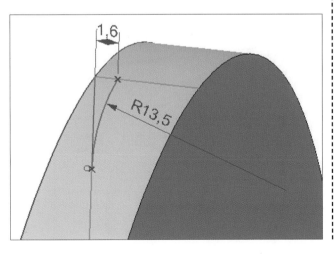

🔷 교차 곡선, ⌐ 원호 그림과
같이 스케치하고 🏁 **Finish Sketch**
를 클릭하여 스케치를 종료
한다.

【동력전달장치 5-9】

🔩 회전(Revolve)을 실행한다. 선택 옵션(Curve Rule)을 Region Boundary Curv ▾ (영역 경계 곡선)로 정의하고 화살표가 가리키는 영역을 클릭한다.

벡터 지정(Specify Vector)에서 실린더의 원통 면을 선택한다.

끝 각도 = 360deg

부울 = 🔩 빼기(Subtract)

설정한 후 확인 을 클릭한다.

【동력전달장치 5-10】

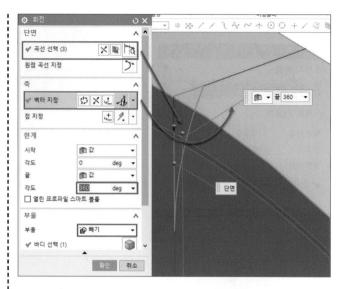

메뉴(Menu) ⇨ 삽입(Insert) ⇨ 연관 복사(Associative Copy) ⇨ 🔩 대칭 특징 형상을 클릭한다. 위에서 작업한 회전 형상을 선택한 후 화살표가 가리키는 면을 선택한 후 거리(Distance) 값 3.6mm를 입력하고 확인 을 클릭한다.

【동력전달장치 5-11】

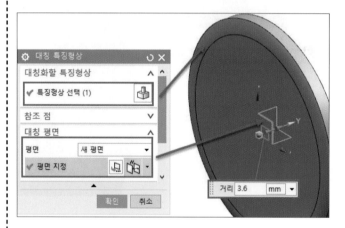

메뉴(Menu) ⇨ 삽입(Insert) ⇨ 🔩 타스크 환경의 스케치 (Sketch in Task Environment) 를 클릭한다.

평면 방법 = 추정됨을 설정한 후 XZ 평면을 클릭하고 확인 을 클릭한다. 그림과 같이 스케치하고 🏁 Finish Sketch 를 클릭하여 스케치를 종료한다.

【동력전달장치 5-12】

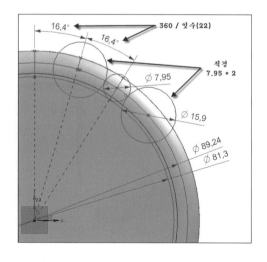

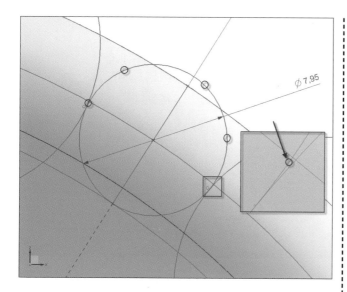

메뉴(Menu) ⇨ 편집(Edit) ⇨
곡선(Curve) ⇨ 빠른 트리
밍(Quick Trim)을 실행하여 그
림과 같이 총 5개소를 클릭하
여 잘라낸다. (확대된 곳 이외
의 선을 먼저 트림해야 구속 조
건 충돌 가능성이 적다.)

【동력전달장치 5-13】

돌출(Extrude) 아이콘을 클
릭한 후 선택 옵션(Curve Rule)
Region Boundary Curve ▾ (영역 경계 곡
선)로 선택하고 화살표가 가리
키는 영역을 선택한다.

끝 한계 = 끝부분까지

Boolean = 빼기(Unite)

위와 같이 정의한 후 확인 을
클릭한다.

【동력전달장치 5-14】

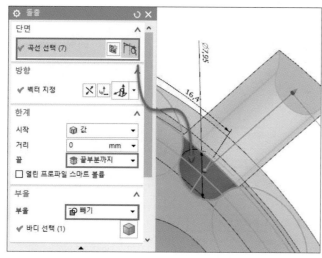

패턴 면(Pattern Face)을 클
릭한다.

이전 돌출 작업에서 생성된 면
선택한다.

백터 지정 = 원통 면 선택

레이아웃 = ○ 원형

피치 각도 = 360/22deg

개수(Count) = 22

확인 을 클릭하여 원형 배열
을 완성한다.

【동력전달장치 5-15】

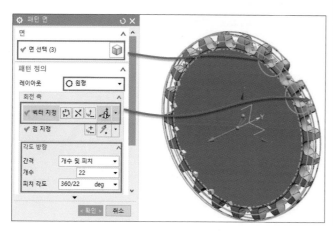

⊞ 타스크 환경의 스케치를 클릭한다.

XZ 평면을 클릭하여 선택하여 그림과 같이 스케치하고 ▨ Finish Sketch를 클릭하여 스케치를 종료한다.

【동력전달장치 5-16】

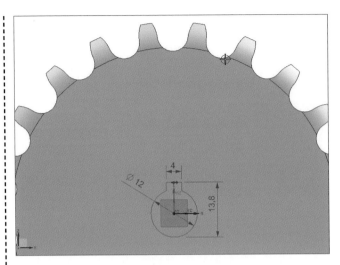

▥ 돌출(Extrude) 아이콘을 클릭한 후 선택 옵션(Curve Rule) Region Boundary Curve ▼(영역 경계 곡선)로 선택하고 화살표가 가리키는 영역을 선택한다.

끝 한계(End Limits) = ▦ 끝부분까지(Through All)

Boolean = ▣ 빼기(Subtract)

위와 같이 정의한 후 확인 을 클릭한다.

【동력전달장치 5-17】

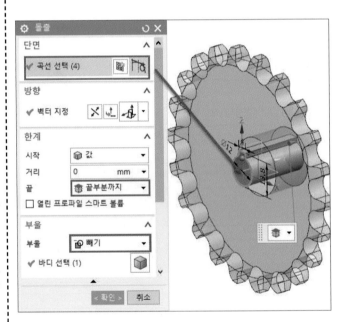

▧ 모서리 블렌드(Edge Blend)를 클릭한다.

그림과 같이 R3이 들어갈 모서리를 클릭한다.

형상(Shape)= ▧ 원형(Circular)

반경 1(Radius 1) = 12mm

위와 같이 설정한 후 확인 을 클릭한다.

【동력전달장치 5-18】

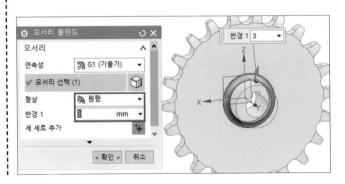

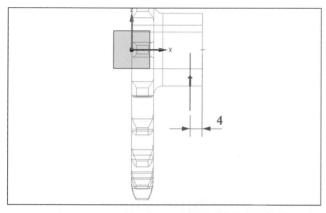

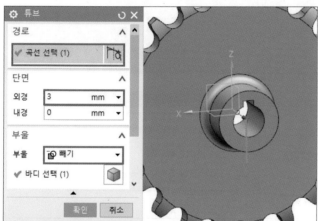

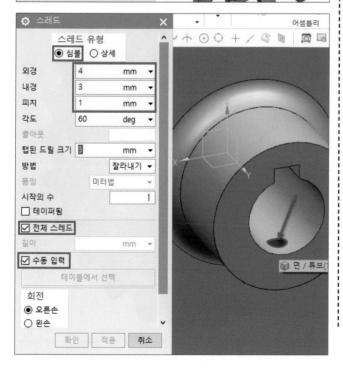

타스크 환경의 스케치를 클릭한다.

YZ 평면을 선택하고 그림과 같이 스케치한 후 **Finish Sketch** 를 클릭하여 스케치를 종료한다.

【동력전달장치 5-19】

튜브(Tube)를 클릭하고 이전의 스케치에서 그린 직선을 선택한다.

외경 = 3mm

부울 = 빼기(Subtract)

위와 같이 정의한 후 확인 을 클릭한다.

【동력전달장치 5-20】

스레드(Thread)를 클릭한다. 아래쪽의 수동 입력(Manual Input)과 전체 스레드(Full Thread) 체크박스에 체크한다.

외경 = 4mm

내경 = 3mm

피치(Pitch) = 1mm

위와 같이 설정하고 화살표가 가리키는 원통 면을 선택한다.

【동력전달장치 5-21】

이어서 나오는 대화상자에서
스레드 시작 평면을 XY 명편으
로 선택한다.

계속해서 등장하는 대화상자에
서 나사의 진행 방향을 -ZC 방
향으로 설정한다.

Reverse Thread Axis (역 스레드 축)를
클릭하여 나사 진행 방향을 변
경하고 확인 을 클릭한다.

【동력전달장치 5-22】

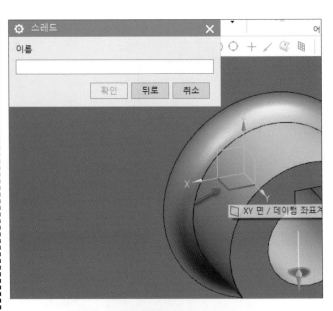

【동력전달장치 5-23】

스프로킷(Sprocket) 모델링이
완성되었다.

【동력전달장치 5-24】

2. 편심구동장치 모델링

● 다음과 같이 편심구동장치의 모델링을 생성한다.

① 하우징   ② 샤프트   ③ 피스톤

④ 벨트풀리   ⑤ 스퍼기어   ⑥ 커버

① 하우징 모델링하기

파일(File) ➡ 새로 만들기 혹은
(Creates a new file) 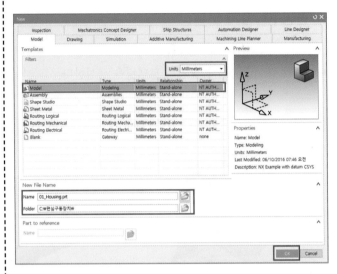 아이콘
을 클릭한다.
이름에서 파일의 이름을 01_
Housing.prt 폴더에서 파일의
경로를 정의한다.
< OK > 를 클릭하여 새 작업 파
트를 생성한다.
【편심구동장치 1-1】

메뉴(Menu) ➡ 삽입(Insert)
➡ 🔛 타스크 환경의 스케치
(Sketch in Task Environment)
를 클릭한다.

【편심구동장치 1-2】

유형(Type) = 평면상에서(On
Plane)
평면 방법(Plane Method) = 추
정됨(Inferred)을 설정한 후 XZ
평면을 클릭하고 < OK > 를 클
릭한다.

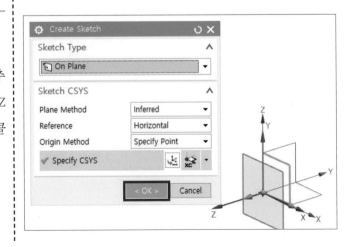

【편심구동장치 1-3】

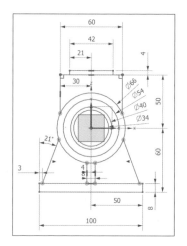

☑ 선, ☐ 직사각형, ◯ 원,
☒ 트림, ☒ 추정 치수,
☒ 구속 조건을 이용하여
그림과 같이 스케치하고
🏁 **Finish Sketch**를 클릭하여 스
케치를 종료한다.

【편심구동장치 1-4】

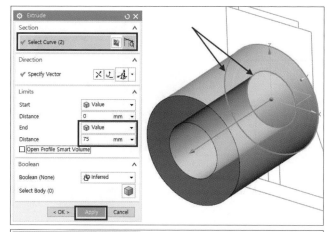

🗊 돌출(Extrude)을 클릭한다.
선택 옵션(Curve Rule)을
Single Curve ▼ 로 설정한 후 화살
표가 가리키는 원을 선택한다.

Start Limits = 0mm

End Limits = 75mm

위와 같이 정의하고 Apply 를
클릭한다.

【편심구동장치 1-5】

선택 옵션(Curve Rule)을
Region Boundary Curve ▼ 로 설정한 후
화살표가 가리키는 영역을 선
택한다.

Start Limits = 7.5mm

End Limits = 75-7.5mm

Boolean = 🗊 결합(Unite)

위와 같이 정의하고 Apply 를
클릭한다.

【편심구동장치 1-6】

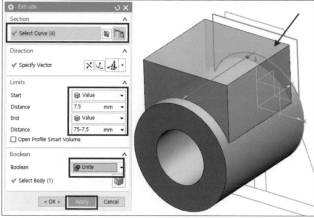

화살표가 가리키는 영역을 선택한다.

Start Limits = 16.5mm

End Limits = 75-16.5mm

Boolean = 결합(Unite)

위와 같이 정의하고 Apply 를 클릭한다.

【편심구동장치 1-7】

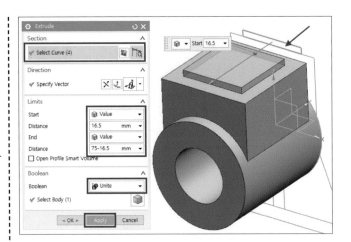

화살표가 가리키는 영역을 선택한다.

Start Limits = 3mm

End Limits = 11mm

Boolean = 결합(Unite)

위와 같이 정의하고 Apply 를 클릭한다.

【편심구동장치 1-8】

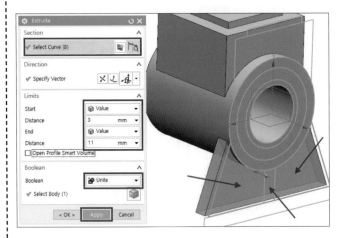

화살표가 가리키는 영역을 선택한다.

Start Limits = 3mm

End Limits = 109mm

Boolean = 결합(Unite)

위와 같이 정의하고 Apply 를 클릭한다.

【편심구동장치 1-9】

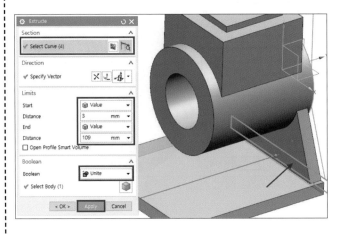

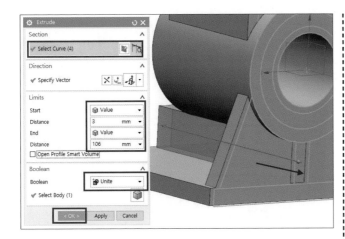

화살표가 가리키는 영역을 선택한다.

Start Limits = 3mm

End Limits = 106mm

Boolean = 결합(Unite)

위와 같이 정의하고 < OK > 를 클릭한다.

【편심구동장치 1-10】

Menu ⇨ Insert Synchronous Design ⇨ Dimension ⇨ Angular Dimension

Origin = 바닥 판의 윗면

Measurement = 수직면

Angle = 55deg

위와같이 설정하고 < OK > 를 클릭한다.

【편심구동장치 1-11】

돌출(Extrude)을 클릭한다. 선택 옵션(Curve Rule)을 Single Curve 로 설정한 후 화살표가 가리키는 직경 54mm 의 원을 선택한다.

Start Limits = 17mm

End Limits = 75-17mm

Boolean = Subtract

위와 같이 정의하고 Apply 를 클릭한다.

【편심구동장치 1-12】

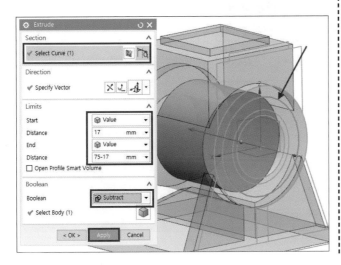

돌출(Extrude)을 클릭한다. 선택 옵션(Curve Rule)을 Single Curve ▼ 로 설정한 후 화살표가 가리키는 직경 40mm의 원을 선택한다.

Start Limits = 0mm

End Limits = 15mm

Boolean = Subtract

위와 같이 정의하고 Apply 를 클릭한다.

【편심구동장치 1-13】

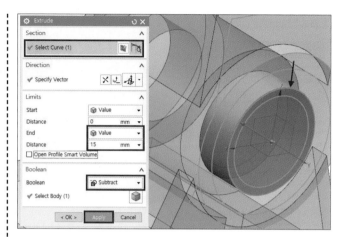

화살표가 가리키는 직경 40mm의 원을 선택한다.

Start Limits = 60mm

End Limits = 75mm

Boolean = Subtract

위와 같이 정의하고 Apply 를 클릭한다.

【편심구동장치 1-14】

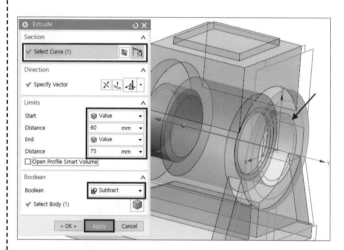

선택 옵션(Curve Rule)을 Face Edges ▼ 로 설정한 후 화살표가 가리키는 형상의 윗면을 선택한다.

Start Limits = 12mm

End Limits = 40mm

Boolean = Subtract

Offset = Single-sided−0.5mm

위와 같이 정의하고 < OK > 를 클릭한다.

【편심구동장치 1-15】

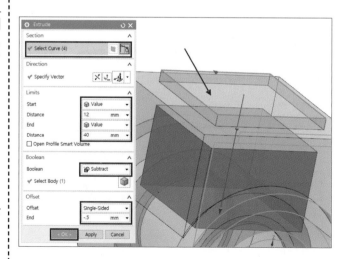

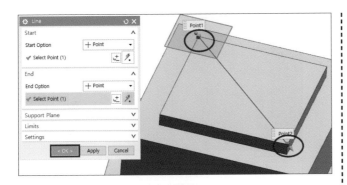

Menu ⇨ Insert ⇨ Curve ⇨
/ Line을 클릭한다.
원으로 표시된 부분의 모서리 꼭
짓점 2개를 차례대로 선택한 후
< OK > 를 클릭하여 생성한다.

【편심구동장치 1-16】

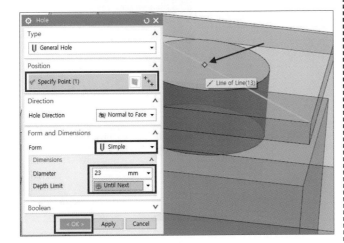

■ 구멍(Hole) 아이콘을 클릭
한다.
Type = U General Hole
Form = U Simple
Diameter = 23mm
Depth = 🏭 Until Next
위와 같이 설정한 후
화살표가 가리키는 직선의 중
간점을 클릭한 후 < OK > 를 클
릭한다.
【편심구동장치 1-17】

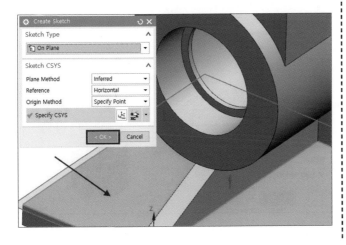

🖾 Sketch in Task Environment
를 클릭한다.
화살표가 가리키는 형상의 면
을 선택하고 < OK > 를 클릭
한다.

【편심구동장치 1-18】

○ 원, 추정 치수, 구속
조건을 이용하여 그림과 같이
스케치하고 Finish Sketch 를
클릭하여 스케치를 종료한다.

【편심구동장치 1-19】

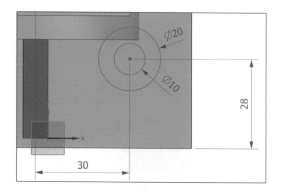

돌출(Extrude)을 클릭한다.
선택 옵션(Curve Rule)을
Single Curve ▾ 로 설정한 후 화살
표가 가리키는 직경 54mm의
원을 선택한다.

Start Limits = 0mm

End Limits = 2mm

Boolean = 결합(Unite)
위와 같이 정의하고 Apply 를
클릭한다.

【편심구동장치 1-20】

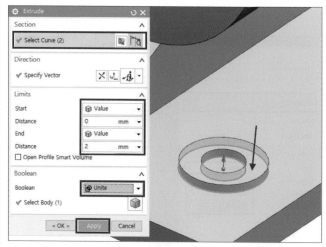

선택 옵션(Curve Rule)을
Single Curve ▾ 로 설정한 후 화살
표가 가리키는 직경 54mm의
원을 선택한다.

Start Limits = 0mm

End Limits = Until Next

Boolean = Subtract
위와 같이 정의하고 < OK > 를
클릭한다.

【편심구동장치 1-21】

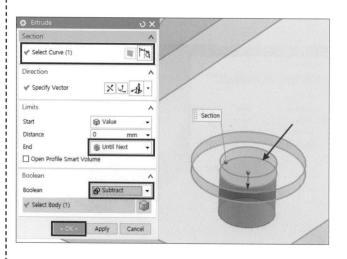

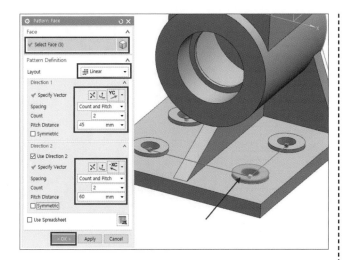

Menu ⇨ Insert ⇨ Associative
Copy ⇨ 🔷 Pattern Face를 클
릭한다.

Layout = ▦ Linear

Direction 1 = YCCount = 2

Pitch Distance 45mm

Direction 2 = -XC

Count = 2

Pitch Distance = 60mm

위와 같이 정의하고 < OK > 를
클릭한다.

【편심구동장치 1-22】

🖉 Sketch in Task Environment
를 클릭한다.
화살표가 가리키는 형상의 면을
선택하고 < OK > 를 클릭한다.

【편심구동장치 1-23】

○ 원, 📐 추정 치수, 📐 구속
조건을 이용하여 그림과 같이
스케치하고 🏁 Finish Sketch 를
클릭하여 스케치를 종료한다.

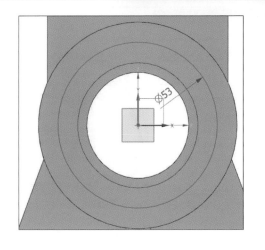

【편심구동장치 1-24】

🔲 구명(Hole) 아이콘을 클릭한다. 화살표가 가리키는 원의 사분점 꼭짓점을 클릭한다.

🔲 ❖ ⁄ ⁄ ⌐ ⊹ ⊙ ▣ ＋ ⁄ ⟨

Type = 🔲 Threaded Hole

Size = M4 x 0.7

Thread Depth = 8mm

Depth = 12mm

이와 같이 설정하고 < OK > 를 클릭한다.

【편심구동장치 1-25】

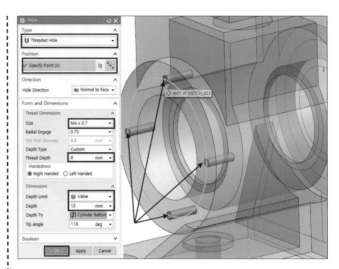

🔲 Mirror Feature를 클릭한다. Features to Mirror는 작업 트리에서 🔲 Threaded Hole을 선택한다.

Mirror Plane은 🔲 Bisector로 설정하고 화살표가 가리키는 2개의 면을 선택한다. < OK > 를 클릭하여 적용한다.

【편심구동장치 1-26】

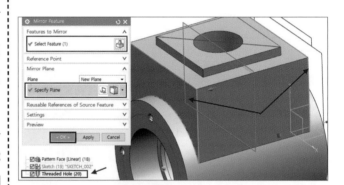

🔲 모서리 블렌드(Edge Blend)를 클릭한다. 하우징 내부의 10개의 모서리 및 하우징 상단의 4개 모서리를 선택한다.

Radius 1 = 6mm로 정의한 후 Apply 를 클릭한다.

【편심구동장치 1-27】

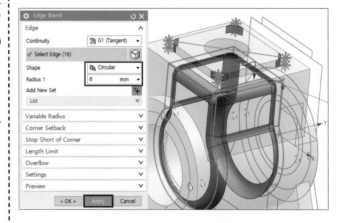

이어서 그림과 같이 하우징 상
단과 하단의 리브가 만나는 부
분의 모서리를 클릭한다.

Radius 1 = 2mm로 정의한 후
Apply 를 클릭한다.

【편심구동장치 1-28】

양옆의 가로 방향 모서리 2개
소를 선택한다.

Radius 1 = 3mm로 정의한 후
Apply 를 클릭한다.

【편심구동장치 1-29】

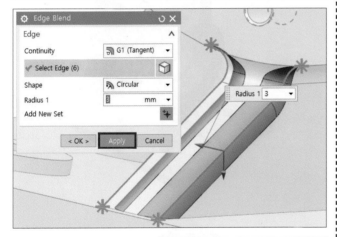

양옆의 세로 방향 모서리 2개
소를 선택한다.

Radius 1 = 3mm로 정의한 후
Apply 를 클릭한다.

【편심구동장치 1-30】

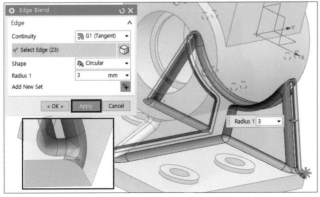

하단 리브 부분의 그 외 나머지
모든 모서리를 선택한다.

Radius 1 = 3mm로 정의한 후
Apply 를 클릭한다.

【편심구동장치 1-31】

그 외 나머지 필렛이 적용되어
야 할 모든 모서리를 선택한다.
Radius 1 = 3mm로 정의한 후
< OK > 를 클릭한다.

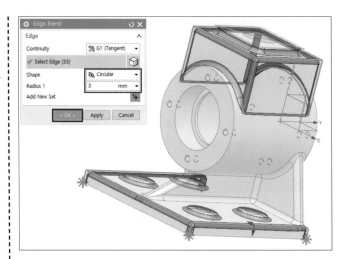

【편심구동장치 1-32】

그림과 같이 01_Housing 부품
의 모델링 완성되었다.

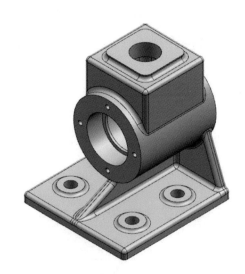

【편심구동장치 1-33】

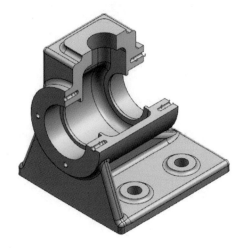

【편심구동장치 1-34】

② 샤프트 모델링하기

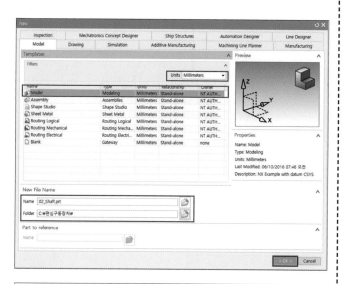

파일(File) ⇨ 새로 만들기 혹은 (Creates a new file) 아이콘을 클릭한다.

이름에서 파일 이름을 02_Shaft. prt로 정의하고 파일의 경로를 정의한다.

< OK > 를 클릭하여 새 작업 파트를 생성한다.

【편심구동장치 2-1】

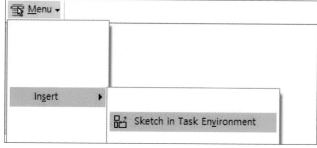

메뉴(Menu) ⇨ 삽입(Insert) ⇨ 타스크 환경의 스케치 (Sketch in Task Environment) 를 클릭한다.

【편심구동장치 2-2】

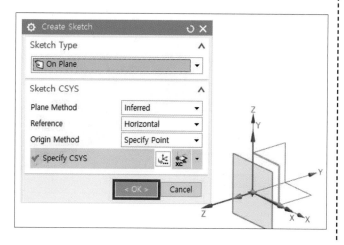

유형(Type) = 평면상에서 (On Plane)

평면 방법(Plane Method) = 추정됨(Inferred)을 설정한 후 XZ 평면을 클릭하고 < OK > 를 클릭한다.

【편심구동장치 2-3】

◯ 원, 📈 추정 치수, 📐 구속 조건을 이용하여 그림과 같이 스케치하고 🏁 **Finish Sketch** 를 클릭하여 스케치를 종료한다.

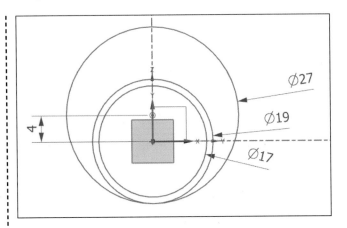

【편심구동장치 2-4】

📦 돌출(Extrude)을 클릭한다. 선택 옵션(Curve Rule)을 Single Curve ▾ 로 설정한 후 화살표가 가리키는 직경 17mm의 원을 선택한다.

End= 📦 Symmetric Value

Distance = 83mm

위와 같이 정의하고 Apply 를 클릭한다.

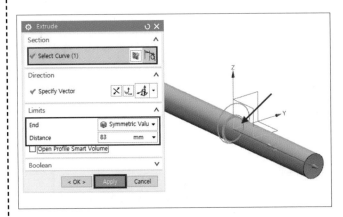

【편심구동장치 2-5】

선택 옵션(Curve Rule)을 Single Curve ▾ 로 설정한 후 화살표가 가리키는 직경 19mm의 원을 선택한다.

End= 📦 Symmetric Value

Distance = 22mm

Boolean = 📦 결합(Unite)

위와 같이 정의하고 Apply 를 클릭한다.

【편심구동장치 2-6】

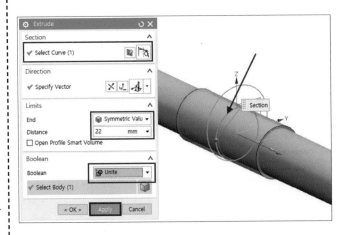

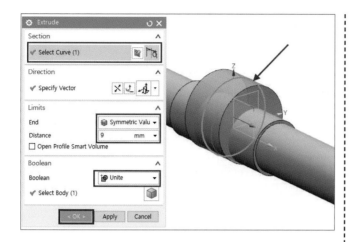

선택 옵션(Curve Rule)을
Single Curve ▼ 로 설정한 후 화살
표가 가리키는 직경 27mm의
원을 선택한다.

End = 🔲 Symmetric Value

Distance = 9mm

Boolean = 🔘 결합(Unite)

위와 같이 정의하고 < OK > 를
클릭한다.

【편심구동장치 2-7】

🔲 Sketch in Task Environment
를 클릭한다.

좌표계의 XY 평면을 선택하고
< OK > 를 클릭한다.

【편심구동장치 2-8】

🔲 직사각형, 🔳 추정 치수,
🔳 구속 조건을 이용하여 그림과
같이 스케치하고 🏁 Finish Sketch
를 클릭하여 스케치를 종료
한다.

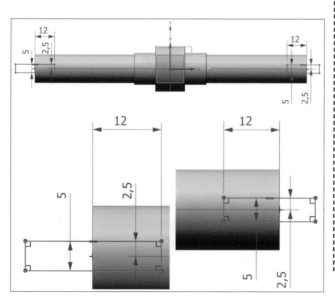

【편심구동장치 2-9】

돌출(Extrude)을 클릭한다.
선택 옵션(Curve Rule)을
Connected Curves ▼ 로 설정한 후 화
살표가 가리키는 직사각형을
선택한다.

Start Distance = 5.5

End = ⊞ Until Next

Boolean = Ⓟ Subtract

위와 같이 정의하고 < OK > 를
클릭한다.

【편심구동장치 2-10】

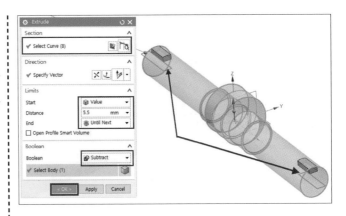

모서리 블렌드(Edge Blend)
를 클릭한다. 돌출 형상의 안쪽
2개의 모서리를 선택한다. 반
대쪽도 동일하게 선택한다.
Radius 1 = 2.5mm로 정의한
후 < OK > 를 클릭한다.

【편심구동장치 2-11】

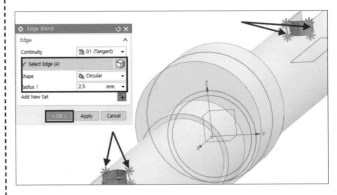

Sketch in Task Environment
를 클릭한다.
좌표계의 XY 평면을 선택하고
< OK > 를 클릭한다.

【편심구동장치 2-12】

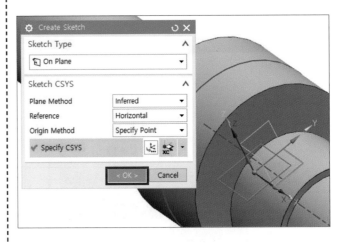

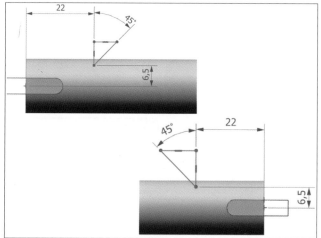

【편심구동장치 2-13】

선, 빠른 트리밍, 추정 치수, 구속 조건을 이용하여 그림과 같이 스케치하고 Finish Sketch 를 클릭하여 스케치를 종료한다.

회전(Revolve)를 클릭한다.
선택 옵션(Curve Rule)을
Connected Curves ▼ 로 설정한 후 화살표가 가리키는 사선을 선택한다.
회전축으로는 화살표가 가리키는 직선을 선택한다.
Angle = 360deg
Boolean = Subtract
이와 같이 정의하고 Apply 를 클릭하여 적용한다.

【편심구동장치 2-14】

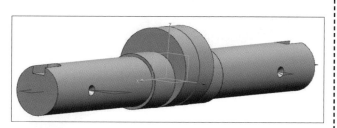

반대쪽도 동일하게 적용하여 완성한다.

【편심구동장치 2-15】

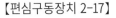 모따기(Chamfer) 아이콘을 클릭한다. 화살표가 가리키는 모서리를 선택한다. (화살표의 방향에 주의한다.)

Cross Section = Offset and Angle

Distance = 2.3mm

Angle = 30deg

위와 같이 설정한 후 < OK > 를 클릭한다.

【편심구동장치 2-16】

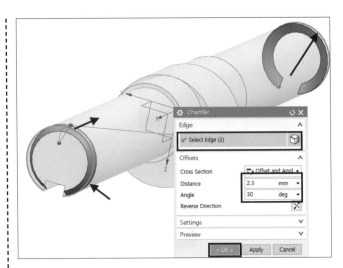

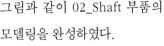 모서리 블렌드(Edge Blend)를 클릭한다. 돌출 형상의 안쪽 2개의 모서리를 선택한다. 반대쪽도 동일하게 선택한다.

Radius 1 = 2mm로 정의한 후 < OK > 를 클릭한다.

【편심구동장치 2-17】

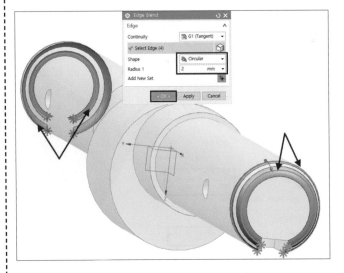

그림과 같이 02_Shaft 부품의 모델링을 완성하였다.

【편심구동장치 2-18】

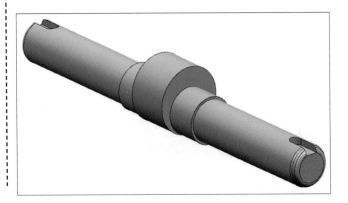

③ 피스톤 모델링하기

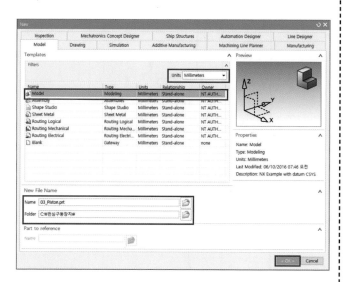

파일(File) ⇨ 새로 만들기 혹은 (Creates a new file) 아이콘을 클릭한다.

이름에서 파일 이름을 03_Piston.prt로 정의하고 파일의 경로를 정의한다.

< OK > 를 클릭하여 새 작업 파트 생성한다.

【편심구동장치 3-1】

메뉴(Menu) ⇨ 삽입(Insert) ⇨ 타스크 환경의 스케치 (Sketch in Task Environment)를 클릭한다.

【편심구동장치 3-2】

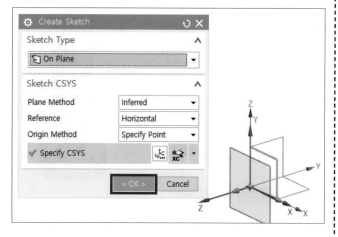

유형(Type) = 평면상에서 (On Plane)

평면 방법(Plane Method) = 추정됨(Inferred)을 설정한 후 XZ 평면을 클릭하고 < OK > 를 클릭한다.

【편심구동장치 3-3】

⟋ 선, ☐ 직사각형, 빠른
트리밍, 추정 치수, 구속
조건을 이용하여 그림과 같이
스케치하고 🏁 Finish Sketch 를
클릭해 스케치를 종료한다.

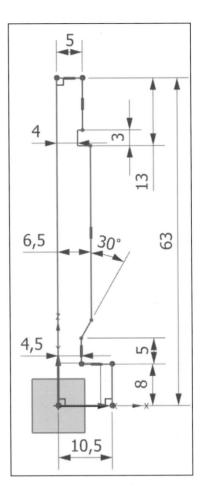

【편심구동장치 3-4】

🍖 회전 (Revolve)를 클릭한다.
선택 옵션(Curve Rule)을
Connected Curves ▼ 로 설정한 후 화
살표가 가리키는 수직선 회전
축으로는 화살표가 가리키는
직선을 선택한다.
Angle = 360deg
이와 같이 정의하고 < OK > 를
클릭하여 적용한다.

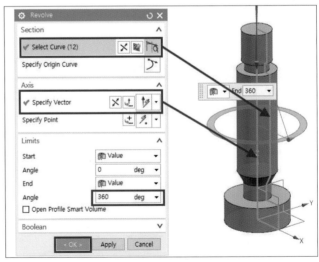

【편심구동장치 3-5】

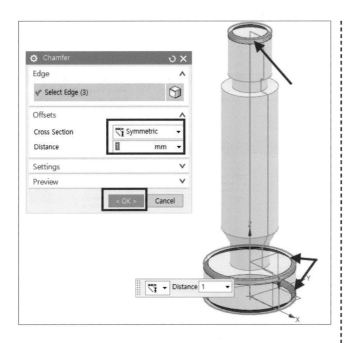

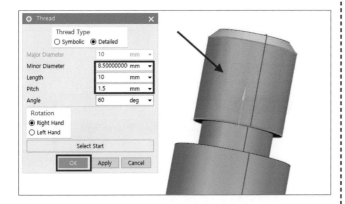

모따기(Chamfer) 아이콘을 클릭한다. 화살표가 가리키는 모서리를 선택한다.

Cross Section = Symmetric

Distance = 1mm

위와 같이 설정한 후 < OK > 를 클릭한다.

【편심구동장치 3-6】

Insert ⇨ Design Feature ⇨ Thread를 실행한다.

Minor Diameter = 8.5mm

Length = 10mm

Pitch = 1.5mm

위와 같이 정의하고 화살표가 가리키는 원통 면을 선택한 후 < OK > 를 클릭한다.

【편심구동장치 3-7】

그림과 같이 03_Piston 부품의 모델링을 완성하였다.

【편심구동장치 3-8】

④ 벨트풀리 모델링하기

파일(File) ⇨ 새로 만들기 혹은
(Creates a new file) 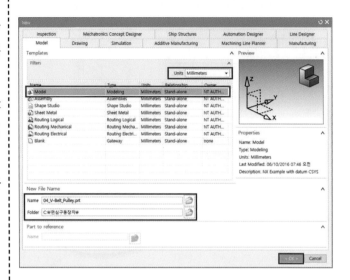 아이콘
을 클릭한다.
이름에서 파일 이름을 04_V-Belt
Pulley.prt로 정의하고 파일의
경로를 정의한다.
< OK > 를 클릭하여 새 작업 파
트를 생성한다.

【편심구동장치 4-1】

메뉴(Menu) ⇨ 삽입(Insert)
⇨ 🔲 타스크 환경의 스케치
(Sketch in Task Environment)
를 클릭한다.

【편심구동장치 4-2】

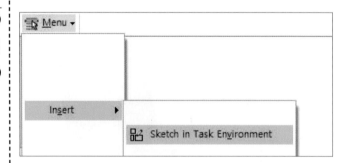

유형(Type) = 평면상에서(On
Plane)
평면 방법(Plane Method) = 추
정됨(Inferred)을 설정한 후 YZ
평면을 클릭하고 < OK > 를 클
릭한다.

【편심구동장치 4-3】

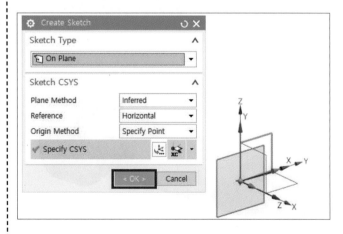

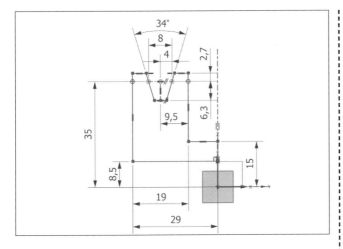

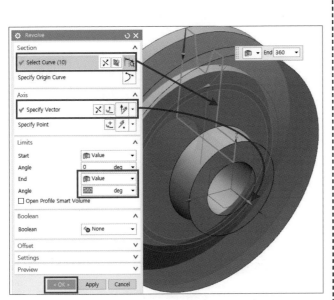

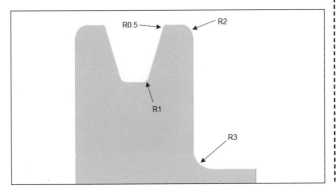

☑ 선, ☐ 직사각형, ☒ 빠른 트리밍, ☒ 추정 치수, ☒ 구속 조건을 이용하여 그림과 같이 스케치하고 🏁 Finish Sketch 를 클릭해 스케치를 종료한다.

【편심구동장치 4-4】

🍷 회전(Revolve)을 클릭한다. 선택 옵션(Curve Rule)을 Connected Curves ▼ 로 설정한 후 화살표가 가리키는 수직선 회전 축으로는 화살표가 가리키는 Y 축을 선택한다.
Angle = 360deg
이와 같이 정의하고 < OK > 를 클릭하여 적용한다.

【편심구동장치 4-5】

🧱 Edge Blend를 클릭한다. 그림과 같이 모서리에 블렌드를 적용한다.

【편심구동장치 4-6】

Sketch in Task Environment
를 클릭한다.
좌표계의 YZ 평면을 선택하고
< OK > 를 클릭한다.

【편심구동장치 4-7】

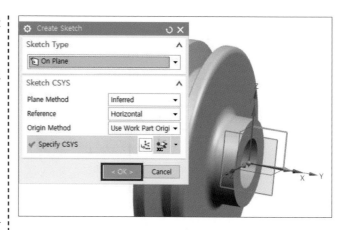

선, 직사각형, 빠른
트리밍, 추정 치수, 구속
조건을 이용하여 그림과 같이
스케치하고 Finish Sketch 를
클릭해 스케치를 종료한다.

【편심구동장치 4-8】

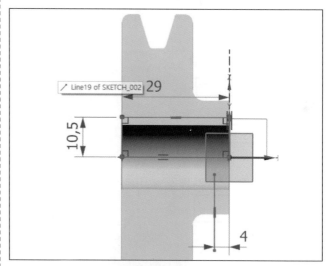

돌출(Extrude)을 클릭한다.
선택 옵션(Curve Rule)을
Connected Curves ▾ 로 설정한 후 화
살표가 가리키는 직경 40mm의
원을 선택한다.
End = Symmetric Value
End Limits = 2.5mm
Boolean = Subtract
위와 같이 정의하고 < OK > 를
클릭한다.

【편심구동장치 4-9】

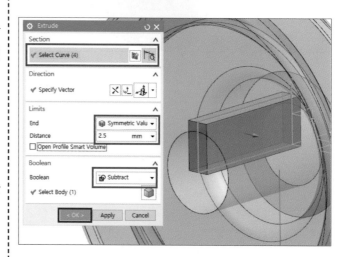

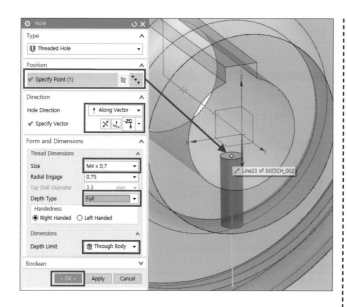

구멍(Hole) 아이콘을 클릭한다. 화살표가 가리키는 수직선의 위쪽 끝점을 클릭한다.

Type = Threaded Hole

Hole Direction = Along Vector

Specify Vector =

Size = M4 × 0.7

Depth Type = Full

Depth Limits = Through Body

위와 같이 설정하고 < OK > 를 클릭한다.

【편심구동장치 4-10】

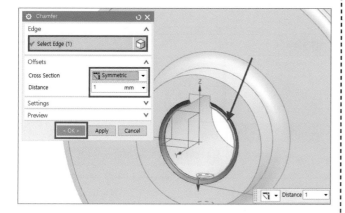

Chamfer 아이콘을 클릭한다. 화살표가 가리키는 모서리를 선택한다.

Cross Section = Symmetric

Distance = 1mm

위와 같이 설정한 후 < OK > 를 클릭한다.

【편심구동장치 4-11】

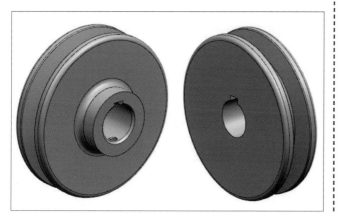

그림과 같이 04_V_Belt_Pulley. prt 부품의 모델이 완성되었다.

【편심구동장치 4-12】

⑤ 스퍼기어 모델링하기

파일(File) ⇨ 새로 만들기 혹은 (Creates a new file) 아이콘을 클릭한다.

이름에서 파일 이름을 05_Spur_Gear.prt로 정의하고 파일의 경로를 정의한다.

< OK > 를 클릭하여 새 작업 파트 생성한다.

【편심구동장치 5-1】

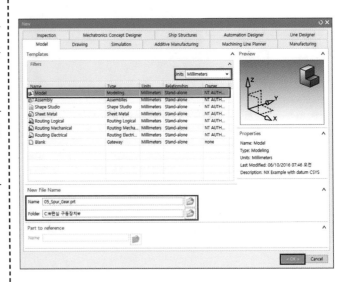

메뉴(Menu) ⇨ 삽입(Insert) ⇨ 타스크 환경의 스케치 (Sketch in Task Environment)를 클릭한다.

【편심구동장치 5-2】

유형(Type) = 평면상에서 (On Plane)

평면 방법(Plane Method) = 추정됨(Inferred)을 설정한 후 YZ 평면을 클릭하고 < OK > 를 클릭한다.

【편심구동장치 5-3】

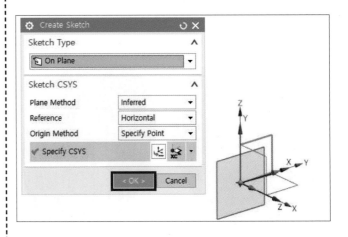

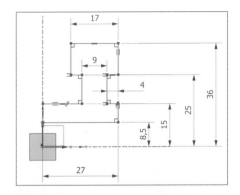

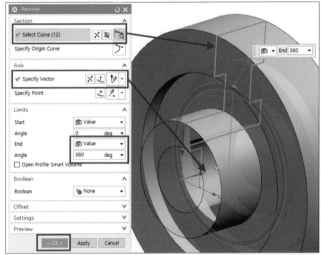

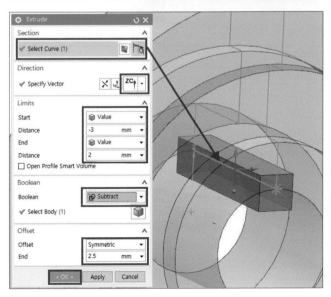

⟋ 선, ⬜ 직사각형, 빠른
트리밍, 추정 치수, 구속
조건을 이용하여 그림과 같이
스케치하고 🏁 Finish Sketch 를
클릭해 스케치를 종료한다.

【편심구동장치 5-4】

🎠 회전(Revolve)을 클릭한다.
선택 옵션(Curve Rule)을
Connected Curves ▼ 로 설정한 후 화
살표가 가리키는 수직선 회전
축으로는 화살표가 가리키는 Y
축을 선택한다.

Angle = 360deg

이와 같이 정의하고 < OK > 를
클릭하여 적용한다.

【편심구동장치 5-5】

🗍 Extrude를 클릭한다. Curve
Rule을 Single Curve ▼ 로 설정한
후 화살표가 가리키는 직선을
선택한다.

Start Distance = -3mm

End Distance = 2mm

Boolean = 🎠 Subtract

Offset = Symmetric

End = 2.5mm

위와 같이 정의하고 < OK > 를
클릭한다.

【편심구동장치 5-6】

⛊ Sketch in Task Environment
를 클릭한다.

왼쪽 화살표가 가리키는 스퍼
기어 부품의 뒷변을 선택한 후
좌표계 정렬을 위해 위쪽 화살
표가 가리키는 벡터 핸들을 더
블클릭한다.

(우 상단 이미지가 결과)

◼ < OK > ◼ 를 클릭한다.

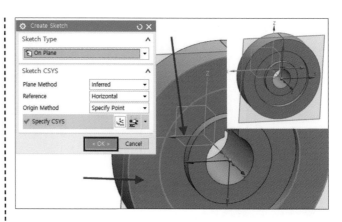

【편심구동장치 5-7】

◲ 선, ◻ 직사각형, ◪ 빠른
트리밍, ◪ 추정 치수, ◪ 구속
조건을 이용하여 그림과 같이
스케치한다.

(최외곽 원의 직경은 스퍼기어
의 직경인 72mm이다.

2점 쇄선으로 표시된 원이 피
치원이다.)

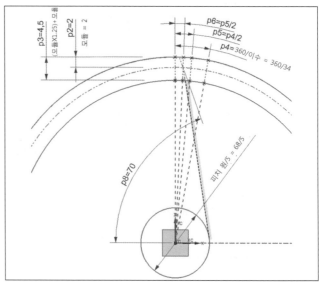

【편심구동장치 5-8】

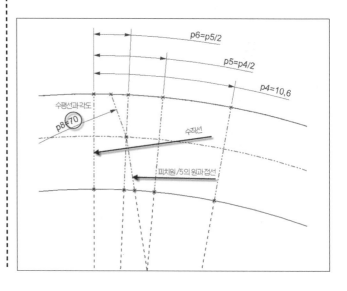

【편심구동장치 5-9】

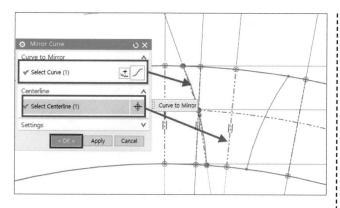

Mirror Curve를 클릭한다.

Single Curve▼ 선택 방법을 이용하여 이전 과정에서 작성했던 하나의 원호를 선택한다.

Centerline 항목에서는 원호 오른쪽의 2점 쇄선으로 처리한 사선을 선택한 후 < OK > 를 클릭하여 대칭 곡선을 생성한 후 스케치를 종료한다.

【편심구동장치 5-10】

Chamfer 아이콘을 클릭한다. 화살표가 가리키는 모서리를 선택한다.

Cross Section = Symmetric

Distance = 2mm

위와 같이 설정한 후 < OK > 를 클릭한다.

【편심구동장치 5-11】

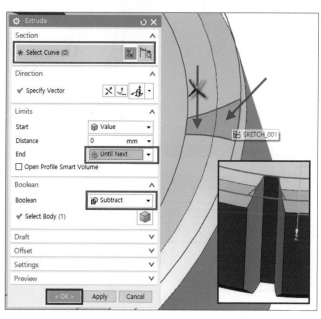

Extrude을 클릭한다. 선택 방법을 Region Boundary Curve▼ 로 설정한 후 화살표가 가리키는 영역을 선택한다.

(왼쪽 영역 x)

Start Distance = 0

End = Until Next

Boolean = Subtract

위와 같이 정의하고 < OK > 를 클릭한다.

【편심구동장치 5-12】

Pattern Feature를 클릭한
다. 【편심구동장치 5-12】에서
작성한 돌출 특징 형상을 선택
한다.

Layout = ○ Circular

Rotation Axis = 원통면

Spacing = Count and Pitch

Count = 34

Pitch Angle = 360/34 deg

위와 같이 정의하고 < OK > 를
클릭한다.

【편심구동장치 5-13】

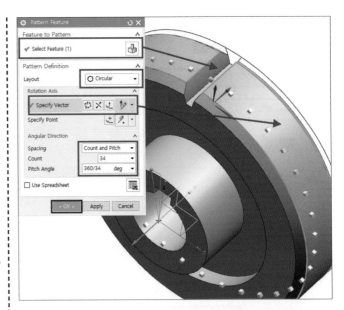

모서리 블렌드(Edge Blend)
를 클릭한다. 화살표가 가리키
는 4개의 원형 모서리를 선택
한다.

Radius 1 = 3mm로 정의한 후
< OK > 를 클릭한다.

【편심구동장치 5-14】

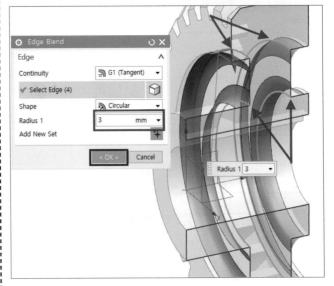

Chamfer 아이콘을 클릭한
다. 화살표가 가리키는 모서리
를 선택한다.

Cross Section = Symmetric

Distance = 1mm

위와 같이 설정한 후 < OK > 를
클릭한다

【편심구동장치 5-15】

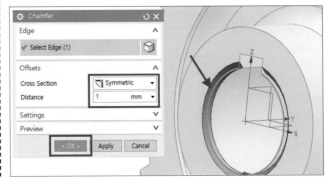

그림과 같이 05_Spur_Gear.prt
부품의 모델이 완성되었다.

【편심구동장치 5-16】

⑥ 커버 모델링하기

파일(File) ⇨ 새로 만들기 혹은
(Creates a new file) 새로 만들기 아이콘
을 클릭한다.

이름에서 파일 이름을 06_Cover.
prt로 정의하고 파일의 경로를
정의한다.

< OK > 를 클릭하여 새 작업 파
트를 생성한다.

【편심구동장치 6-1】

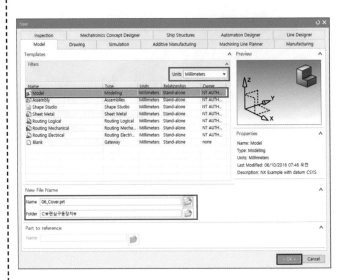

메뉴(Menu) ⇨ 삽입(Insert)
⇨ 타스크 환경의 스케치
(Sketch in Task Environment)
를 클릭한다.

【편심구동장치 6-2】

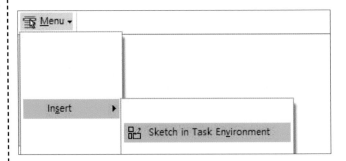

유형(Type) = 평면상에서(On
Plane)

평면 방법(Plane Method) = 추
정됨(Inferred)을 설정한 후 YZ
평면을 클릭하고 < OK > 를 클
릭한다.

【편심구동장치 6-3】

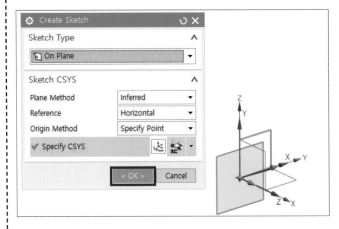

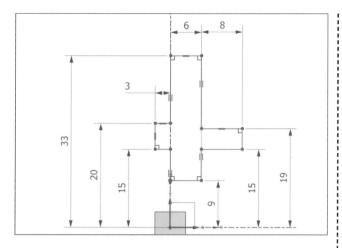

선, ☐ 직사각형, ▨ 빠른 트리밍, ▨ 추정 치수, ▨ 구속 조건을 이용하여 그림과 같이 스케치하고 ▨ **Finish Sketch** 를 클릭해 스케치를 종료한다.

【편심구동장치 6-4】

▨ 회전(Revolve)을 클릭한다. 선택 옵션(Curve Rule)을 Connected Curves ▼ 로 설정한 후 화살표가 가리키는 수직선 회전축으로는 화살표가 가리키는 Y 축을 선택한다.

Angle = 360deg

이와 같이 정의하고 < OK > 를 클릭하여 적용한다.

【편심구동장치 6-5】

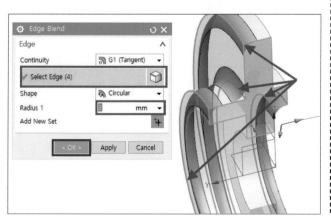

▨ 모서리 블렌드(Edge Blend)를 클릭한다. 화살표가 가리키는 4개의 원형 모서리를 선택한다.

Radius 1 = 3mm로 정의한 후 < OK > 를 클릭한다.

【편심구동장치 6-6】

🔩 구멍(Hole) 아이콘을 클릭
한다.

Form = 🔱 Counter Bore

C-Bore Diameter = 9.5mm

C-Bore Depth = 5.4mm

Diameter = 5.5mm

Depth Limits = 🔩 Through Body

위와 같이 설정한 후 구멍의 위
치를 결정하기 위해 화살표가 가
리키는 커버의 앞면을 선택한다.

【편심구동장치 6-7】

자동으로 생성된 점의 위치를 그
림과 같이 🔧 추정 치수를 사용
하여 고정한 후 🏁 Finish Sketch
를 클릭해 스케치를 종료한다.

【편심구동장치 6-8】

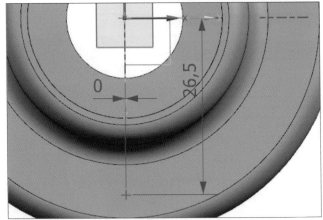

스케치 종료 후 그림과 같이 카
운터 보어 구멍이 프리뷰로 표
시가 된다면 < OK > 를 클릭
한다.

(만약 구멍이 그림과 같이 보이
지 않는다면 【편심구동장치 6-8】
에서 생성한 점을 클릭한다.)

【편심구동장치 6-9】

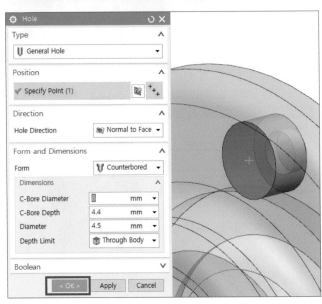

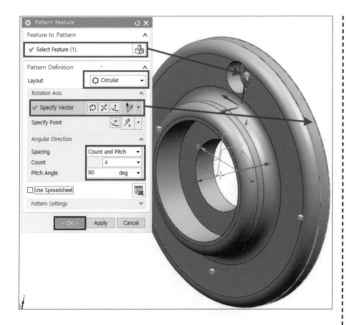

💠 Pattern Feature를 클릭한다.【편심구동장치 6-9】에서 작성한 카운터 보어 구멍을 선택한다.

Layout = ◯ Circular

Rotation Axis = 원통 면

Spacing = Count and Pitch

Count = 4

Pitch Angle = 90 deg

위와 같이 정의하고 < OK > 를 클릭한다.

【편심구동장치 6-10】

그림과 같이 06_Cover.prt 부품의 모델이 완성되었다.

【편심구동장치 6-11】

3. 기어 펌프 모델링

● 다음과 같이 기어 펌프 모델링을 생성한다.

① 하우징 ② 커버

③ 내접 기어 ④ 샤프트

① 하우징 모델링하기

풀다운 메뉴의 File ⇨ New 혹은 ⬜ 아이콘을 클릭한다.

🗒 **Model** 템플릿을 선택 후 Name에서 파일의 이름을 01_Housing.prt로 정의한다. Folder에서 경로를 C:\Internal Gear pump로 정의한다. ＜ OK ＞ 를 클릭하여 새로운 작업 환경을 연다.

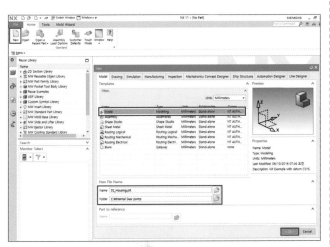

【기어 펌프 1-1】

풀다운 메뉴의 Insert ⇨ 🔧 Sketch in Task Environment를 클릭하여 스케치를 시작한다.

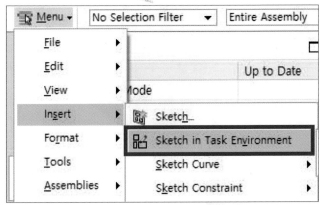

【기어 펌프 1-2】

Create Sketch 대화상자에서 XZ 평면을 선택한 후 ＜ OK ＞ 를 클릭하여 새로운 스케치를 시작한다.

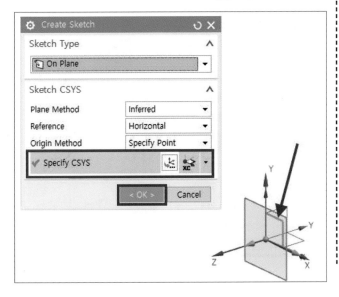

【기어 펌프 1-3】

☑ 선, ☐ 직사각형, ◯ 원,

☒ 트림, ☐ 필렛,

☒ 추정 치수, ☒ 구속 조건

위의 기능을 이용하여 그림과 같

이 스케치하고 🏁 Finish Sketch

를 이용해 스케치를 종료한다.

【기어 펌프 1-4】

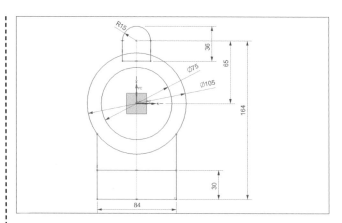

Insert➪ Design Feature

🔲 돌출(Extrude) 아이콘을 클릭

한 후 선택 옵션(Curve Rule)은

Single Curve ▾ 로 설정한 후 직경

105mm의 원을 선택한다.

Start Limits = 3mm

End Limits = 48mm

위와 같이 정의하고 Apply 를

클릭한다.

【기어 펌프 1-5】

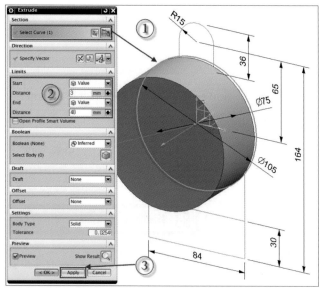

선택 옵션(Curve Rule)을

Region Boundary Curve ▾ 로 설정한 후

화살표가 가리키는 3개의 영역

을 선택한다.

Start Limits = 0mm

End Limits = 17mm

위와 같이 정의하고 Apply 를

클릭한다.

【기어 펌프 1-6】

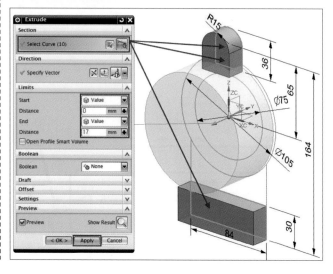

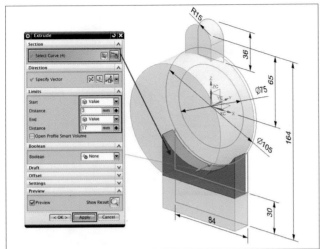

다시 화살표가 가리키는 영역
을 선택하고

Start Limits = 3mm

End Limits = 17mm

위와 같이 정의하고 Apply 를
클릭한다.

【기어 펌프 1-7】

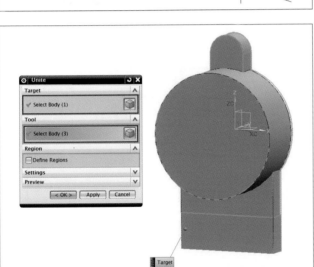

결합(Unite)을 클릭한다.
【기어 펌프 1-5】에서【기어 펌
프 1-7】까지 생성한 모든 솔리
드 바디를 선택하여 결합한다.

【기어 펌프 1-8】

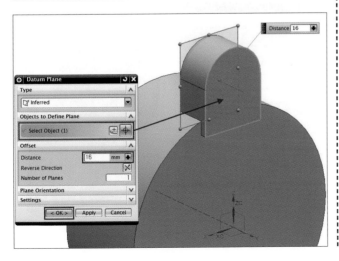

Insert ⇨ Datum/Point ⇨
데이텀 평면을 클릭한다.

Type = Inferred

Distance = 16mm

위와 같이 정의하고 OK 를
클릭한다.

【기어 펌프 1-9】

Insert ➪ 🖼 Sketch In Task
Environment를 클릭한다.
【기어 펌프 1-9】에서 생성한 데
이텀 평면을 클릭하고 OK
를 클릭한다.

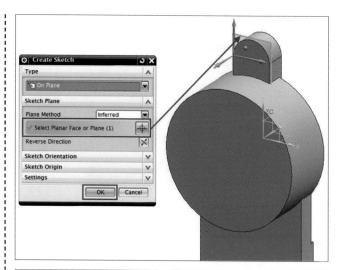

【기어 펌프 1-10】

⟋ 선, ⟐ 필렛, 🖾 추정 치수,
🖾 구속 조건을 이용하여 그림과
같이 스케치하고 🏁 Finish Sketch
를 이용해 스케치를 종료한다.

【기어 펌프 1-11】

Insert ➪ Sweep ➪ 🔩 관(Tube)
을 클릭한다.
【기어 펌프 1-11】에서 생성한
곡선을 선택한다.

Outer Diameter= 20mm
Boolean = 🔩 Unite
위와 같이 정의하고 Apply 를
클릭한다.

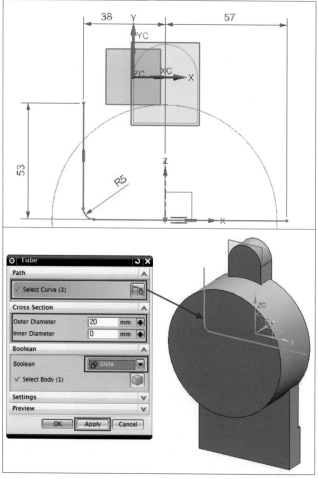

【기어 펌프 1-12】

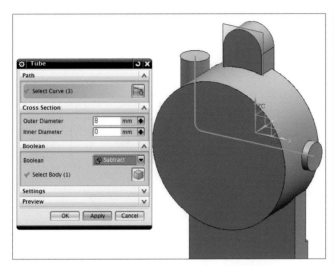

【기어 펌프 1-12】에서 선택한 곡선과 동일한 곡선을 선택한다.

Outer Diameter = 8mm

Boolean = Subtract

【기어 펌프 1-13】

Insert⇨ Design Feature ⇨ Hole을 클릭한다.

Arc Center 스냅 포인트를 켜 놓은 상태에서 화살표가 가리키는 원형 모서리를 선택한다.

Diameter = 75mm

Depth = 24mm

Tip Angle = 0 deg

위와 같이 정의하고 < OK > 를 클릭한다.

【기어 펌프 1-14】

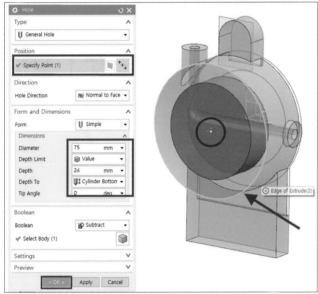

Insert ⇨ Sketch In Task Environment를 클릭한다.

【기어 펌프 1-9】에서 생성한 데이텀 평면을 클릭하고 < OK > 를 클릭한다.

【기어 펌프 1-15】

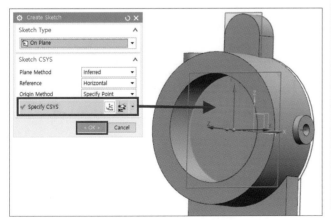

☑ 선, ⓞ 원, 🔫 빠른 트리밍, 🔊 추정 치수, 🔼 구속 조건을 이용하여 그림과 같이 2개의 원과 하나의 수평선을 스케치한다.

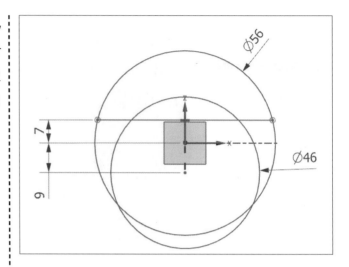

【기어 펌프 1-16】

🔫 빠른 트리밍을 이용하여 그림과 같은 영역만 남긴다.

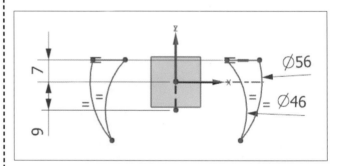

【기어 펌프 1-17】

🔲 필렛을 이용하여 그림과 같이 6개소에 필렛을 삽입하고 🏁 Finish Sketch를 이용해 스케치를 종료한다.
위쪽의 4개소는 R3
아래의 2개소는 R2 이다.

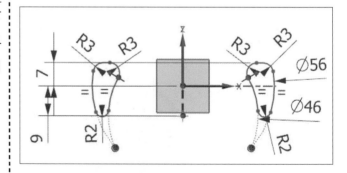

【기어 펌프 1-18】

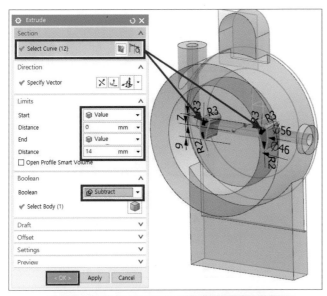

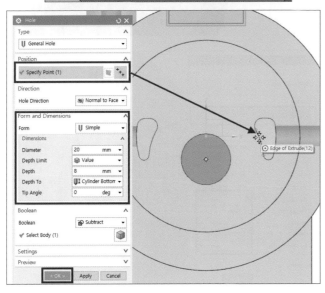

돌출(Extrude)을 클릭한다.
선택 옵션(Curve Rule)을
Region Boundary Curve ▼ 로 설정한 후
화살표가 가리키는 2개의 영역
을 선택한다.

Start Limits = 0mm

End Limits = 14mm

Boolean = Subtract

위와 같이 정의하고 < OK > 를
클릭한다.

【기어 펌프 1-19】

Insert ⇨ Synchronous Modeling
⇨ Delete Face를 클릭한다.
화살표가 가리키는 안쪽 원통
면을 선택하고 < OK > 를 클릭
한다.

【기어 펌프 1-20】

Hole을 클릭한다.

Arc Center 스냅 포인트를 켜
놓은 상태에서 화살표가 가리
키는 원호를 선택한다.

Diameter = 20

Depth = 8m

Tip Angle = 0 deg

위와 같이 정의하고 < OK > 를
클릭한다.

【기어 펌프 1-21】

보스(Boss)를 클릭한다.

화살표가 가리키는 면을 클릭한다.

Diameter = 33 mm

Height = 13 mm

위와 같이 정의하고 < OK > 를 클릭한다.

【기어 펌프 1-22】

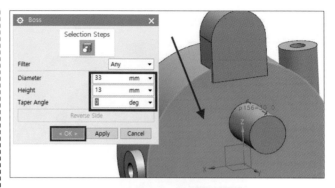

Positioning 대화상자에서 Point onto Point를 클릭한다.

【기어 펌프 1-23】

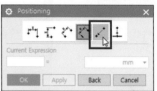

이어서 뷰를 앞면으로 돌려서 화살표가 가리키는 원형 모서리를 클릭한 후 OK를 클릭하고 이어서 표시되는 Set Arc Position 에서 Arc Center를 클릭한다.

【기어 펌프 1-24】

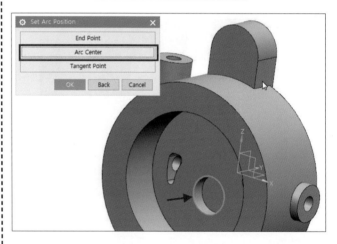

뷰를 뒷면으로 돌린 후 구멍 (Hole)을 클릭한다.

Form = U Simple

Diameter = 25 mm

Depth = 8 mm

Tip Angle = 0 deg

위와 같이 정의하고

Arc Center 스냅 포인트를 켜 놓은 상태에서 화살표가 가리 키는 원형 모서리를 선택한 후 Apply 를 클릭한다.

【기어 펌프 1-25】

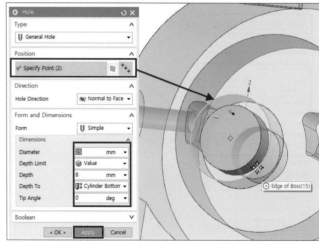

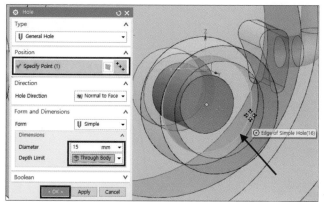

Diameter = 15 mm

Depth Limits = Through Body 로 정의하고 화살표가 가리키 는 원형 모서리를 선택한 후 < OK >를 클릭한다.

【기어 펌프 1-26】

Insert ⇨ Detail Feature ⇨

🔲 Edge Blend를 클릭한다. 화 살표가 가리키는 2개소의 모서 리를 선택하고 Radius 1을 15mm로 정의한 후 Apply 를 클릭한다.

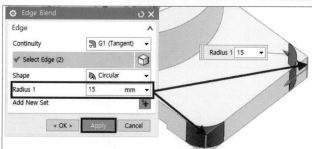

【기어 펌프 1-27】

이어서 화살표가 가리키는 2개 소의 모서리를 선택하고 Radius 1을 30mm로 변경한 후 Apply 를 클릭한다.

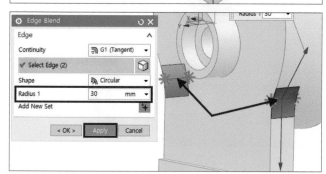

【기어 펌프 1-28】

계속해서 그림과 같은 7개소의 모서리를 선택하여 블렌드를 생성한다.

Radius 1 = 3mm로 지정하고 Apply 를 클릭한다.

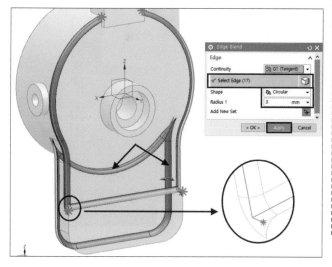

【기어 펌프 1-29】

계속해서 화살표가 가리키는 4개소의 모서리를 선택한다.
Radius 1 = 3mm로 정의한 후 Apply 를 클릭한다.

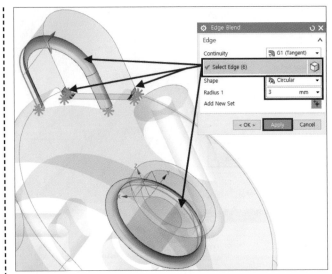

【기어 펌프 1-30】

그림과 같은 3개소의 모서리를 선택하고 < OK > 를 클릭한다.

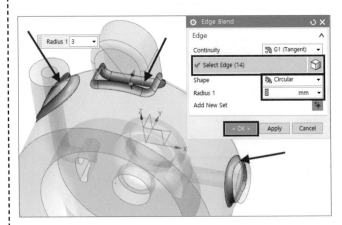

【기어 펌프 1-31】

 Sketch in Task Environment 를 클릭하여 스케치를 시작한다.
Create Sketch 대화상자에서 YZ 평면을 선택한 후 < OK > 를 클릭하여 새로운 스케치를 시작한다.

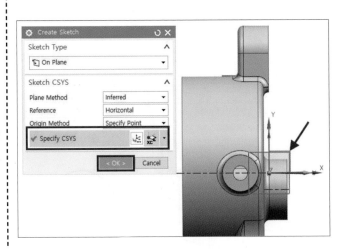

【기어 펌프 1-32】

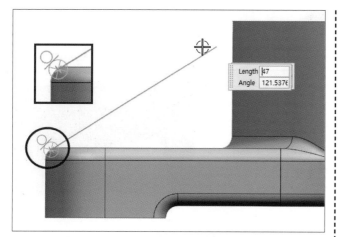

【기어 펌프 1-33】

✏ 선을 이용하여 그림과 같이 필렛 부분에 접하도록 하나의 선을 스케치한다.

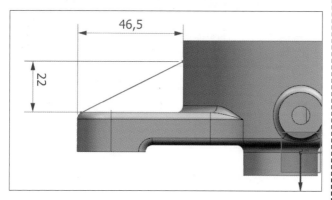

【기어 펌프 1-34】

📐 추정 치수를 이용하여 그림과 선을 고정한 후

🏁 **Finish Sketch**를 이용해 스케치를 종료한다.

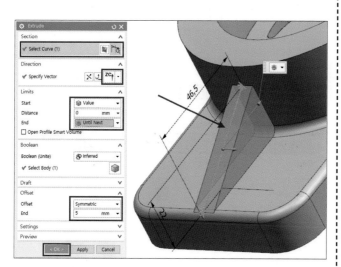

【기어 펌프 1-35】

📦 돌출(Extrude)을 클릭한다. 선택 옵션(Curve Rule)을

Region Boundary Curve ▼ 로 설정한 후 화살표가 가리키는 2개의 영역을 선택한다.

Start Limits = 0mm

End Limits = 14mm

🔩 결합(Unite)

위와 같이 정의하고 < OK > 를 클릭한다.

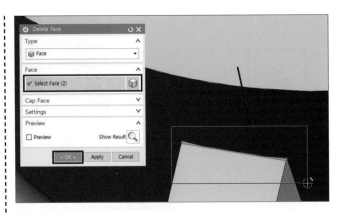

면 삭제 (Delete Face)를 실행한 후 그림과 같이 리브 상단의 미세 면을 드래그하여 선택한 후 < OK > 를 클릭하여 적용한다.

【기어 펌프 1-36】

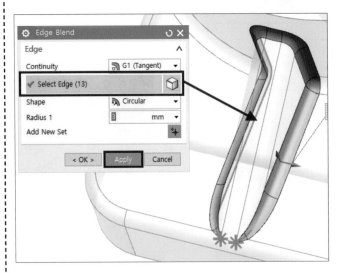

Insert ⇨ Detail Feature ⇨ Edge Blend를 클릭한다. 화살표가 가리키는 2개소의 모서리를 선택하고 Radius 1을 15mm로 정의한 후 Apply 를 클릭한다.

【기어 펌프 1-37】

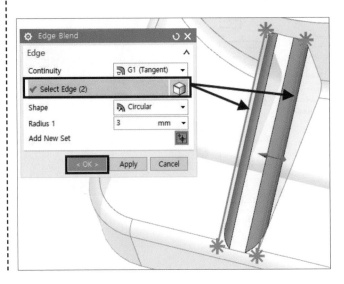

Insert ⇨ Detail Feature ⇨ Edge Blend를 클릭한다. 화살표가 가리키는 1개소의 모서리를 선택하고 Radius 1을 15mm로 정의한 후 < OK > 를 클릭한다.

【기어 펌프 1-38】

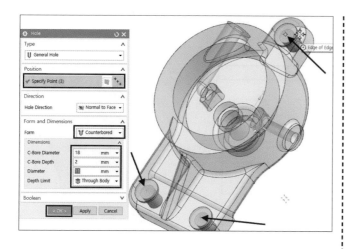

Hole을 클릭한다.

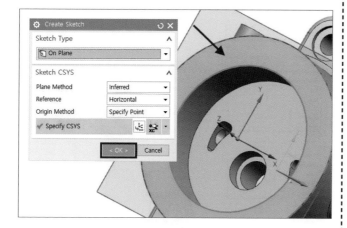

화살표가 가리키는 원호 중심
을 선택한다. (3개소)

Form = ⓤ Conterbored

C-Bore Diameter = 18mm

C-Bore Depth = 2mm

Diameter = 11mm

Depth Limt = ⓢ Through Body

위와 같이 정의하고 < OK > 를
클릭한다.

【기어 펌프 1-39】

⬚ Sketch in Task Environment
를 클릭하여 스케치를 시작
한다.

Create Sketch 대화상자에서
YZ 평면을 선택한 후 < OK >
를 클릭하여 새로운 스케치를
시작한다.

【기어 펌프 1-40】

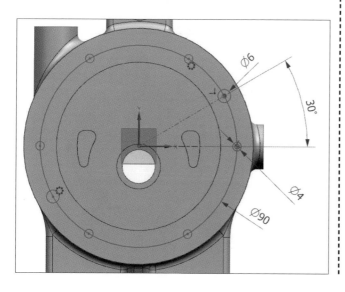

⬚ 선, ◯ 원, ⬚ 패턴 곡선,
⬚ 추정 치수, ⬚ 구속 조건을
이용하여 그림과 같이 스케치
하고 ⬚ Finish Sketch를 이용해
스케치를 종료한다.

【기어 펌프 1-41】

■ Hole을 클릭한다.

화살표가 가리키는 원호 중심
을 선택한다. (2개소)

Form = U Simple

Diameter = 6mm

Depth = 12mm

Tip Angle = 120 deg

위와 같이 정의하고 Apply 를
클릭한다.

【기어 펌프 1-42】

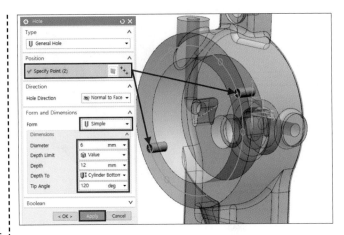

화살표가 가리키는 원호 중심
을 선택한다. (6개소)

Type = Threaded Hole

Size = M6 × 1.0

Thread Depth = 15mm

Depth = 19mm

Tip Angle = 118 deg

위와 같이 정의하고 < OK > 를
클릭한다.

【기어 펌프 1-43】

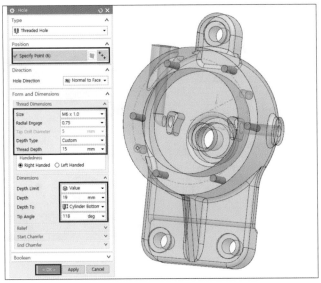

■ Hole을 클릭한다.

Specify Point 항목에서 화살표
가 가리키는 면을 선택한다.

【기어 펌프 1-44】

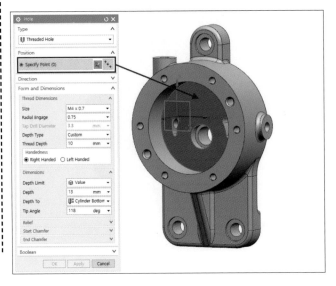

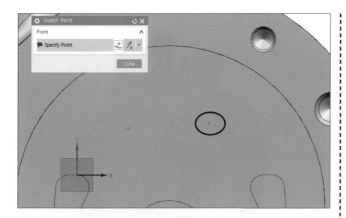

Sketch Point 대화상자가 나타나면 그림과 같이 임의 위치에 마우스 왼쪽 버튼을 클릭하여 포인트를 생성한다.

【기어 펌프 1-45】

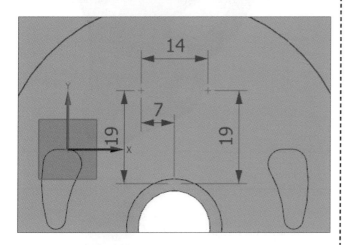

추정 치수, 구속 조건을 이용하여 그림과 같이 포인트를 고정하고 Finish Sketch를 이용해 스케치를 종료한다.

【기어 펌프 1-46】

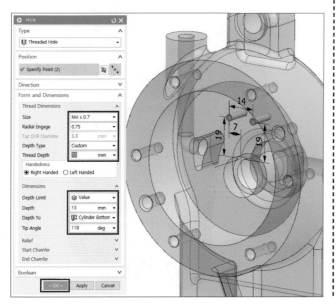

Thread Dimensions

Size = M4 × 0.7

Thread Depth = 10mm

Dimensions

Depth = 13mm

위와 같이 정의하고 < OK > 를 클릭한다.

【기어 펌프 1-47】

Housing 부품이 완성되었다.

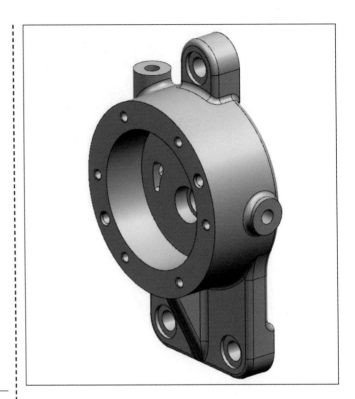

【기어 펌프 1-48】

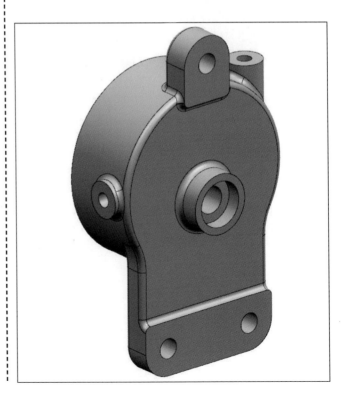

【기어 펌프 1-49】

② 커버 모델링하기

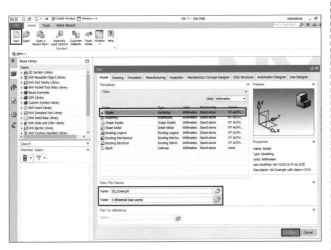

풀다운 메뉴의 File ⇨ New 혹은 아이콘을 클릭한다.

📦 **Model** 템플릿을 선택 후 Name에서 파일의 이름을 02_Cover.prt로 정의한다.

Folder에서 경로를 C:\Internal Gear pump로 정의한다.

< OK > 를 클릭하여 새로운 작업 환경을 연다.

【기어 펌프 2-1】

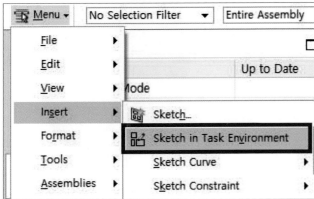

풀다운 메뉴의 Insert ⇨ 🖳 Sketch in Task Environment를 클릭하여 스케치를 시작한다.

【기어 펌프 2-2】

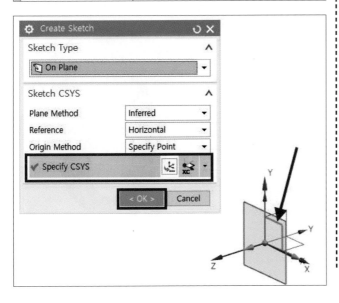

Create Sketch 대화상자에서 XZ 평면을 선택한 후 < OK > 를 클릭하여 새로운 스케치를 시작한다.

【기어 펌프 2-3】

☑ 선, ◯ 원, 📐 추정 치수,
🔲 구속 조건
위의 기능을 이용하여 그림과 같
이 스케치하고 🏁 Finish Sketch
를 이용해 스케치를 종료한다.

【기어 펌프 2-4】

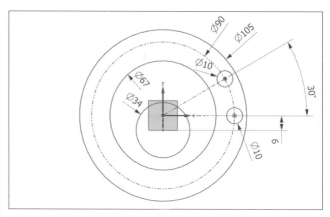

🏛 돌출(Extrude)을 클릭한다.
선택 옵션(Curve Rule)을
Single Curve ▼ 로 설정한 후 화살
표가 가리키는 원을 선택한다.
Start Limits = 0mm
End Limits = 15mm
위와 같이 정의하고 Apply 를
클릭한다.

【기어 펌프 2-5】

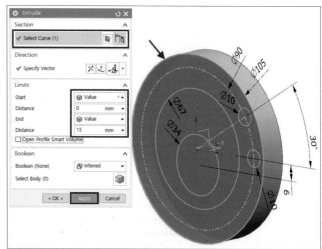

선택 옵션(Curve Rule)을
Region Boundary Curve ▼ 로 설정한 후
화살표가 가리키는 2개의 영역
을 선택한다.
Start Limits = 0mm
End Limits = 6mm
🔩 결합(Unite)
위와 같이 정의하고 < OK > 를
클릭한다.

【기어 펌프 2-6】

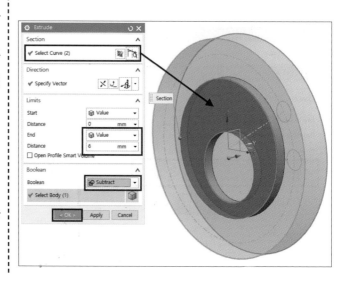

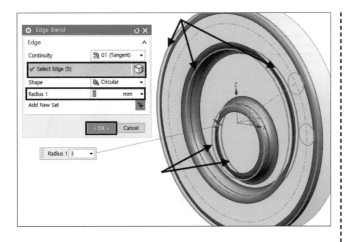

Insert ⇨ Detail Feature ⇨
🔲 Edge Blend를 클릭한다. 화살
표가 가리키는 4개소의 모서리
를 선택하고 Radius 1을 3mm 로
정의한 후 < OK > 를 클릭한다.

【기어 펌프 2-7】

🔲 Hole을 클릭한다.
화살표가 가리키는 원호 중심
을 선택한다. (1개소)
Form = 🔲 Conterbored
C-Bore Diameter = 11mm
C-Bore Depth = 6.5mm
Diameter = 6.6mm
Depth Limt = 🔲 Through Body
위와 같이 정의하고 Apply 를
클릭한다.

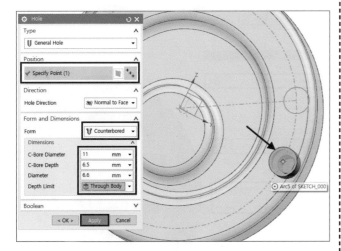

【기어 펌프 2-8】

화살표가 가리키는 원호 중심
을 선택한다. (1개소)
Form = 🔲 Simple
Diameter = 6mm
Depth Limit = 🔲 Through Body
위와 같이 정의하고 < OK > 를
클릭한다.

【기어 펌프 2-9】

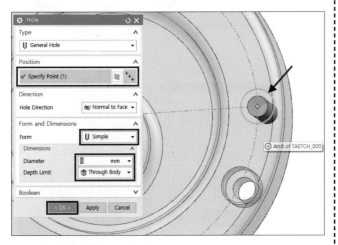

🦐 패턴 특징 형상(Patten Feature)
을 클릭한다.

Select Feature 항목

　　　= 카운터 보어 구멍

Specify Vector 항목

　　　= 원 (원의 중심 X)

Spacing = Count and Pitch

Count = 6

Pitch Angle = 60deg

위와 같이 정의하고 Apply 를
클릭한다.

【기어 펌프 2-10】

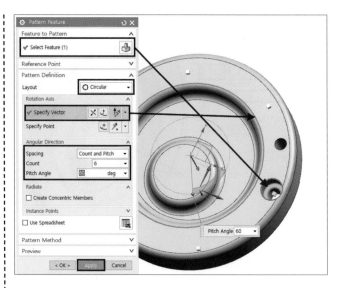

이어서

Select Feature 항목 = 구멍

Specify Vector 항목

　　　= 원 (원의 중심X)

Spacing = Count and Pitch

Count = 2

Pitch Angle = 180deg

위와 같이 정의하고 < OK > 를
클릭한다.

【기어 펌프 2-11】

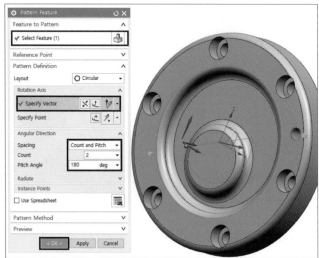

📝 Sketch in Task Environment
를 클릭하여 스케치를 시작한다.
Create Sketch 대화상자에서
YZ 평면을 선택한 후
< OK > 를 클릭하여 새로운 스
케치를 시작한다.

【기어 펌프 2-12】

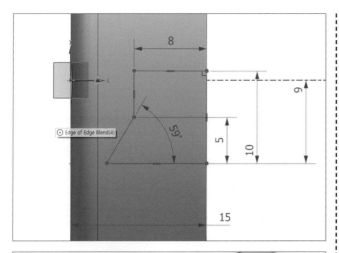

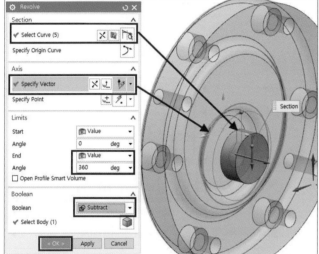

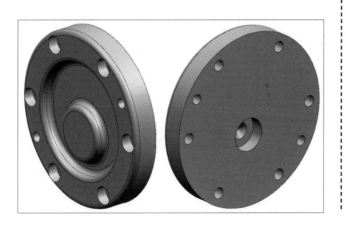

⟋ 선, 🔧 추정 치수, ⟍ 구속
조건을 이용하여 그림과 같이
스케치하고 🏁 Finish Sketch 를
이용해 스케치를 종료한다.

【기어 펌프 2-13】

🔴 회전(Revolve)을 클릭한다.
선택 옵션(Curve Rule)을
Connected Curves ▾ 로 설정한 후 화살
표가 가리키는 곡선을 선택한다.
Specify Vector 항목은 화살표
가리키는 원을 선택한다. (원의
중심 X)
End Limits = 360deg
위와 같이 정의하고 < OK > 를
클릭한다.

【기어 펌프 2-14】

02_Cover.prt 부품 작성 완료

【기어 펌프 2-15】

③ 내접 기어 모델링

풀다운 메뉴의 File ➪ New 혹은 아이콘을 클릭한다.

Model 템플릿을 선택 후 Name에서 파일의 이름을 03_Internal Gear.prt로 정의한다.

Folder에서 경로를 C:\Internal Gear pump로 정의한다.

< OK > 를 클릭하여 새로운 작업 환경을 연다.

【기어 펌프 3-1】

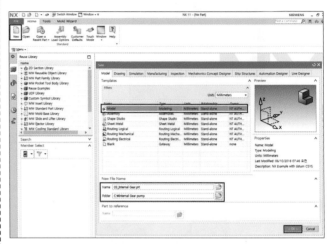

풀다운 메뉴의 Insert ➪ Sketch in Task Environment 를 클릭하여 스케치를 시작한다.

【기어 펌프 3-2】

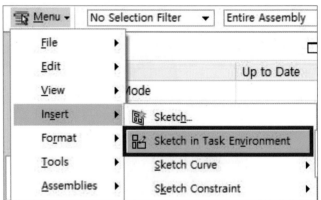

Create Sketch 대화상자에서 XZ 평면을 선택한 후 < OK > 를 클릭하여 새로운 스케치를 시작한다.

【기어 펌프 3-3】

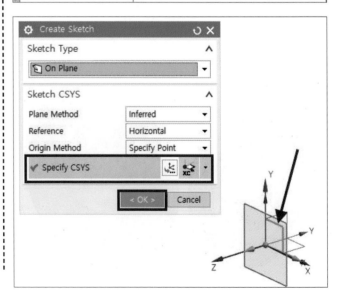

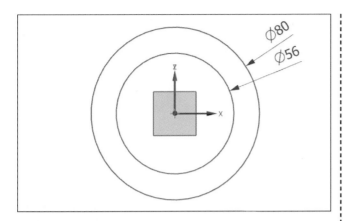

○ 원, 🔧 추정 치수, ⬚ 구속
조건
위의 기능을 이용하여 그림과 같
이 스케치하고 🏁 **Finish Sketch**
를 이용해 스케치를 종료한다.

【기어 펌프 3-4】

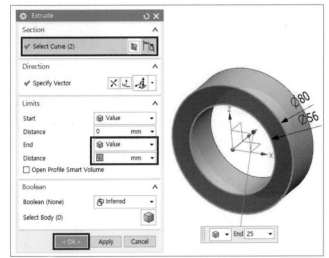

🗄️ 돌출(Extrude)을 클릭한다.
선택 옵션(Curve Rule)을
Single Curve ▾ 로 설정한 후 화살
표가 가리키는 두 원을 선택
한다.
Start Limits = 0mm
End Limits = 25mm
위와 같이 정의하고 < OK > 를
클릭한다.

【기어 펌프 3-5】

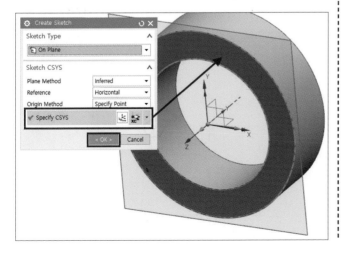

풀다운 메뉴의 Insert ⇨
🔲 Sketch in Task Environment
를 클릭하여 스케치를 시작한다.
화살표가 가리키는 면을 선택
한 후 < OK > 를 클릭하여 새로
운 스케치를 시작한다.

【기어 펌프 3-6】

☑ 선, ◯ 원, ⚙ 추정 치수,
⚒ 구속 조건
위의 기능을 이용하여 그림과
같이 스케치한다.

【기어 펌프 3-7】

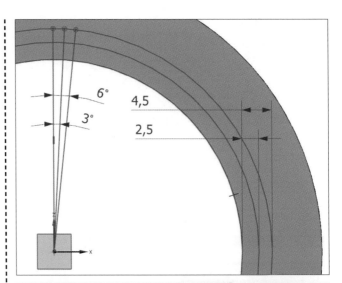

☑ 선, ◯ 원, ✄ 빠른트 리밍,
⚙ 추정 치수, ⚒ 구속 조건
위의 기능을 이용하여 그림과
같이 스케치를 추가한다.

【기어 펌프 3-8】

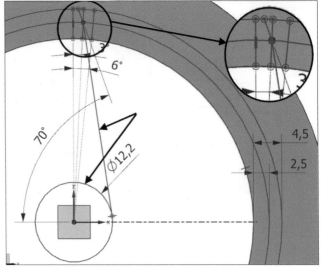

⌐ 원호 기능을 이용하여 그림
과 같이 3개의 포인트에 걸치
도록 원호를 작성한다.

【기어 펌프 3-9】

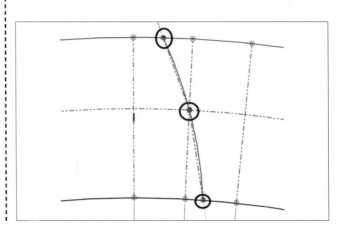

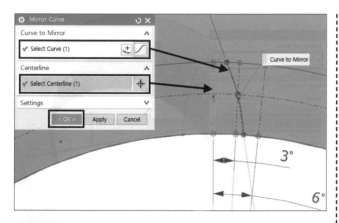

🪞 대칭 곡선 (Mirror Curve)을
실행한다.
Select Curve와 Centerline을 그
림과 같이 선택하고 < OK > 를
클릭한다.

【기어 펌프 3-10】

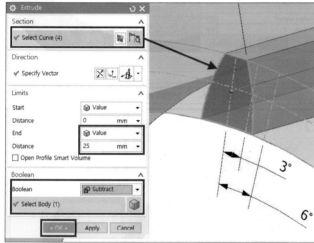

🗔 돌출(Extrude)을 클릭한다.
선택 옵션(Curve Rule)을
Region Boundary Curve ▼ 로 설정한 후
화살표가 가리키는 1개의 영역
을 선택한다.
Start Limits = 0mm
End Limits = 25mm
Boolean = 🗗 Subtract
위와 같이 정의하고 < OK > 를
클릭한다.

【기어 펌프 3-11】

Menu ⇨ Insert ⇨ Detail
Feature ⇨ 🔩 모따기(Chamfer)
를 클릭한다.
화살표가 가리키는 2개소의 모
서리를 선택한다.
Distance = 2mm

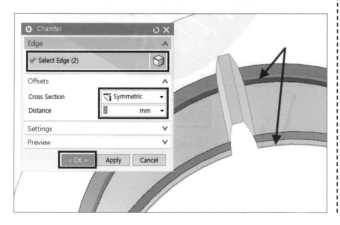

【기어 펌프 3-12】

🏺 회전(Revolve)을 클릭한다.
선택 옵션(Curve Rule)을
Connected Curves ▾ 로 설정한 후 화살
표가 가리키는 곡선을 선택한다.
Specify Vector = 화살표가 가
리키는 수직선
End Limits = 360deg
Boolean = 🏺 Subtract
위와 같이 정의하고 < OK > 를
클릭한다.

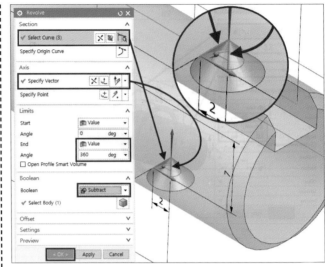

【기어 펌프 4-10】

🧊 모서리 블렌드(Edge Blend)
를 클릭한다. 화살표가 가리키
는 4개소의 모서리를 선택
한다.
Radius 1 = 3mm로 정의한 후
Apply 를 클릭한다.

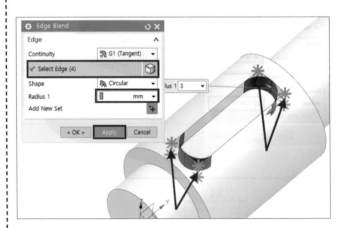

【기어 펌프 4-11】

뒤쪽의 화살표 가리키는 2개소
의 모서리를 선택한다.
Radius 1 = 3mm로 정의한 후
< OK > 를 클릭한다.

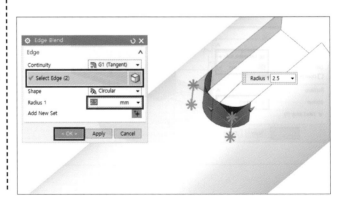

【기어 펌프 4-12】

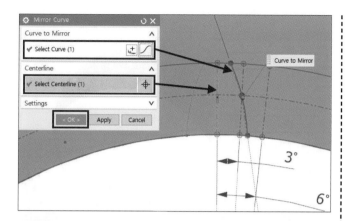

╓ 대칭 곡선 (Mirror Curve)을
실행한다.
Select Curve와 Centerline을 그
림과 같이 선택하고 < OK > 를
클릭한다.

【기어 펌프 3-10】

___

🗔 돌출(Extrude)을 클릭한다.
선택 옵션(Curve Rule)을
Region Boundary Curve ▼ 로 설정한 후
화살표가 가리키는 1개의 영역
을 선택한다.
Start Limits = 0mm
End Limits = 25mm
Boolean = 🗗 Subtract
위와 같이 정의하고 < OK > 를
클릭한다.

【기어 펌프 3-11】

___

Menu ⇨ Insert ⇨ Detail
Feature ⇨ 🔷 모따기(Chamfer)
를 클릭한다.
화살표가 가리키는 2개소의 모
서리를 선택한다.
Distance = 2mm

【기어 펌프 3-12】

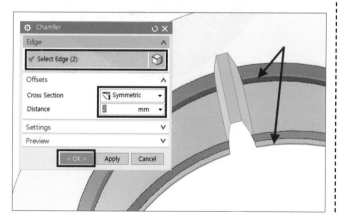

◆ Patten Feature를 클릭한다.

Select Feature 항목 = 돌출 형상

Specify Vector 항목

= 원 (원의 중심X)

Spacing = Count and Pitch

Count = 30

Pitch Angle= 360/30deg

위와 같이 정의하고 < OK > 를

클릭한다.

【기어 펌프 3-13】

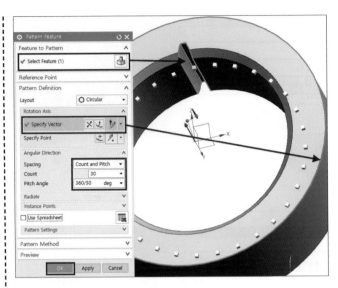

03_Internal_Gear.prt 부품 작

성 완료

【기어 펌프 3-14】

④ 샤프트 모델링하기

풀다운 메뉴의 File ➡ New 혹
은 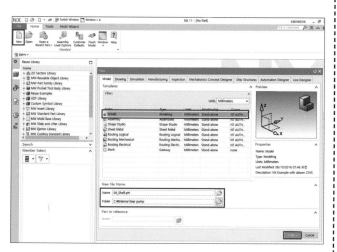 아이콘을 클릭한다.
Model 템플릿을 선택 후 Name
에서 파일의 이름을 04_Shaft.
prt로 정의한다.
Folder에서 경로를 C:\Internal
Gear pump로 정의한다.
< OK > 를 클릭하여 새로운 작
업 환경을 연다.

【기어 펌프 4-1】

풀다운 메뉴의 Insert ➡
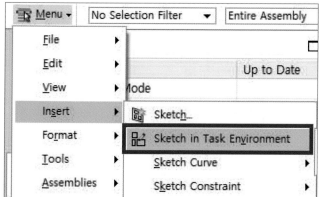 Sketch in Task Environment
를 클릭하여 스케치를 시작한다.

【기어 펌프 4-2】

Create Sketch 대화상자에서
XZ 평면을 선택한 후 < OK >
를 클릭하여 새로운 스케치를
시작한다.

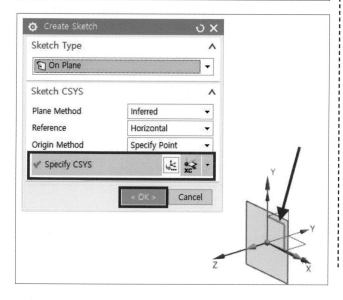

【기어 펌프 4-3】

✎ 선, ✎ 추정 치수, ✎ 구속 조건을 이용하여 그림과 같이 스케치하고 🏁 Finish Sketch 를 이용해 스케치를 종료한다.

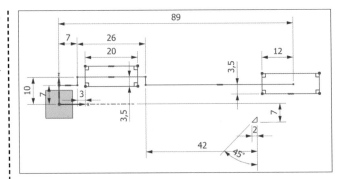

【기어 펌프 4-4】

앞쪽

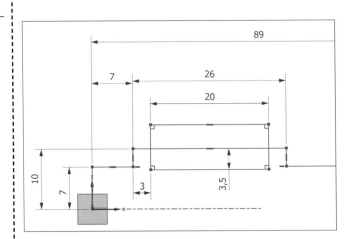

【기어 펌프 4-5】

뒤쪽

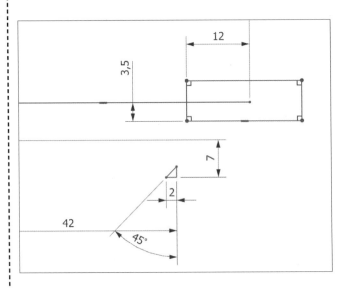

【기어 펌프 4-6】

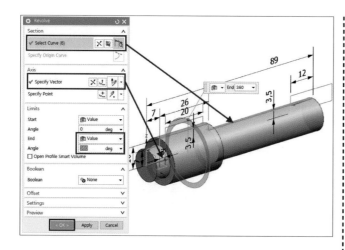

회전(Revolve)을 클릭한다.
선택 옵션(Curve Rule)을
Connected Curves ▾ 로 설정한 후 화
살표가 가리키는 곡선을 선택
한다.
Specify Vector = Y축
End Limits = 360deg
위와 같이 정의하고 < OK > 를
클릭한다.
【기어 펌프 4-7】

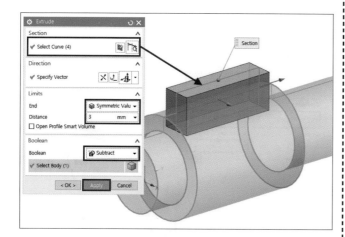

돌출(Extrude)을 클릭한다.
선택 옵션(Curve Rule)을
Connected Curves ▾ 로 설정한 후 화
살표가 가리키는 직사각형을
선택한다.
End =Symmetric Value
End Limits = 3mm
Boolean = Subtract
위와 같이 정의하고 Apply 를
클릭한다.
【기어 펌프 4-8】

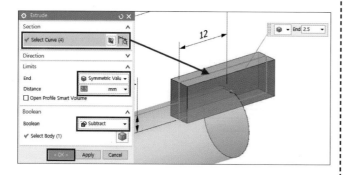

화살표가 가리키는 직사각형을
선택한다.
End = Symmetric Value
End Limits = 2.5mm
Boolean = Subtract
위와 같이 정의하고 < OK > 를
클릭한다.
【기어 펌프 4-9】

🐚 회전(Revolve)을 클릭한다.
선택 옵션(Curve Rule)을
Connected Curves ▼ 로 설정한 후 화살
표가 가리키는 곡선을 선택한다.
Specify Vector = 화살표가 가
리키는 수직선
End Limits = 360deg
Boolean = 🔩 Subtract
위와 같이 정의하고 < OK > 를
클릭한다.

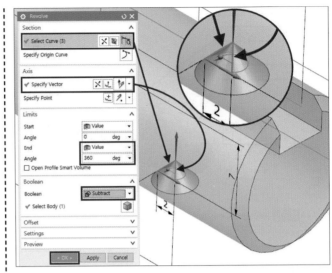

【기어 펌프 4-10】

🔲 모서리 블렌드(Edge Blend)
를 클릭한다. 화살표가 가리키
는 4개소의 모서리를 선 택
한다.
Radius 1 = 3mm로 정의한 후
Apply 를 클릭한다.

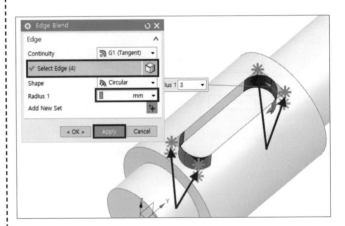

【기어 펌프 4-11】

뒤쪽의 화살표 가리키는 2개소
의 모서리를 선택한다.
Radius 1 = 3mm로 정의한 후
< OK > 를 클릭한다.

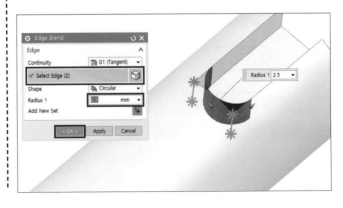

【기어 펌프 4-12】

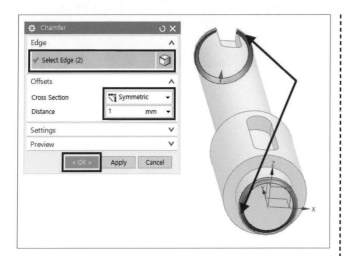

모따기(Chamfer)를 클릭한다.

화살표가 가리키는 2개소의 모

서리를 선택한다.

Distance = 1mm

위와 같이 정의하고 < OK > 를

클릭한다.

【기어 펌프 4-13】

04_Shaft.prt 부품 작성 완료

【기어 펌프 4-14】

【기어 펌프 4-15】

1. 바이스 모델링

● 다음과 같이 바이스 모델링을 생성한다.

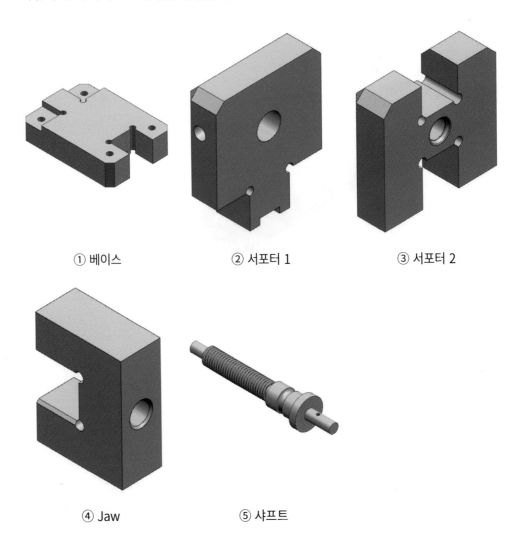

① 베이스　　　　　② 서포터 1　　　　　③ 서포터 2

④ Jaw　　　　　⑤ 샤프트

① 베이스 모델링하기

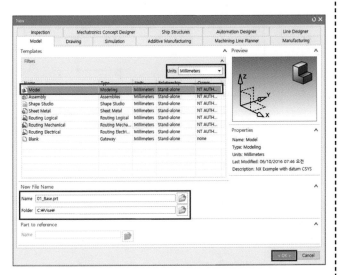

파일(File) ⇨ 새로 만들기 혹은 (Creates a new file) 🗋 New 아이콘을 클릭한다.

이름에서 파일 이름을 01_Base로 지정하고 폴더에서 파일의 경로를 정의한다.

< OK > 를 클릭하여 새 작업 파트 생성한다.

【바이스 1-1】

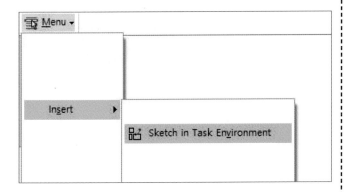

메뉴(Menu) ⇨ 삽입(Insert) ⇨ 🔠 타스크 환경의 스케치(Sketch in Task Environment)를 클릭한다.

【바이스 1-2】

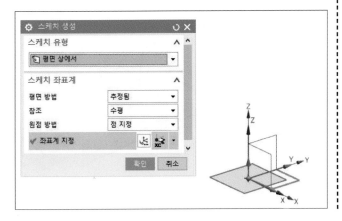

유형(Type) = 평면상에서(On Plane)

평면 방법(Plane Method) = 추정됨(Inferred)을 설정한 후 XY 평면을 클릭하고 확인 을 클릭한다.

【바이스 1-3】

☑ 선, ☐ 직사각형, ☒ 트림, ☒ 추정 치수, ☒ 구속 조건을 이용하여 그림과 같이 스케치하고 ☒ Finish Sketch 를 클릭하여 스케치를 종료한다.

【바이스 1-4】

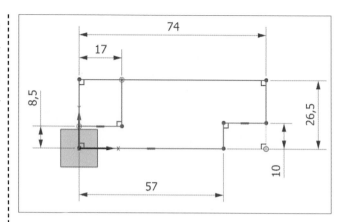

☒ 돌출(Extrude) 아이콘을 클릭한 후 선택 옵션(Curve Rule)을 Connected Curves ▾ (연결된 곡선)으로 설정하고 생성한 스케치 중 바깥쪽은 직선을 선택한 후

Start = 0mm

End = 17mm로 입력하고 Apply 를 클릭한다.

【바이스 1-5】

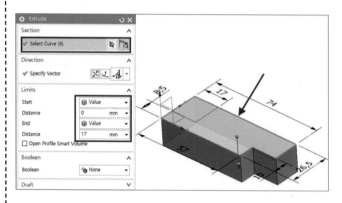

곡선 선택 옵션을

Region Boundary Curve ▾ (영역 경계 곡선)으로 설정하고

Start = 0mm

End = 4mm

부울 = ☒ 빼기(Subtract)

위와 같이 입력하고 < OK > 를 클릭한다.

【바이스 1-6】

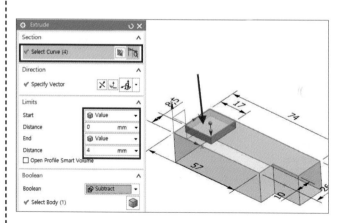

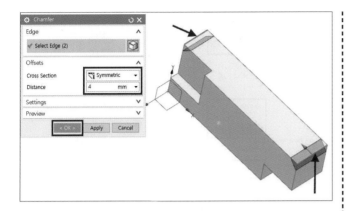

모따기(Chamfer) 아이콘을
클릭한다. 모서리 선택(Select
Edge)에서 베어링이 삽입될 2
개소의 모서리를 선택한다.
단면(Cross Section)
　　　　= 대칭(Symmetric)
거리(Distance) = 4mm
위와 같이 설정한 후 < OK > 를
클릭한다.

【바이스 1-7】

타스크 환경 스케치(Sketch
in Task Environment)를 클릭
한다.
유형(Type) = 평면상에서(On
Plane)
평면 방법(Plane Method) = 추
정됨(Inferred)을 설정 후 화살
표가 가리키는 면을 클릭하고
< OK > 클릭한다.

【바이스 1-8】

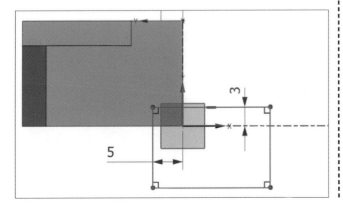

직사각형, 추정 치수,
구속 조건을 이용하여 그림과
같이 스케치하고 **Finish Sketch**
를 클릭하여 스케치를 종료한다.

【바이스 1-9】

돌출(Extrude) 아이콘을 클릭한 후 선택 옵션을
Region Boundary Curve ▼ (영역 경계 곡선)으로 설정하고 화살표가 가리키는 직선을 선택한 후

Start = 0mm

End = 🔘 Until Next

부울 = 🔘 빼기(Subtract)

17mm로 입력하고 < OK > 를 클릭 한다.

【바이스 1-10】

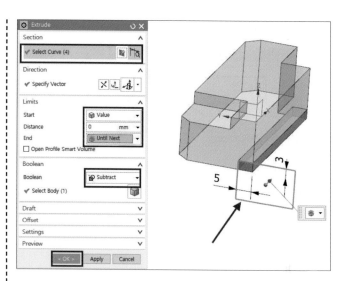

구멍(Hole) 아이콘을 클릭한다.
위치 결정을 위해 화살표가 가리키는 면을 선택한다.

【바이스 1-11】

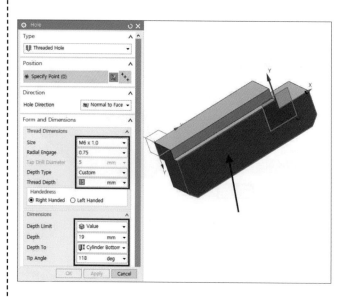

Sketch Point 대화상자가 생성되면 마우스 왼쪽 버튼 클릭으로 그림과 같이 하나의 포인트를 더 생성한다.

【바이스 1-12】

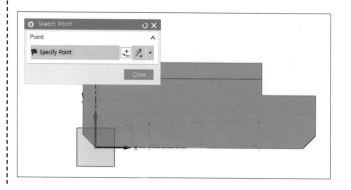

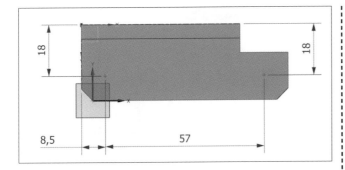

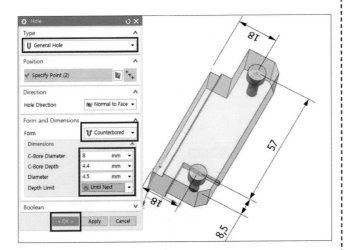

📐 추정 치수를 사용하여 그림과 같이 위치를 정의하고 스케치를 종료한다.

【바이스 1-13】

Form = 🔩 Counter Bore

C-Bore Diameter = 8mm

C-Bore Depth = 4.4mm

Diameter = 4.5mm

Depth Limits = 🔩 Until Next

부울 = 🔩 빼기(Subtract)

위와 같이 설정한 후 < OK > 를 클릭한다.

【바이스 1-14】

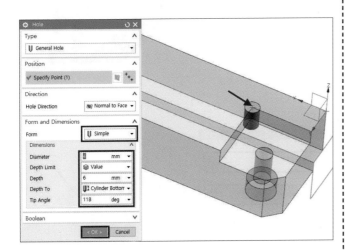

🔲 구멍(Hole) 아이콘을 클릭한다.

Hole Direction =

🔩 Along Vector 🔩

Type = 🔩 General Hole

Form = 🔩 Simple

Diameter = 4mm

Depth = 6mm

위와 같이 설정한 후

화살표가 가리키는 꼭짓점을 클릭한 후 < OK > 를 클릭한다.

【바이스 1-15】

Hole Direction =

    ↑ Along Vector ⁻²ᶜ↑

Type = ∪ General Hole

Form = ∪ Simple

Diameter = 4mm

Depth = 🏵 Until Next

위와 같이 설정한 후 화살표가
가리키는 꼭짓점을 클릭한 후
< OK > 를 클릭한다.

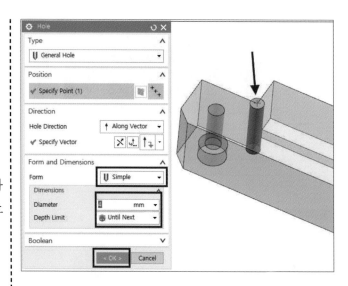

【바이스 1-16】

Menu ⇨ Insert ⇨ Associative
Copy ⇨ 🐷 Mirror Geometry
를 클릭한다.
Select Object에서 화살표가 가
리키는 솔리드 바디를 선택하
고 대칭 평면(Mirror Plane)에
서는 좌표계의 YZ 평면을 선택
하고 < OK > 를 클릭한다.

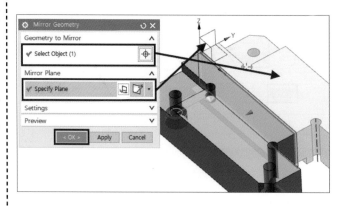

【바이스 1-17】

Menu ⇨ Insert ⇨ Combine ⇨
🔩 결합(Unite)를 클릭한다.
원본과 복사된 솔리드 바디를
차례대로 선택하여 결합한다.

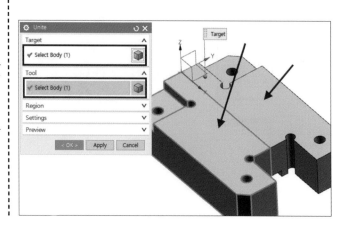

【바이스 1-18】

② 서포터 1 모델링하기

파일(File) ⇨ 새로 만들기 혹은 (Creates a new file) 📄 아이콘 **New** 을 클릭한다.

이름에서 파일 이름을 02_Surppoter1로 지정하고 폴더에서 파일의 경로를 정의한다.

< OK > 를 클릭하여 새 작업 파트 생성한다.

【바이스 2-1】

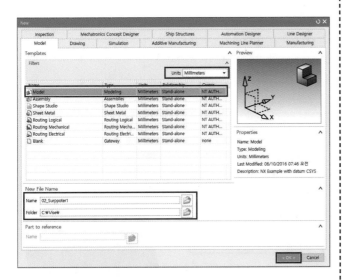

메뉴(Menu) ⇨ 삽입(Insert) ⇨ 🎛 타스크 환경의 스케치(Sketch in Task Environment)를 클릭한다.

【바이스 2-2】

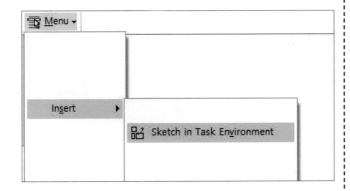

유형(Type) = 평면상에서 (On Plane)

평면 방법(Plane Method) = 추정됨(Inferred)을 설정한 후 YZ 평면을 클릭하고 < OK > 를 클릭한다.

【바이스 2-3】

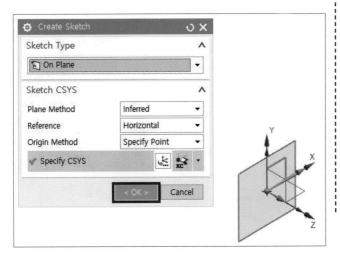

◢ 선, ▢ 직사각형, ◯ 원,
▨ 트림, ▨ 추정 치수,
▨ 구속 조건을 이용하여
그림과 같이 스케치하고
▨ Finish Sketch 를 클릭하여 스
케치를 종료한다.

【바이스 2-4】

▨ 돌출(Extrude) 아이콘을 클
릭한다.

선택 옵션(Curve Rule)을
Connected Curves ▾ (연결된 곡선)으
로 설정하고 생성한 스케치 중
바깥쪽은 직선을 선택한 후

End= ▨ Symmetric Value

Distance = 17/2mm

위와 같이 입력하고 < OK > 를
클릭한다.

【바이스 2-5】

▨ 구멍(Hole) 아이콘을 클릭
한다. 화살표가 가리키는 꼭짓
점 클릭 후

Form = ▨ Counter Bore

C-Bore Diameter = 6mm

C-Bore Depth = 14mm

Diameter = 4mm

Depth Limits = 50mm

위와 같이 설정한 후 < OK > 를
클릭한다.

【바이스 2-6】

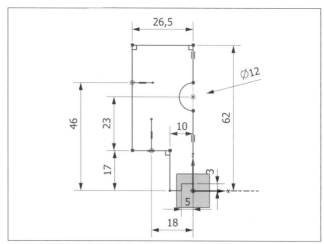

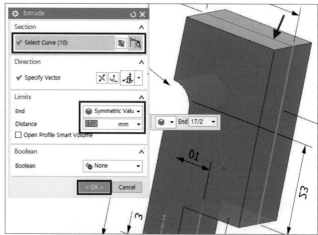

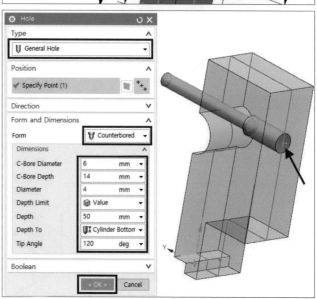

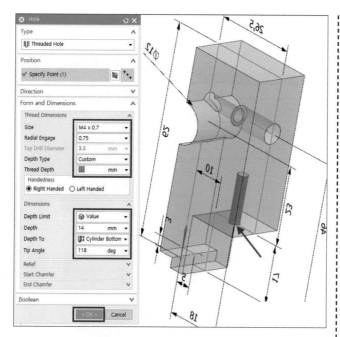

■ 구멍(Hole) 아이콘을 클릭한다. 화살표가 가리키는 꼭지점을 클릭한다.

Size = M4 × 0.7

Thread Depth = 11mm

Depth = 14mm

이와 같이 설정하고 < OK > 를 클릭한다.

【바이스 2-7】

■ 모따기(Chamfer) 아이콘을 클릭한다. 화살표가 가리키는 3개소의 모서리를 선택한다.

단면(Cross Section)

= 대칭(Symmetric)

거리(Distance) = 4mm

위와 같이 설정한 후 < OK > 를 클릭한다.

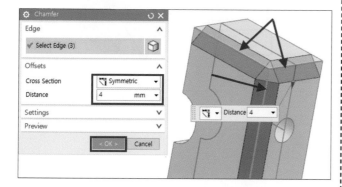

【바이스 2-8】

■ 대칭 지오메트리(Mirror Geometry)를 클릭한다.

Select Object에서 화살표가 가리키는 솔리드 바디를 선택하고 대칭 평면(Mirror Plane)에서는 좌표계의 XZ 평면을 선택하고 < OK > 를 클릭한다.

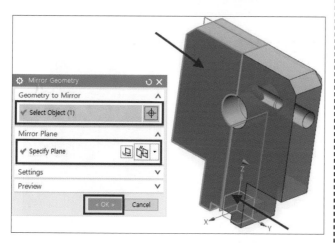

【바이스 2-9】

🗐 결합(Unite)를 클릭한다.
원본과 복사된 솔리드 바디를
차례대로 선택하여 결합한다.

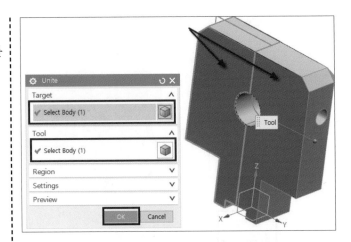

【바이스 2-10】

Hole Direction =

      ↑ Along Vector ᵡᶜ↙

Type = ⋃ General Hole

Form = ⋃ Simple

Diameter = 4mm

Depth = 🞛 Through Body

위와 같이 설정한 후
화살표가 가리키는 2개소의 꼭
짓점을 클릭한 후 < OK > 를 클
릭한다.

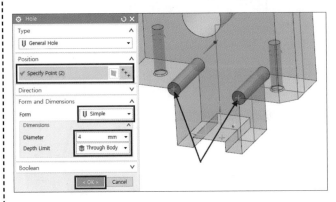

【바이스 2-11】

그림과 같이 02_Supporter1 모
델링을 완성하였다.

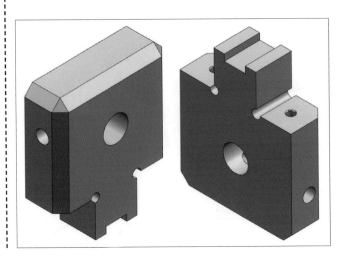

【바이스 2-12】

③ 서포터2 모델링하기

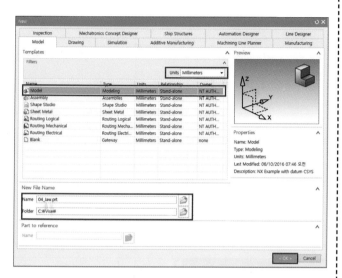

파일(File) ⇨ 새로 만들기 혹은 (Creates a new file) 아이콘을 클릭한다.
이름에서 파일 이름을 02_ Surppoter2로 지정하고 폴더에서 파일의 경로를 정의한다.
< OK > 를 클릭하여 새 작업 파트 생성한다.

【바이스 3-1】

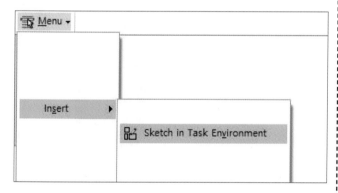

메뉴(Menu) ⇨ 삽입(Insert) ⇨ 타스크 환경의 스케치(Sketch in Task Environment)를 클릭한다.

【바이스 3-2】

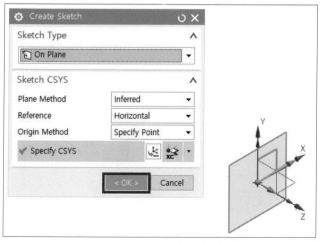

유형(Type) = 평면상에서 (On Plane)
평면 방법(Plane Method) = 추정됨(Inferred)을 설정한 후 XY 평면을 클릭하고 < OK > 를 클릭한다.

【바이스 3-3】

☑ 선, ☐ 직사각형, ✄ 트림, ᴁ 추정 치수, ☑ 구속 조건을 이용하여 그림과 같이 스케치 하고 ⚑ Finish Sketch 를 클릭하 여 스케치를 종료한다.

【바이스 3-4】

▦ 돌출(Extrude) 아이콘을 클 릭한다.

선택 옵션(Curve Rule)을

Connected Curves ▾ (연결된 곡선)으 로 설정하고 생성한 스케치 중 바깥쪽은 직선을 선택한 후

End= ⬡ Symmetric Value

Distance = 17/2mm

위와 같이 입력하고 < OK > 를 클릭한다.

【바이스 3-5】

▦ 구멍(Hole) 아이콘을 클릭 한다. 화살표가 가리키는 꼭짓 점을 클릭한다.

Size = M4 × 0.7

Thread Depth = 15mm

Depth = 18mm

이와 같이 설정하고 < OK > 를 클릭한다.

【바이스 3-6】

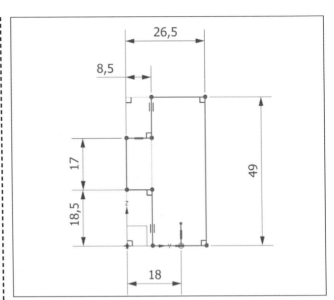

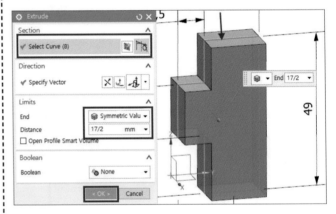

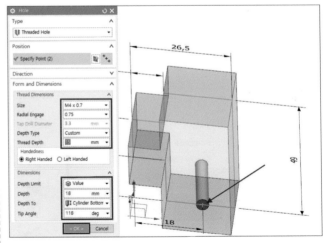

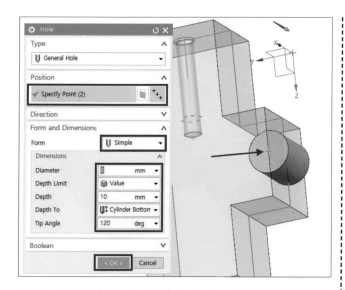

Type = ⋃ General Hole

Form = ⋃ Simple

Diameter = 8mm

Depth = 10mm

위와 같이 설정한 후 화살표가
가리키는 꼭짓점을 클릭한 후
< OK > 를 클릭한다.

【바이스 3-7】

모따기(Chamfer) 아이콘을
클릭한다. 화살표가 가리키는
3개소의 모서리를 선택한다.
단면(Cross Section)
     = 대칭(Symmetric)
거리(Distance) = 4mm
위와 같이 설정한 후 < OK > 를
클릭한다.

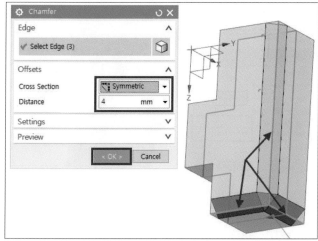

【바이스 3-8】

대칭 지오메트리(Mirror
Geometry)를 클릭한다.
Select Object에서 화살표가 가
리키는 솔리드 바디를 선택하
고 대칭 평면(Mirror Plane)에
서는 좌표계의 XZ 평면을 선택
하고 < OK > 를 클릭한다.

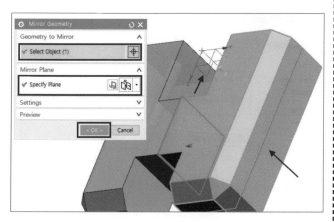

【바이스 3-9】

결합(Unite)를 클릭한다.
원본과 복사된 솔리드 바디를
차례대로 선택하여 결합한다.

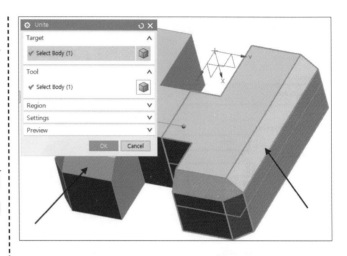

【바이스 3-10】

구멍(Hole) 아이콘을 클릭
한다. 화살표가 가리키는 4개
소의 꼭짓점을 클릭한다.

Hole Direction =

↑ Along Vector ᵡᶜ

Type = ∪ General Hole

Form = ∪ Simple

Diameter = 8mm

Depth = 10mm

위와 같이 설정한 후 < OK > 를
클릭한다.

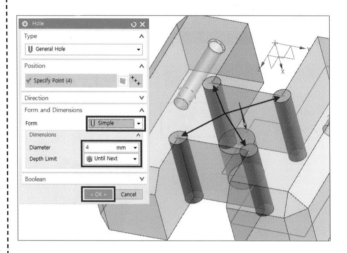

【바이스 3-11】

모따기(Chamfer) 아이콘을
클릭한다. 화살표가 가리키는
1개소의 모서리를 선택한다.

단면(Cross Section)

= 대칭(Symmetric)

거리(Distance) = 1mm

위와 같이 설정한 후 < OK > 를
클릭한다.

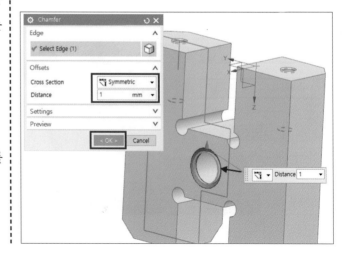

【바이스 3-12】

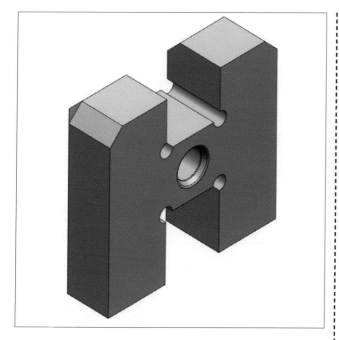

그림과 같이 02_Surppoter2 부품의 모델이 완성되었다.

【바이스 3-13】

④ Jaw 모델링하기

파일(File) ⇨ 새로 만들기 혹은
(Creates a new file) 📄 아이콘
New
을 클릭한다.
이름에서 파일 이름을 04_Jaw
로 지정하고 폴더에서 파일의
경로를 정의한다.
< OK > 를 클릭하여 새 작업 파
트를 생성한다.

【바이스 4-1】

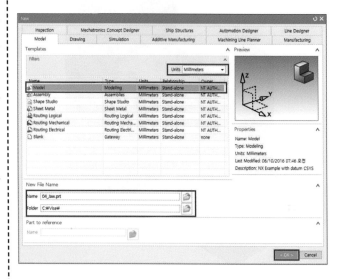

메뉴(Menu) ⇨ 삽입(Insert) ⇨
🔡 타스크 환경의 스케치(Sketch
in Task Environment)를 클릭
한다.

【바이스 4-2】

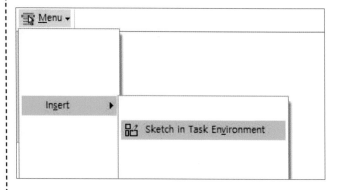

유형(Type) = 평면상에서 (On
Plane)
평면 방법(Plane Method) = 추
정됨(Inferred)을 설정한 후 YZ
평면을 클릭하고 < OK > 를 클
릭한다.

【바이스 4-3】

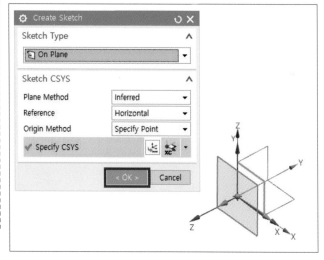

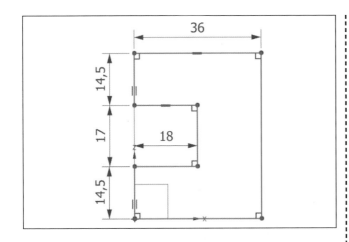

☑ 선, ☐ 직사각형, ☒ 트림, ☒ 추정 치수, ☑ 구속 조건을 이용하여 그림과 같이 스케치하고 ☒ Finish Sketch 를 클릭하여 스케치를 종료한다.

【바이스 4-4】

▦ 돌출(Extrude) 아이콘을 클릭한다.

선택 옵션(Curve Rule)을 Connected Curves ▼ (연결된 곡선)으로 설정하고 생성한 스케치 중 바깥쪽은 직선을 선택한 후

End= ▦ Symmetric Value

Distance = 8.5mm

위와 같이 입력하고 < OK > 를 클릭한다.

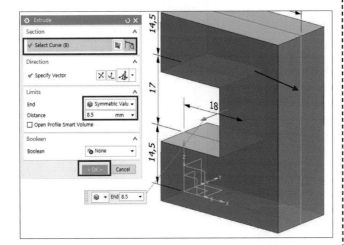

【바이스 4-5】

▦ 구멍(Hole) 아이콘을 클릭한다.

Hole Direction =

↑ Along Vector ꭚꞔ

Form = Ⓤ Simple

Diameter = 4mm

Depth = ▦ Through Body

위와 같이 설정 후 화살표가 가리키는 꼭짓점 2개소를 클릭한 후 < OK > 를 클릭한다.

【바이스 4-6】

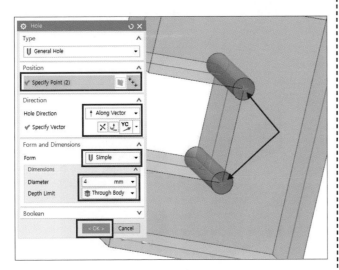

■ 구멍(Hole) 아이콘을 클릭한다. 화살표가 가리키는 꼭짓점을 클릭한다.

Type = ▮ Threaded Hole

Size = M10 × 1.5

Thread Depth = 15mm

Depth = ▦ Through Body

이와 같이 설정하고 < OK > 를 클릭한다.

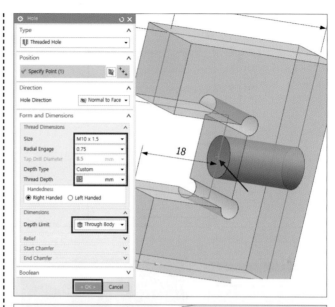

【바이스 4-7】

■ 모따기(Chamfer) 아이콘을 클릭한다. 화살표가 가리키는 1개소의 모서리를 선택한다.

단면(Cross Section)
   = 대칭(Symmetric)

거리(Distance) = 1mm

위와 같이 설정한 후 < OK > 를 클릭한다.

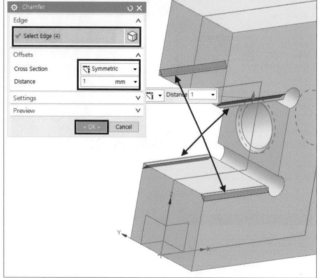

【바이스 4-8】

그림과 같이 04_Jaw 부품의 모델이 완성되었다.

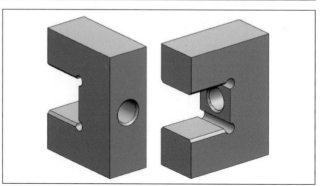

【바이스 4-9】

⑤ 샤프트 모델링하기

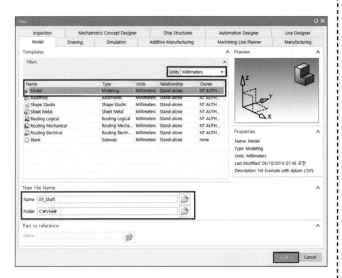

파일(File) ⇨ 새로 만들기 혹은 (Creates a new file) 아이콘을 클릭한다.

이름에서 파일 이름을 05_Shaft로 지정하고 폴더에서 파일의 경로를 정의한다.

< OK > 를 클릭하여 새 작업 파트 생성한다.

【바이스 5-1】

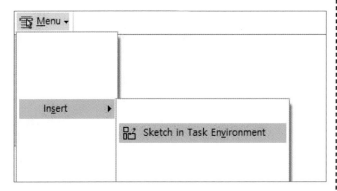

메뉴(Menu) ⇨ 삽입(Insert) ⇨ 타스크 환경의 스케치(Sketch in Task Environment)를 클릭한다.

【바이스 5-2】

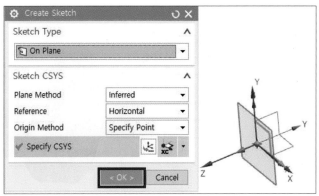

유형(Type) = 평면상에서(On Plane)

평면 방법(Plane Method) = 추정됨(Inferred)을 설정한 후 XZ 평면을 클릭하고 < OK > 를 클릭한다.

【바이스 5-3】

☑ 선, ☐ 직사각형, ○ 원,
☑ 트림, ☒ 추정 치수,
☑ 구속 조건을 이용하여
그림과 같이 스케치하고
🏁 Finish Sketch 를 클릭하여 스
케치를 종료한다.

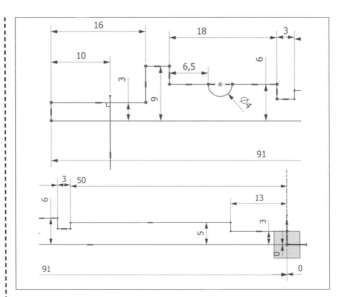

【바이스 5-4】

🛡 회전(Revolve) 아이콘을 클릭한
후 선택 옵션은 Connected Curves ▾
(연결된 곡선)로 설정하고 화살
표가 가리키는 직선을 선택한다.
백터 지정 = X축
시작(Start) = 0
끝(End) = 360
위와 같이 설정한 후 < OK > 를
클릭한다.

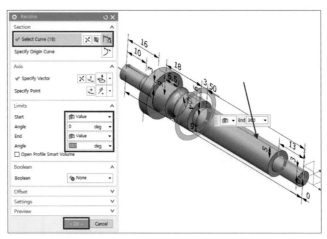

【바이스 5-5】

🔩 튜브(Tube)를 클릭하고 이
전의 스케치에서 그린 직선을
선택한다.
Outer Diameter = 3mm
Boolean = 🔩 Subtract
위와 같이 정의한 후 < OK > 를
클릭한다.

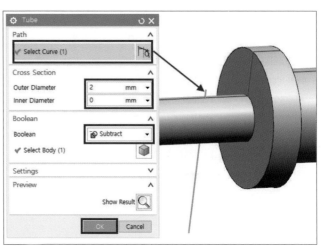

【바이스 5-6】

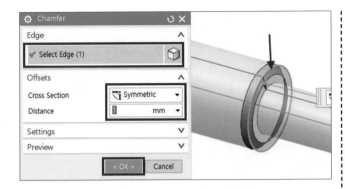

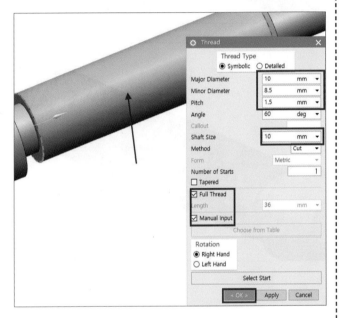

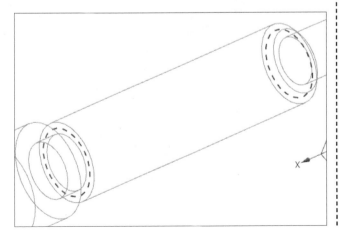

🔹 모따기(Chamfer) 아이콘을 클릭한다. 화살표가 가리키는 1개소의 모서리를 선택한다.

단면(Cross Section)

　　　= 대칭(Symmetric)

거리(Distance) = 1mm

위와 같이 설정한 후 < OK > 를 클릭한다.

【바이스 5-7】

Menu ⇨ Insert ⇨ Design Feature ⇨ 🔩 Thread를 실행한다.

Major Diameter = 10mm

Minor Diamter = 8.5mm

Pitch = 1.5mm

Shaft Size = 10mm

Full Thread 체크

Manual Input 체크

위와 같이 적용하고 < OK > 를 클릭한다.

(심볼 스레드)

【바이스 5-8】

결과

【바이스 5-9】

Minor Diamter = 8.5mm

Pitch = 1.5mm

Length = 36mm

위와 같이 적용하고 를 클릭한다.

(상세 스레드)

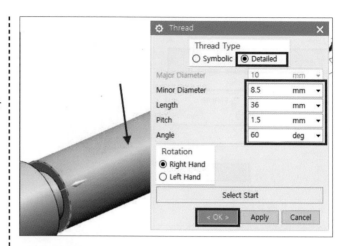

【바이스 5-10】

결과

【바이스 5-11】

그림과 같이 05_Shaft 부품 모델이 완성되었다.

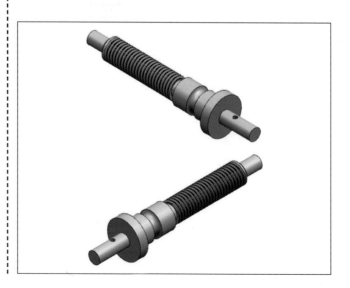

【바이스 5-12】

2. 드릴 지그 모델링

● 다음과 같이 드릴 지그 모델링을 생성한다.

① 베이스　　　　　　② 플레이트 1　　　　　③ 플레이트 2

④ 인서트 부시　　　　　　⑤ 가이드 부시

① 베이스 모델 생성

풀다운 메뉴의 File ⇨ New
아이콘을 클릭한다.

Model 템플릿을 선택 후
Name에서 파일의 이름을 01_
Base.prt로 정의한다.

Folder에서 저장 경로를 정의
한다.

< OK > 를 클릭하여 새로운 작
업 환경을 연다.

【드릴 지그 1-1】

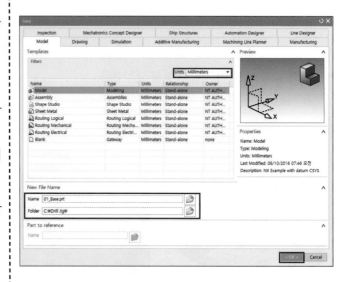

풀다운 메뉴의 Insert ⇨
Sketch in Task Environment
를 클릭하여 스케치를 시작한다.

【드릴 지그 1-2】

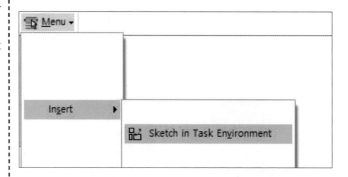

스케치 생성(Create Sketch) 대
화상자에서 XY 평면을 선택한
후 확인 을 클릭하여 새로운
스케치를 시작한다.

【드릴 지그 1-3】

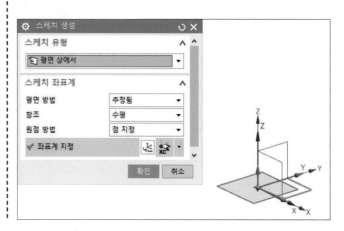

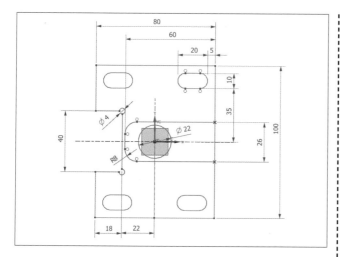

⟋ 선, ▢ 직사각형, ◯ 원,

⧩ 트림, ⌐ 필렛, ⌾ 대칭 곡선,

⧩ 추정 치수, ⬔ 구속 조건

위의 기능을 이용하여 그림과 같이 스케치하고 🏁 **Finish Sketch**를 이용해 스케치를 종료한다.

【드릴 지그 1-4】

Insert⟹ Design Feature

▦ 돌출(Extrude) 아이콘을 클릭한 후 선택 옵션(Curve Rule)은 Connected Curves ▾ 로 설정한 후 화살표가 가리키는 곡선들을 선택한다.

Start Limits = 0mm

End Limits = 18mm

위와 같이 정의하고 Apply 를 클릭한다.

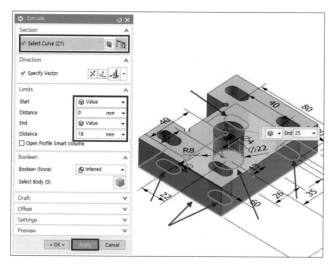

【드릴 지그 1-5】

선택 옵션(Curve Rule)을 Region Boundary Curve ▾ 로 설정한 후 화살표가 가리키는 영역을 선택한다.

Start Limits = 13mm

End Limits = 18mm

부울 = ⌷ 빼기(Subtract)

위와 같이 정의하고 < OK > 를 클릭한다.

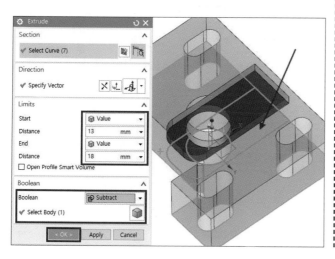

【드릴 지그 1-6】

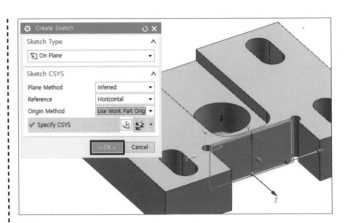

⛏ Sketch in Task Environment 를 클릭하여 스케치를 시작한다. Create Sketch 대화상자에서 화면과 같이 솔리드 바디의 면을 선택한 후 < OK > 를 클릭하여 새로운 스케치를 시작한다.

【드릴 지그 1-7】

⟋ 선, ⬜ 직사각형, ◯ 원, ⸱ 트림, ⺄ 필렛, ✛ 점, ⚒ 추정 치수, ⬚ 구속 조건 위의 기능을 이용하여 그림과 같이 스케치하고 🏁 Finish Sketch 를 이용해 스케치를 종료한다.

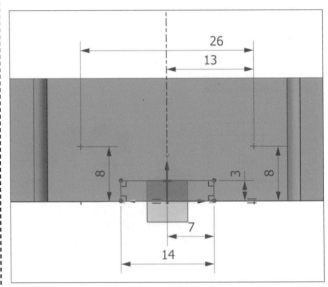

【드릴 지그 1-8】

🕮 돌출(Extrude) 아이콘을 클릭한 후 선택 옵션을 Region Boundary Curve ▾로 설정하고 화살표가 가리키는 영역을 선택한 후

Start = 0mm

End = 🔩 Through All

Boolean = 🔧 Subtract

17mm로 입력하고 < OK > 를 클릭한다.

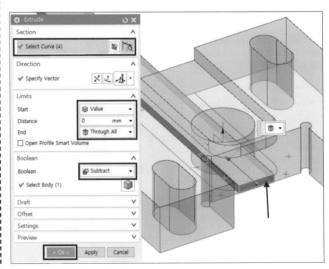

【드릴 지그 1-9】

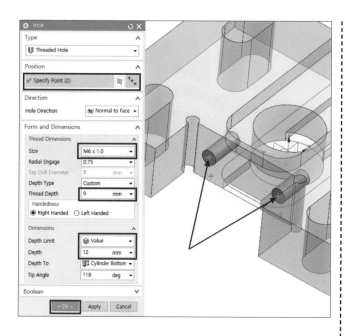

구멍(Hole) 아이콘을 클릭한다. 화살표가 가리키는 꼭짓점을 클릭한다.

Type = Threaded Hole

Size = M6 × 1.0

Thread Depth = 9mm

Depth = 12mm

이와 같이 설정하고 < OK > 를 클릭한다.

【드릴 지그 1-10】

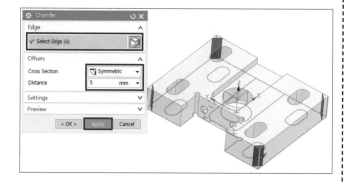

모따기(Chamfer) 아이콘을 클릭한다. 화살표가 가리키는 1개소의 모서리를 선택한다.

단면(Cross Section)
= 대칭(Symmetric)

거리(Distance) = 5mm

위와 같이 설정한 후 Apply 를 클릭한다.

【드릴 지그 1-11】

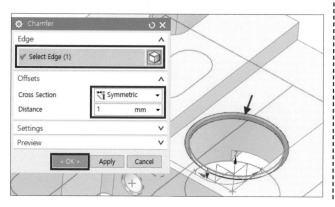

모따기(Chamfer) 아이콘을 클릭한다. 화살표가 가리키는 1개소의 모서리를 선택한다.

단면(Cross Section)
= 대칭(Symmetric)

거리(Distance) = 1mm

위와 같이 설정한 후 < OK > 를 클릭한다.

【드릴 지그 1-12】

그림과 같이 01_Base 부품 모델이 완성되었다.

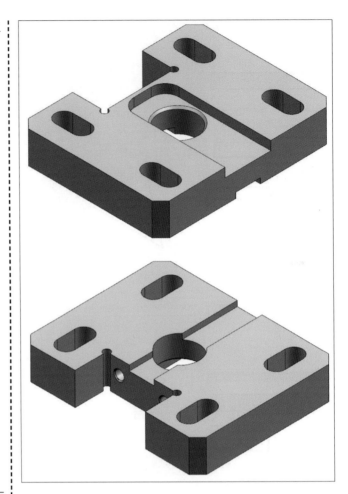

【드릴 지그 1-13】

② 플레이트1 모델 생성

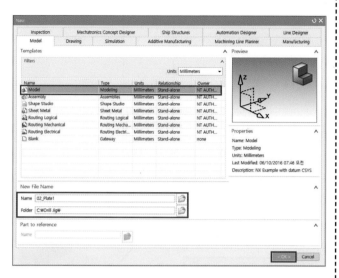

풀다운 메뉴의 File ⇨ New 아이콘을 클릭한다.

📓 **Model** 템플릿을 선택 후 Name에서 파일의 이름을 02_ Plate1.prt로 정의한다. Folder에서 저장 경로를 정의 한다.

< OK > 를 클릭하여 새로운 작 업 환경을 연다.

【드릴 지그 2-1】

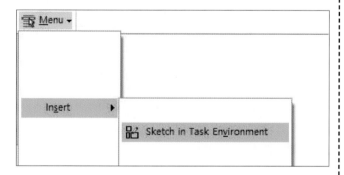

풀다운 메뉴의 Insert ⇨ 🔡 Sketch in Task Environment 를 클릭하여 스케치를 시작한다.

【드릴 지그 2-2】

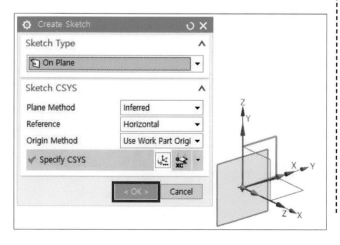

Create Sketch 대화상자에서 YZ 평면을 선택한 후 < OK > 를 클릭하여 새로운 스케치를 시작한다.

【드릴 지그 2-3】

▱ 선, ☐ 직사각형, ○ 원,
⊠ 트림, ⊞ 점, ⚒ 추정 치수,
⚐ 구속 조건

위의 기능을 이용하여 그림과 같
이 스케치하고 ⚑ Finish Sketch
를 이용해 스케치를 종료한다.

【드릴 지그 2-4】

🔲 돌출(Extrude) 아이콘을 클
릭한 후 Curve Rule은
Region Boundary Curve ▾ 로 설정한 후
화살표가 가리키는 영역을 선
택한다.

Start Limits = 0mm

End Limits = 18mm

위와 같이 정의하고 < OK > 를
클릭한다.

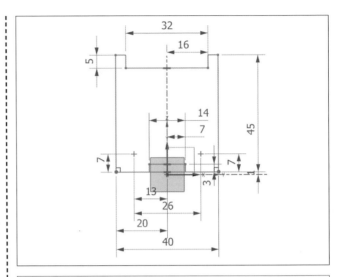

【드릴 지그 2-5】

🔲 구멍(Hole) 아이콘을 클릭한다.

Form = 🔩 Counter Bore

C-Bore Diameter = 9.5mm

C-Bore Depth = 5.4mm

Diameter = 5.5mm

Depth Limits = 🔲 Through Body

위와 같이 설정한 후 < OK > 를
클릭한다.

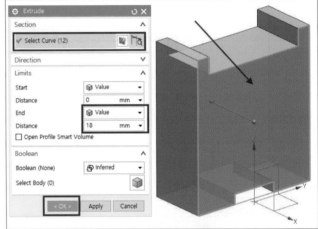

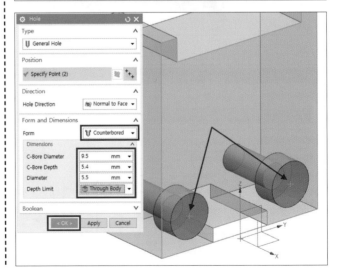

【드릴 지그 2-6】

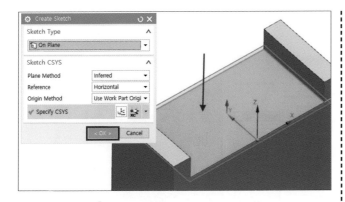

⛏ Sketch in Task Environment 를 클릭하여 스케치를 시작한다. Create Sketch 대화상자에서 화면과 같이 솔리드 바디의 면을 선택한 후 < OK > 를 클릭하여 새로운 스케치를 시작한다.

【드릴 지그 2-7】

/ 선, ⛏ 추정 치수, ⛏ 구속 조건 위의 기능을 이용하여 그림과 같이 스케치하고 ⛏ **Finish Sketch** 를 이용해 스케치를 종료한다.

【드릴 지그 2-8】

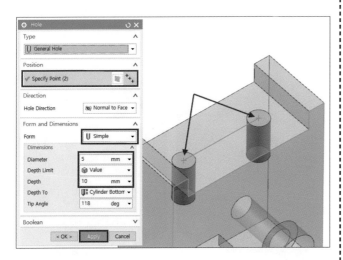

⛏ 구멍(Hole) 아이콘을 클릭한다.

Type = ⛏ General Hole

Form = ⛏ Simple

Diameter = 5mm

Depth = 10mm

위와 같이 설정한 후 화살표가 가리키는 꼭짓점을 클릭한 후 Apply 를 클릭한다.

【드릴 지그 2-9】

🔩 구멍(Hole) 아이콘을 클릭
한다. 화살표가 가리키는 꼭짓
점을 클릭한다.

Type = 🔩 Threaded Hole

Size = M6 × 1.0

Thread Depth = 9mm

Depth = 12mm

이와 같이 설정하고 < OK > 를
클릭한다.

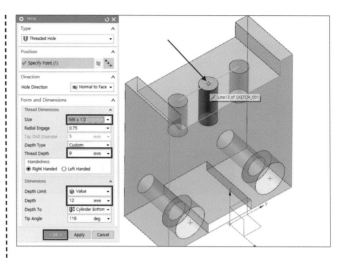

【드릴 지그 2-10】

🔩 모따기(Chamfer) 아이콘을
클릭한다. 화살표가 가리키는
1개소의 모서리를 선택한다.

단면(Cross Section)

= 대칭(Symmetric)

거리(Distance) = 1mm

위와 같이 설정한 후 < OK > 를
클릭한다.

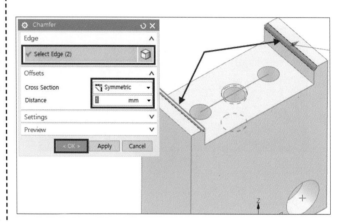

【드릴 지그 2-11】

그림과 같이 02_Plate1 부품 모
델이 완성되었다.

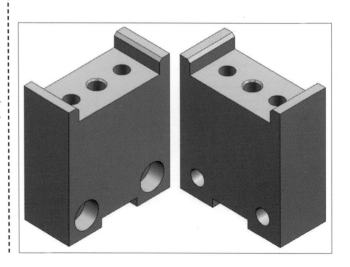

【드릴 지그 2-12】

③ 플레이트2 모델 생성

풀다운 메뉴의 File ⇨ New 아이콘을 클릭한다.

Model 템플릿을 선택 후 Name에서 파일의 이름을 02_Plate2.prt로 정의한다. Folder에서 저장 경로를 정의한다.

< OK >를 클릭하여 새로운 작업 환경을 연다.

【드릴 지그 3-1】

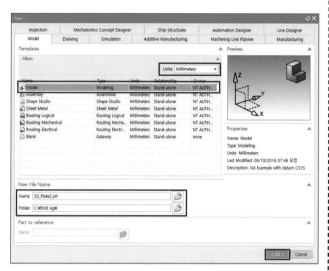

풀다운 메뉴의 Insert ⇨ Sketch in Task Environment 를 클릭하여 스케치를 시작한다.

【드릴 지그 3-2】

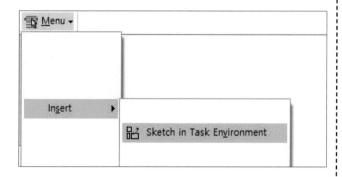

Create Sketch 대화상자에서 XY 평면을 선택한 후 < OK >를 클릭하여 새로운 스케치를 시작한다.

【드릴 지그 3-3】

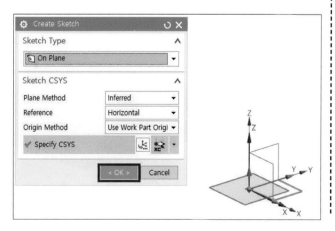

⟋ 선, ⬚ 직사각형, ◯ 원,
✖ 트림, 🗠 추정 치수,
⬚ 구속 조건
위의 기능을 이용하여 그림과 같
이 스케치하고 🏁 **Finish Sketch**
를 이용해 스케치를 종료한다.

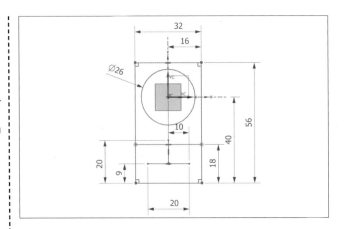

【드릴 지그 3-4】

🗔 돌출(Extrude) 아이콘을 클
릭한 후 Curve Rule은
Region Boundary Curve ▾ 로 설정한 후
화살표가 가리키는 영역을 선
택한다.

Start Limits = 0mm

End Limits = 22mm

위와 같이 정의하고 < OK > 를
클릭한다.

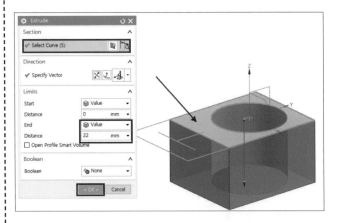

【드릴 지그 3-5】

Region Boundary Curve ▾ 화살표가 가
리키는 영역을 선택한다.

Start Limits = 0mm

End Limits = 17mm

Boolean = 🗗 결합(Unite)

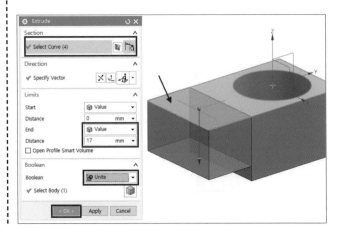

【드릴 지그 3-6】

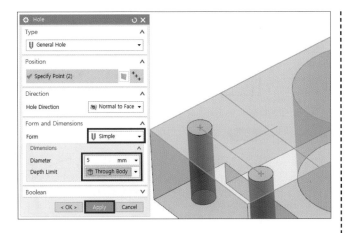

■ 구멍(Hole) 아이콘을 클릭한다.

Type = ◐ General Hole

Form = ◐ Simple

Diameter = 5mm

Depth Limits = ● Through Body

위와 같이 설정한 후 그림과 같은 직선의 양쪽 끝점을 클릭한 후 Apply 를 클릭한다.

【드릴 지그 3-7】

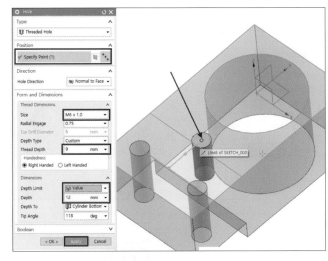

■ 구멍(Hole) 아이콘을 클릭한다. 화살표가 가리키는 꼭짓점을 클릭한다.

Type = ◐ Threaded Hole

Size = M6 × 1.0

Thread Depth = 9mm

Depth = 12mm

이와 같이 설정하고 Apply 를 클릭한다.

【드릴 지그 3-8】

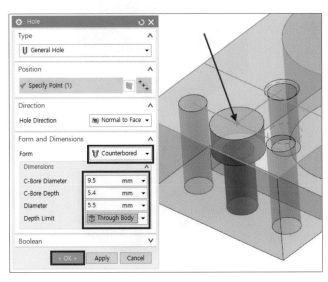

Form = ◐ Counter Bore

C-Bore Diameter = 9.5mm

C-Bore Depth = 5.4mm

Diameter = 5.5mm

Depth Limits = ● Through Body

위와 같이 설정한 후 < OK > 를 클릭한다.

【드릴 지그 3-9】

🔲 모따기(Chamfer) 아이콘을 클릭한다. 화살표가 가리키는 2개소의 모서리를 선택한다.

단면(Cross Section)

= 대칭(Symmetric)

거리(Distance) = 3mm

위와 같이 설정한 후 Apply 를 클릭한다.

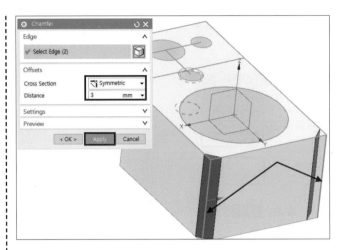

【드릴 지그 3-10】
_____

화살표가 가리키는 1개소의 모서리를 선택한다.

단면(Cross Section)

= 대칭(Symmetric)

거리(Distance) = 1mm

위와 같이 설정한 후 < OK > 를 클릭한다.

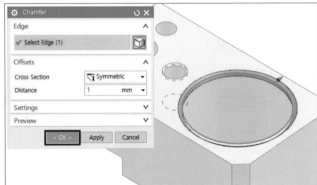

【드릴 지그 3-11】
_____

그림과 같이 03_Plate2 부품의 모델이 완성되었다.

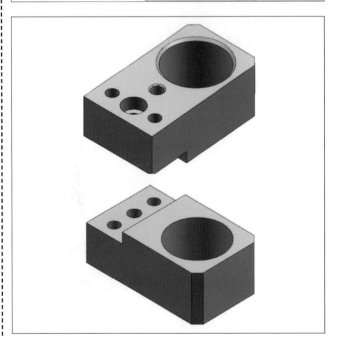

【드릴 지그 3-12】

④ 가이드 부시 모델 생성

풀다운 메뉴의 File ⇨ New
아이콘을 클릭한다.
Model 템플릿을 선택 후
Name에서 파일의 이름을 04_
Guide_Bush.prt로 정의한다.
Folder에서 저장 경로를 정의
한다.
< OK > 를 클릭하여 새로운 작
업 환경을 연다.

【드릴 지그 4-1】

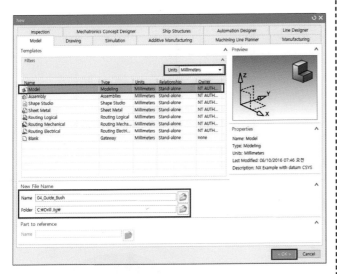

풀다운 메뉴의 Insert ⇨
Sketch in Task Environment
를 클릭하여 스케치를 시작한다.

【드릴 지그 4-2】

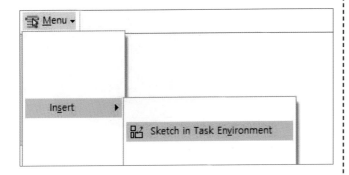

Create Sketch 대화상자에서
YZ 평면을 선택한 후 < OK >
를 클릭하여 새로운 스케치를
시작한다.

【드릴 지그 4-3】

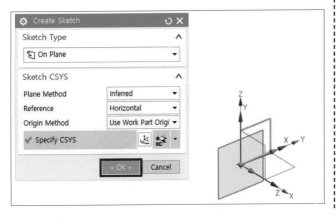

◢ 선, ⬚ 추정 치수,
⬚ 구속 조건
위의 기능을 이용하여 그림과 같이 스케치하고 🏁 Finish Sketch 를 이용해 스케치를 종료한다.

【드릴 지그 4-4】

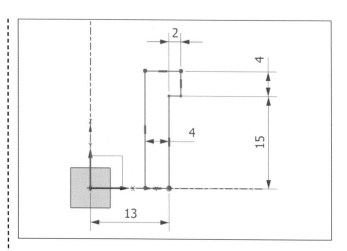

🛢 회전(Revolve) 아이콘을 클릭한 후 선택 옵션
Connected Curves ▾ (연결된 곡선)로 설정하고 화살표가 가리키는 직선을 선택한다.
백터 지정 = Z축
시작(Start) = 0
끝(End) = 360
위와 같이 설정한 후 < OK > 를 클릭한다.
【드릴 지그 4-5】

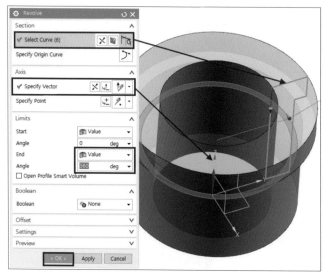

🔲 모서리 블렌드(Edge Blend)를 클릭한다. 화살표가 가리키는 모서리를 선택한다.
Radius 1 = 1mm로 정의한 후 < OK > 를 클릭한다.

【드릴 지그 4-6】

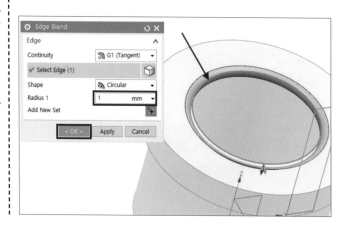

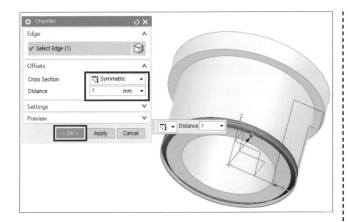

모따기(Chamfer) 아이콘을
클릭한다. 화살표가 가리키는
2개소의 모서리를 선택한다.

단면(Cross Section)

= 대칭(Symmetric)

거리(Distance) = 1mm

위와 같이 설정한 후 < OK > 를
클릭한다.

【드릴 지그 4-7】

그림과 같이 가이드 부시 부품
모델이 완성되었다.

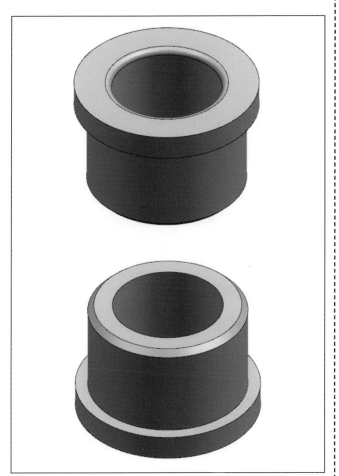

【드릴 지그 4-8】

⑤ 인서트 부시 모델 생성

풀다운 메뉴의 File ⇨ 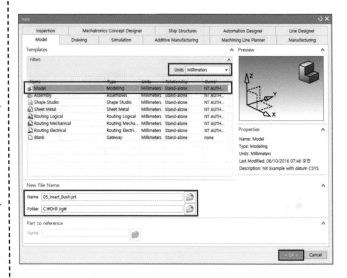 New 아이콘을 클릭한다.

🗃 **Model** 템플릿을 선택 후 Name에서 파일의 이름을 05_Insert_Bush.prt로 정의한다. Folder에서 저장 경로를 정의한다.

< OK > 를 클릭하여 새로운 작업 환경을 연다.

【드릴 지그 5-1】

풀다운 메뉴의 Insert ⇨ 🔧 Sketch in Task Environment 를 클릭하여 스케치를 시작한다.

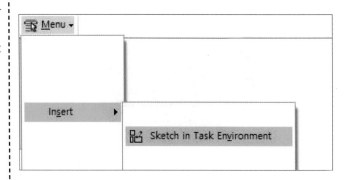

【드릴 지그 5-2】

Create Sketch 대화상자에서 YZ 평면을 선택한 후 < OK > 를 클릭하여 새로운 스케치를 시작한다.

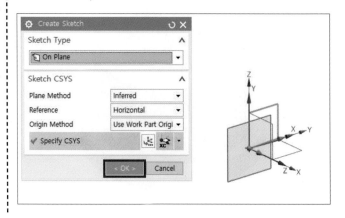

【드릴 지그 5-3】

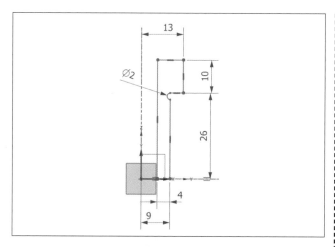

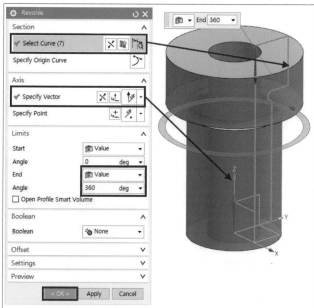

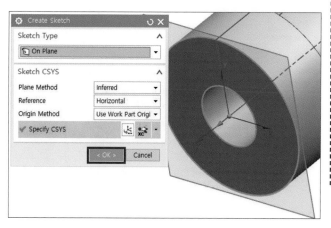

☑ 선, ☒ 추정 치수, ☑ 구속
조건
위의 기능을 이용하여 그림과 같
이 스케치하고 ▓ Finish Sketch
를 이용해 스케치를 종료한다.

【드릴 지그 5-4】

🗫 회전(Revolve) 아이콘을 클
릭한 후 선택 옵션은
Connected Curves ▼ (연결된 곡선)로
설정하고 화살표가 가리키는
직선을 선택한다.
백터 지정 = Z축
시작(Start) = 0
끝(End) = 360
위와 같이 설정한 후 ＜ OK ＞ 를
클릭한다.

【드릴 지그 5-5】

🗗 Sketch in Task Environment
를 클릭하여 스케치를 시작한다.
그림과 같이 형상의 윗면을 선
택하고 ＜ OK ＞ 를 클릭한다.

【드릴 지그 5-6】

◢ 선, ◯ 원, ✂ 트림, ⬡ 추정 치수, ⬛ 구속 조건
위의 기능을 이용하여 그림과 같이 스케치하고 🏁 **Finish Sketch** 를 이용해 스케치를 종료한다.

【드릴 지그 5-7】

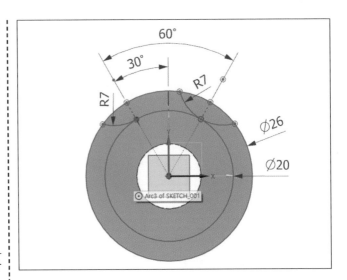

🗄 돌출(Extrude) 아이콘을 클릭한 후 Curve Rule은 Region Boundary Curve ▾ 로 설정한 후 화살표가 가리키는 영역을 선택한다.

Start Limits = 0mm

End Limits = 6.5mm

Boolean = 🔩 Subtract

위와 같이 정의하고 Apply 를 클릭한다.

【드릴 지그 5-8】

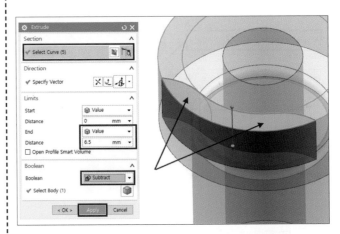

설정한 후 화살표가 가리키는 영역을 선택한다.

Start Limits = 0mm

End Limits = 🔲 Through All

Boolean = 🔩 Subtract

위와 같이 정의하고 < OK > 를 클릭한다.

【드릴 지그 5-9】

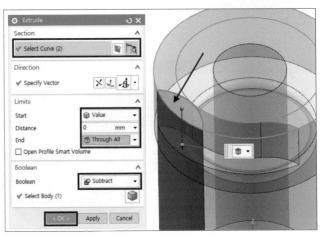

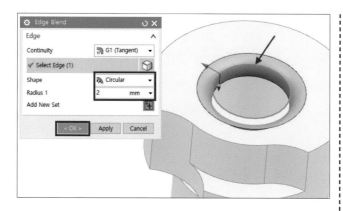

모서리 블렌드(Edge Blend)를 클릭한다. 화살표가 가리키는 모서리를 선택한다.
Radius1 = 2mm로 정의한 후 < OK > 를 클릭한다.

【드릴 지그 5-10】

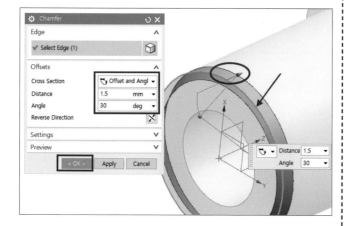

모따기(Chamfer) 아이콘을 클릭한다. 화살표가 가리키는 모서리를 선택한다. (화살표의 방향에 주의한다.)
Cross Section
          = Offset and Angle
Distance = 1.5mm
Angle = 30deg
위와 같이 설정한 후 < OK > 를 클릭한다.

【드릴 지그 5-11】

그림과 같이 05_Insert Guide 부품 모델이 완성되었다.

【드릴 지그 5-12】

모션 시뮬레이션
(Motion Simulation)

어셈블리(assembly)를 이용하면 실제 작업을 시작하기 전에 디지털 모의 표현을 생성할 수 있다. 또한, 조립 되는 부품 사이의 거리 및 각도 등의 수치를 측정할 수 있다.

모션 시뮬레이션(motion simulation)은 CAE와 연계된 하나의 통합된 도구(tool)로 포괄적인 메커니즘(mechanism)을 모델링하고 해석할 수 있는 능력을 제공하고, 다음과 같은 기계적 시스템을 시뮬레이션하고 평가하기 위해 사용할 수 있다.

- 변위(displacements), 속도(velocities) 및 가속도(accelerations)
- 동작 범위(range of motion)
- 반력(reaction forces), 관성력 및 토크(inertia forces and torques), 두 바디(bodies) 간에 전달된 힘과 모멘트(forces and moments transmitted between bodies)
- 유한요소 모델링을 위한 하중 수집(capture of loads for finite element modeling)
- 위치 고정(lock-up positions)
- 간섭(interference)

1. 메커니즘

메커니즘(mechanism)은 시뮬레이션 파일(simulation file)의 다양한 기계적 특성을 나타내는 모션 객체로 구성되어 있으며, 동작 객체는 조인트(joints), 스프링(springs), 댐퍼(dampers), 동작 드라이버(motion drivers), 힘(forces), 토크(torques) 및 부싱(bushings)을 포함하고 있다. 이러한 객체들은 동작 탐색기(Motion Navigator)에서 계층적으로 배열되어 일부 객체의 종속성을 다른 객체에 반영한다. 기존 지오메트리(geometry)의 시뮬레이션 파일에 링크를 생성한 다음 조인트와 동작 드라이버로 지오메트리를 구속(constraining)하여 메커니즘을 구성한다. 동작 객체들로 이루어진 메커니즘을 구성한 후 내장된 솔버(embedded solver)로 기구(kinematic) 또는 정적/동적 시뮬레이션을 수행한다. 솔버에 의한 해석 결과는 간섭 체크(interference checking), 그래프, 애니메이션(animations), MPEG 동영상 출력(MPEG movie output) 및 스프레드시트 기반의 결과물을 포함하고 있다.

2. 모션 시뮬레이션(Motion Simulation)의 화면 구성

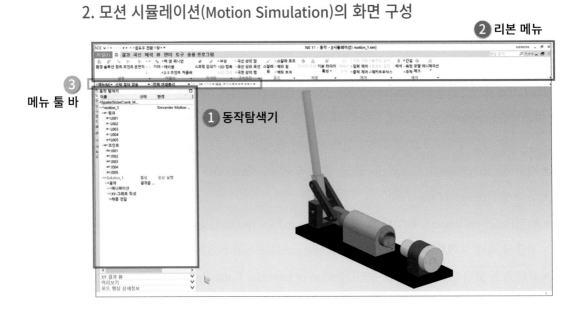

메뉴 툴 바

2 리본 메뉴

1 동작탐색기

(1) 동작 탐색기(Motion Navigator)

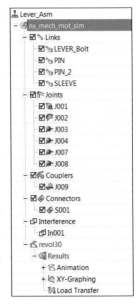

동작 탐색기는 트리 구조 내에서 모션 시뮬레이션의 다른 파일들과 구성 요소를 그래픽 방식으로 볼 수 있고 조작할 수 있는 방법을 제공하며, 마스터모델 어셈블리는 트리의 맨 위에 나타난다. 그 후 메커니즘을 표현하는 여러 동작을 해석할 수 있는 다수의 시뮬레이션을 생성할 수 있으며, 시뮬레이션 내에서 동작 문제를 풀 수 있는 여러 조건을 해석할 수 있는 다수의 솔루션을 만들 수 있다.

컨테이너(container)는 링크, 조인트, 하중, 패키지 옵션 등을 포함하고 있는 각각의 동작 객체를 위한 것으로, 각 노드에서 오른쪽 버튼을 클릭(Right-click)하면 시뮬레이션과 솔루션 작성, 솔루션 수행 및 각 동작 객체 유형을 작성할 수 있다.

노드들을 새로운 위치로 드래깅하여 동작 탐색기에서 정렬할 수 있으며, 기본적으로 노드는 이름순으로 알파벳순으로 정렬된다.

(2) 모션 시뮬레이션(Motion Simulation)의 리본 메뉴(Ribbon Bar)

① 홈(Home) 탭

홈 탭에서는 시뮬레이션을 위한 기본적인 설정, 커플러, 커넥트, 로드, 차량, 제어 및 해석 기능에 대한 아이콘으로 구성되어 있다.

- 설정 (Setting)

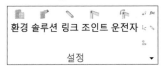

- 커플러 (Coupler)

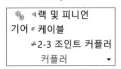

- 커넥터 (Connector)

- 구속 조건 (Constraint condition)

- 로드 (Load)

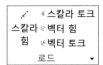

- 해석 (Analysis)

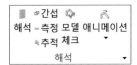

② 결과(Results) 탭

결과 탭에서는 애니메이션 결과와 결과 그래프를 출력하는 기능이 포함되어 있다.

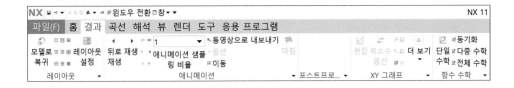

③ 해석(Analysis) 탭

해석 탭에서는 동작 개체에 대한 측정 기능이 포함되어 있다.

④ 뷰(View) 탭

뷰 탭에서는 모델에 대한 뷰 기능이 포함되어 있다.

⑤ 도구(Tool) 탭

도구 탭에서는 시뮬레이션 과정에 필요한 여러 기능을 포함하고 있다.

⑥ 응용 프로그램(Application) 탭

응용 프로그램 탭에서는 다른 응용 프로그램으로 이동을 지원한다.

(3) 모션 시뮬레이션의 메뉴 툴바(Top Border Bar)

① 메뉴 → 삽입(S)의 주요 명령어

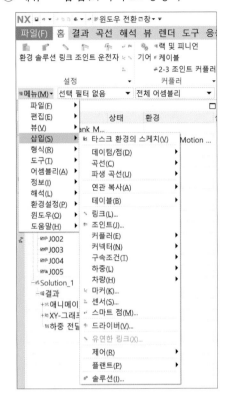

② 메뉴 → 도구(T)의 주요 명령어

③ 메뉴 → 뷰(V)의 주요 명령어

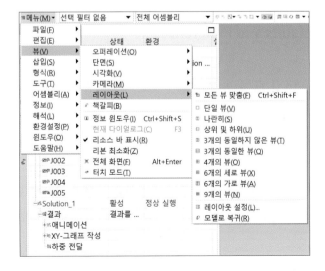

④ 메뉴 → 해석(L)의 주요 명령어

3. 기본값 및 환경 설정(Defaults and Preferences)

시뮬레이션 파트(parts)에 적용할 설정값들을 변경할 수 있는 방법은 Customer Defaults (File → Utilities → Customer Defaults)와 Motion Preferences (Menu → Preferences → Motion)가 있다. 동작 사용자 기본값 설정과 동작 환경 설정은 다르게 작동하며, 기본값 파일 설정은 새로운 모션 시뮬레이션을 작성할 때만 사용한다. 이들 설정값들은 모션 시뮬레이션 파일에 복사되고, 파트파일에 저장된다. 그 후 적용할 유일한 설정은 이전에 저장된 모션 시뮬레이션 파일을 열 때 기본값, 설정값보다 우선하는 환경 설정(preference settings)이다.

4. 모션 시뮬레이션 작업 흐름 (Motion Simulation Work flow)

다음과 같은 모션 시뮬레이션의 순서는 상황에 따라 달라질 수 있다.

순서	절차	세부내용
1	시뮬레이션 생성	동작 탐색기(Motion Navigator)를 이용하여 마스터파트 노드(node) 위에서 오른쪽 마우스 버튼을 클릭하여 시뮬레이션을 생성하거나 기존 시뮬레이션의 작업하기(Make Work)를 선택한다.
2	환경 및 옵션 설정	환경 및 환경 옵션들은 시뮬레이션 파일(simulation file)에 저장한다.
3	링크 생성	모델에 각각의 강체의 기계적 특성을 나타내기 위해 링크를 정의한다. 링크들은 기존의 지오메트리에 정의되어 가시적으로 표시된다. 사용자는 질량 특성, 관성, 초기 이동 및 회전 속도와 같은 링크 파라미터들을 추가적으로 정의할 수 있다. 해석 조건이 동작에 갑작스런 변화를 줄 수 있는 예리한 충격을 포함하고 있거나, 메커니즘의 동작에 영향을 미칠 수 있을 정도로 충분한 유연성이 있는 구성 요소(components)가 있을 경우 플렉시블 링크(flexible links)를 정의할 수 있다.
4	재료 지정	필요하면 바디(bodies)에 재료를 지정할 수 있다. 질량밀도(mass density)는 동적 동작해석에 사용되는 질량과 관성 계산의 핵심 요인이다. 재료를 지정하지 않으면 소프트웨어는 질량 값으로 0.2829 lbs/in^3 or $7.83*10^{-6} kg/mm^3$을 디폴트로 할당한다.
5	조인트와 구속 조건 생성	조인트(joints)는 두 링크 간의 제한된 동작을 나타낸다. 조인트 구속(constraints)은 메커니즘의 링크 사이에서 만들어진 물리적 연결(physical connections)의 형태로 정의한다. 기어(gears), 케이블(cables) 및 특수한 구속과 같은 추가적인 동작 객체는 링크 사이의 동작을 더욱 세분화할 수 있다.
6	하중과 접촉물 생성	필요하면 힘, 토크, 스프링, 댐퍼, 부싱(bushings) 및 접촉부(contact)를 정의한다.
7	동작 드라이버 적용	동작 드라이버는 조인트에 부과될 동작을 제어하는 조인트 파라미터이다. 디폴트 드라이버로 조인트를 정의할 수 있고, 특정 솔루션에만 적용되는 조인트와 연관된 독립형 드라이버를 생성할 수도 있다.
8	패키지(packaging) 옵션 지정	관심 있는 특정 객체들에 대한 정보를 수집할 수 있도록 패키징 옵션을 사용한다. 예를 들어, 두 점들 또는 객체들 간의 거리를 측정하거나 객체들 간의 공차가 위배되었는지를 모니터할 수 있다. 솔루션을 실행하기 전 패키징(packaging) 옵션을 설정하고, 애니메이션(animation)과 같은 해석을 수행할 때 패키징 옵션을 사용한다.

9	솔루션(solution) 생성	메커니즘을 해석하기 위해 여러 조건들로 정의할 수 있는 하나 또는 그 이상의 solution을 생성할 수 있다. 솔루션에는 메커니즘에 정의된 디폴트값을 무시할 수 있는 특수 설정(settings) 및 값(values)이 포함할 수 있다.
		Note 링크, 조인트, 하중, 동작 드라이버 등을 포함한 모든 동작 객체(motion objects)들은 명시적으로 제거되지 않는 한 디폴트(default)로 솔루션에 포함된다.
10	솔루션 실행	솔루션(solution) 실행으로 해석 결과 생성
11	해석	Animation, Articulation, Spreadsheet Run을 실행하거나 해석 결과로부터 스프레드시트 및 그래프 생성

5. 메커니즘을 구성하기 위한 가이드라인

(1) 정교한 가정을 위한 다수의 시뮬레이션 사용

최적의 시스템 성능이 달성될 때까지 신속하게 다수의 설계 시뮬레이션을 만들고 평가하고, 시험하고 정교화할 수 있다.

(2) 하위 그룹 생성 및 시험

복잡한 메커니즘에 자유도가 0인 하위 메커니즘을 구축하여 독립적으로 푼 다음 결합한다. 먼저 연결 조인트와 함께 작은 수의 링크를 정의하고 그것을 풀 수 있도록 도우미 조인트와 동작을 부여한다. 다음 그룹에 대해 이 과정을 반복한 다음, 연결 조인트를 추가하거나 도우미 동작을 제거하여 두 그룹을 결합한다.

(3) 문제 해결을 위한 복잡한 메커니즘 분해

기구(kinematics) 시뮬레이션 문제를 해결할 때 메커니즘의 하위 그룹을 독립적으로 확인하여 문제를 격리시킬 수 있다. 이를 위해 조각들(pieces)을 분리하고 독립 드라이버 조인트를 대체품으로 삽입한다.

예를 들어, 엔진 메커니즘을 고려해 보자. 하나의 하위 그룹은 피스톤-크랭크 운동(piston-crank motion)이고, 다른 하위 그룹은 밸브 트레인(valve train) 동작이다. 하나의 기어 조인트(캠 벨트에 해당)를 제거하고 그것을 두 개의 드라이버 조인트로 대체하여 분리한다. 자유도를 0으로 제한할 필요가 없으므로 동적 시뮬레이션에 대한 문제 해결이 단순해진다. 제약이 없는 모델(underconstrained models)을 사용할 수 있으므로 솔버가 요구하는 사항을 충족시킬 수 있는 파라미터들을 쉽게 정의할 수 있다.

1. 시뮬레이션 생성

새 시뮬레이션을 생성할 때 시스템은 파트와 동일한 이름의 폴더가 생성된다. 이 시뮬레이션 폴더에는 파트 시뮬레이션 파일, 해석 결과 파일 등과 같은 메커니즘 데이터가 포함된다. 시뮬레이션 파일(.sim)은 솔루션, 솔루션 설정 및 링크, 조인트 및 커넥터와 같은 모든 동작 객체에 대한 시뮬레이션 데이터를 포함하고 있다.

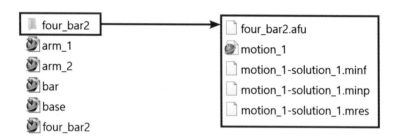

(1) 모션 시뮬레이션 솔버(Motion Simulation Solvers)

NX 모션 시뮬레이션은 메커니즘을 해석하기 위해 다음과 같은 내재된(embedded) 다중바디 다이내믹 솔버(multi-body dynamics solvers)를 제공한다.

- Simcenter 3D Motion Solver
- FunctionBay RecurDyn
- MSC Adams/Solver

(2) 해석 단계 크기 제어(Controlling the analysis step size)

솔버의 파라미터 Maximum Step Size와 Error Tolerance는 동작 모델을 푸는데 사용되는 적분과 미분 방정식의 정밀도를 제어한다. 솔버(Solver)는 단계로 불리는 간격에서 애니메이션과 그래프를 만들기 위해 동작 데이터를 생성한다. 사용자는 간격(step)의 개수로 시뮬레이션의 길이를, 초(seconds) 단위로 시간의 길이를 정의한다. 솔버는 이들 입력을 기반으로 단계별로 해석을 나누며 솔버 파라미터인 Maximum Step Size로 제한하는데 대부분의 경우 기본값으로 충분하다.

(3) 중력 효과 포함(Including the effects of gravity)

중력은 기본값으로 모션 시뮬레이션에 포함되어 있다.

- 기본 중력값은 9806.65 mm/sec^2 or 386.0880 in/sec^2로 절대좌표 시스템의 -Z축 방향을 향하고 있다.
- 메뉴 Menu→Preferences→Motion→Gravitational Constants를 선택하여 중력값을 변경할 수 있다.
- Solution 대화상자에서 중력값 설정을 변경하여 주어진 솔루션의 기본 중력값을 무시할 수 있다.

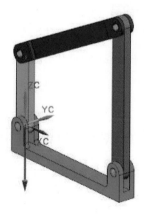

작업 좌표계에서 화살표는 중력의 방향을 나타낸다

Solution 대화상자에서 방향 지정(Specify Direction)을 선택하면 모델의 작업 좌표계에 현재 중력 방향을 나타내는 화살표가 나타난다. 작업 좌표계의 방향을 바꾸면 중력의 방향은 모델의 원래 수직 방향으로 유지된다.

2. 솔루션 생성

메커니즘을 해석하기 위한 여러 조건을 정의할 수 있는 하나 이상의 솔루션을 생성할 수 있으며, 솔루션에는 메커니즘에 정의된 기본값을 무시하는 특수 설정과 값이 포함될 수 있다. 여러 솔루션을 생성하여 모션 시뮬레이션을 위한 대안 조건(alternative conditions)으로 실험할 수 있으며, 솔루션으로 메커니즘을 해석한 다음 동일한 결과 세트에 대한 여러 분석 작업을 수행할 수 있다.

- 솔버 파라미터(Solver parameters) : 이들 설정값들은 Motion Preferences 현재 솔루션의 대화상자에 정의된 솔버 파라미터를 무효화한다.
- 솔루션 유형(Solution type) (Normal Run, Articulation, Spreadsheet Run, or Flexible Body).
- 해석 유형(Analysis Type) (Kinematics/Dynamics, Static Equilibrium, or Control/Dynamics) : 이 설정은 현재 솔루션의 Environment 대화상자에 정의된 해석 옵션을 무효화한다.
- 하중(Loads)
- 동작 드라이버(Motion drivers)
- 중력상수(Gravitational constants) : 이 값은 현재 솔루션의 Motion Preferences 대화상자에 정의된 중력 상숫값을 무효화한다.

솔루션은 보다 효율적인 작업 흐름(workflow)을 제공하며, 솔루션을 풀면 별도로 분석할 수 있는 해석 결과 세트가 생성된다. 새로운 솔루션을 생성하면 동작 탐색기(Motion Navigator)에 아래 그래픽과 유사한 노드(nodes)가 나타난다.

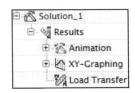

(1) 솔루션에는 모든 동작 객체를 포함한다.

기본적으로 하중, 동작 드라이버, 링크, 조인트 등 모든 동작 객체는 제거하지 않는 한 활성 솔루션(active solution)에 포함되어 있으며, 비활성화(Deactivate) 명령으로 비활성화 시켜 활성 솔루션의 모든 동작 개체를 제거할 수 있다. 비활성화된 객체를 복원하려면 활성화(Activate) 명령을 사용하라.

예를 들어, 링크 없는 메커니즘의 동작을 관찰하려면 해당 링크를 비활성화 시킬 수 있으며, 이 경우 비활성화된 링크에 종속된 조인트와 어떠한 종속적인 객체도 솔루션에서 비활성화된다. 객체를 비활성화시키면 동작 탐색기(Motion Navigator)의 상태 칼럼(Status column)에 그 객체에 대해 비활성화가 표시된다.

3. 링크(강체 바디)

링크는 메커니즘의 강체를 나타낸다. 링크를 생성할 때 해당 링크를 정의하는 지오메트리를 지정한다.

링크는 다음과 같이 정의될 수 있다.

- 어셈블리 구성 요소(권장)
- 솔리드바디, 커브, 점 등의 집합

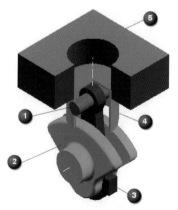

⑤번을 제외한 각 구성 요소는 링크이고, ⑤번은 움직이지 않는 부품이다.

링크는 기존 지오메트리에서 정의되고 가시적으로 표현된다. 모든 움직이는 부품은 링크와 연결되어 있어야 하지만, 링크가 움직이지 못하도록 접지되거나 고정되는 경우도 있다. 조인트는 링크를 통해 만들어진다. 고정 링크를 만들어 직접 조인트를 만들 수 있는데, 이것으로 지면에 고정된 조인트를 만든다. 질량 특성, 관성, 초기 이동 및 회전 속도와 같은 추가 링크 파라미터를 정의할 수 있다.

(1) 링크 및 지오메트리 연결(Link and geometry association)

지오메트리 객체를 둘 이상의 링크와 연결할 수 없다. 다시 말해, 링크의 일부가 될 객체를 선택하면 더 이상 그 객체를 다른 링크에 포함되도록 선택할 수 없다.

(2) 질량 특성(Mass properties)

반력에 관심 있거나 동적 해석(dynamic analysis)을 수행할 때 링크의 질량 특성을 정의해야 한다. 링크의 질량 특성 옵션(Mass Properties Option)이 자동으로(Automatic) 설정되면 솔버는 링크 내에 정의된 솔리드를 기반으로 질량 특성을 계산한다. 대부분의 경우, 이러한 기본 계산은 정확한 동작 결과를 생성하는 데 충분하다. 그러나 경우에 따라 질량 특성을 명시적으로 정의해야 할 수도 있다.

재료의 질량 밀도는 동작 해석에 사용되는 관성 계산의 핵심 요소이다.

기본적으로 NX의 솔리드 객체는 사용자 기본값(Customer Defaults)에 열거된 질량 값으로 지정되지 않은 물체이다. 일반적으로 이 기본 밀도는 0.2829 lbs/in^3 or 7.83 kg/mm^3 (강, steel)로 설정되어 있으며, 재료가 할당되지 않은 동작 메커니즘의 솔리드 객체는 이 기본 밀도를 사용한다. 기본 밀도 값을 결정하려면 모델링 응용(Modeling application) 프로그램에서 Preferences→Modeling를 선택하라. 모션 시뮬레이션 응용 프로그램(Motion Simulation application)은 모델링 응용 프로그램에서 마스터 어셈블리(Master Assembly)에 적용한 할당된 재료를 상속한다. 재료 지정(Assign Material) 대화상자를 사용하면 재료 라이브러리(Materials Library)에 있는 표준 재료를 메커니즘 솔리드에 적용할 수 있도록 하며, 또한 새 재료를 정의하고 적용할 수 있다.

(3) 관성 특성(Inertia properties)

질량 특성과 마찬가지로 소프트웨어는 지오메트리에서 링크의 관성 특성을 자동으로 계산하지만, 링크의 질량 특성 옵션(Mass Properties Option)이 사용자 정의(User Defined)로 설정된 경우 관성 특성을 수동으로 정의해야 한다. 각 링크에 대해 관성 좌표계(CSYS of Inertia)를 지정하여 관성 모멘트에 대한 원점과 좌표계를 정의할 수 있다. 관성 모멘트(Ixx, Iyy, Izz) 및 관성 상승 모멘트(Ixy, Ixz, Iyz) 값을 정의할 수 있다. 여기서 x, y 및 z는 질량의 미소체적 중심의 변위 성분으로 관성 좌표계(CSYS of Inertia)의 원점으로부터 측정되며, Ixx, Iyy 및 Izz 값은 양수이어야 한다.

(4) 어셈블리 구성 요소의 기본 링크(Basing links on assembly components)

지오메트리가 단순 커브보다 복잡할 경우 어셈블리 구성 요소에 링크를 만들어야 한다. 이를 통해 개별 지오메트리 객체를 쉽게 식별하고 애니메이션이나 표현(articulation)하는 동안 디자인 위치를 업데이트하고자 할 때 발생하는 문제를 제거할 수 있다.

어셈블리 구성 요소에 링크를 만들면 어셈블리 응용 프로그램과 완벽한 호환성이 보장된다. 다른 모션 시뮬레이션 특성으로는 생성 순서(Create Sequence), 캡처 배열(Capture Arrangement) 및 메커니즘 분해(Explode Mechanism) 명령 등과 호환성이 있어야 한다.

- 환경 설정 대화상자(Environment dialog box)에 있는 구성 요소 기반 시뮬레이션 (Component-based Simulation) 옵션을 사용하여 모든 링크가 어셈블리를 기반으로 생성되게 할 수 있다.
- 어셈블리에서 링크를 정의하고 구성 요소를 선택할 때 기본적으로 솔리드 바디가 선택된다. 그런 다음 최상위 경계 바(Top Border)에서 한 수준 올리기(🔼 Up One Level)를 클릭하여 어셈블리 트리에서 위로 올린다. 지오메트리를 선택하여 링크를 정의한 경우 한 수준 올리기(Up One Level)를 클릭하면 해당 지오메트리를 포함된 구성 요소가 선택된

다. 구성 요소를 이미 선택했다면 한 수준 올리기(Up One Level)는 다음 수준의 어셈블리 구성 요소를 선택한다(다음 수준의 구성 요소가 있을 경우).

● 동작 내비게이터에서 선택 확장(Expand to Selected)을 오른쪽 마우스 버튼으로 클릭하여 특정 링크와 연관된 어셈블리 구성 요소를 볼 수 있다. 자세한 내용은 링크와 관련된 구성 요소 보기(View the assembly component associated with a link)를 참조하라.

● 어셈블리 구성 요소 내에서 솔리드를 링크로 정의할 때 주의하라. 디자인 위치 업데이트(Update Design Position)를 사용하여 어셈블리 내에서 구성 요소의 위치를 지정하면 솔리드가 구성 요소 대신에 움직인다. 이것은 어셈블리의 구성 요소가 아닌 솔리드의 위치가 변경되므로 충돌이 발생할 수 있다. 이것이 어셈블리 구성 요소에 대해 정의되면 링크가 큐브 그래픽(☑🐾)과 함께 동작 내비게이터에 나타난다.

(5) 링크 정보 보기(Viewing information about a link)

동작 내비게이터에서 링크를 오른쪽 마우스 버튼으로 클릭하고 정보(Information)를 선택하면 링크에 대한 정보를 볼 수 있다. 정보창(Information window)은 링크 이름, 부품 ID, 조인트 이름, 질량 중심, 링크 관성에 대한 좌표 시스템(CSYS), 링크 지오메트리 등과 같은 범주의 데이터가 표시된다. 링크 지오메트리는 구성 요소에 정의된 링크, 커브(curves), 솔리드 바디(solid bodies), 시트 바디(sheet bodies), 면 바디(facet bodies), 점(points)을 포함하고 있으며, 아래 예제와 같이 정보창 밑에 나타난다.

Link Geometries

Solid Body ID 1236	from part	boom.prt
Solid Body ID 965	from part	stick.prt
Component CYL3	from part	cyl3.prt

(6) 유연 링크(Flexible links)

NX Nastran으로 생성한 유연성에 대한 모달 표현(modal representations)을 이용하여 메커니즘에 하나 이상의 구성 요소를 유연 링크로 정의할 수 있다. 일부 상황, 특히 해석 조건에 급격한 충격, 갑작스런 동작 변화, 또는 구성 요소가 메커니즘의 동작에 영향을 미칠 수 있도록 충분히 유연성이 있을 경우 이러한 유연성이 요구된다. 이 기능을 사용하려면 NX Nastran solver와 함께 RecurDyn solver와 NX Advanced Simulation이 필요하다.

4. 조인트(Joint)

조인트는 링크 사이의 연결을 나타낸다. 제약이 없으면 메커니즘의 링크는 6자유도(DOF)의 공간에서 떠다닌다(float).

- 이동에 대한 3자유도(X, Y 및 Z 방향)
- 회전에 대한 3자유도(X, Y 및 Z 축에 대해)

조인트는 하나 이상의 자유도를 제한하지만 다른 관절에서의 동작을 허용하는데, 이렇게 하여 링크가 결합 상태로 운동할 수 있다. 유니버설 조인트 및 구형 조인트와 같은 실제 물리적 조인트에 해당하는 다양한 유형의 조인트가 있으며 이들은 특정 자유도에 대한 세부 제어 기능을 제공한다. 조인트 동작은 기본 링크(두 번째 링크) 또는 지면에 대한 동작 링크(조인트 정의에서 첫 번째 링크)의 동작으로 정의된다.

조인트 동작은 항상 기본 바디(두 번째 링크 또는 j 마커)에 대한 동작 바디(조인트 정의에서 첫 번째 링크, 또한 i 마커라 함)의 동작으로 정의된다.

조인트 유형 및 구속된 자유도(degree of freedom)

Joint type	DOF constrained		
	Trans.	Rot.	Total
Revolute	3	2	5
Slider	2	3	5
Cylindrical	2	2	4
Screw	-	-	5 : RecurDyn solver를 사용할 경우 1 : Adams/Solver를 사용할 경우 원통형 조인트와 결합해야 한다.
Universal	3	1	4
Spherical	3	0	3
Planar	1	2	3
Fixed	3	3	6
Constant Velocity	3	1	4
Atpoint	3	0	3 : 병진운동 방향의 3 자유도 모두 구속
Inline	2	0	2 : 병진운동 방향의 2자유도 구속
Inplane	1	0	1 : 병진운동 방향의 1자유도를 구속하고 X-Y 평면의 한 링크의 병진운동 구속
Orientation	0	3	3 : 3개의 모든 회전 자유도 구속
Parallel	0	2	2 : 동작 링크의 Z축이 기본 링크의 Z축과 평행하도록 2개의 회전 자유도를 구속
Perpendicular	0	1	1 : 동작 링크와 기본 링크가 Z축과 직각을 유지하도록 1 회전 자유도 구속

(1) 조인트 제한(Joint limits)

회전, 슬라이드 및 원통형 조인트에 대해 조인트의 허용 범위를 정의하는 조인트의 제한을 지정할 수 있다. 제한은 관절(Articulation)에만 적용한다.

(2) 동작 드라이버(Motion drivers)

동작 드라이버는 회전(revolute), 슬라이더(slider) 또는 원통형(cylindrical) 조인트(커브를 구속하는 점)에 부과될 동작을 제어할 수 있는 조인트 파라미터이다.

(3) 회전 조인트(Revolute joint)

회전 조인트는 두 링크를 연결하여 Z축에 대한 회전 자유도(rotational degree of freedom)를 허용하지만, 두 링크 사이의 어떠한 방향으로도 병진운동(translational movement)을 허용하지 않는다. 회전 조인트에 모션 드라이버를 할당할 수 있다.

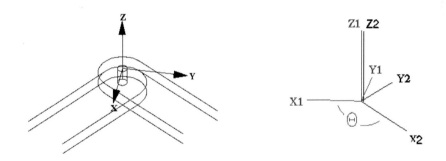

특성 및 제한 사항(Characteristics and restrictions)
- 회전축은 지정된 좌표계의 Z축이다.
- 각 링크의 원점은 일치한다.
- 각 링크의 회전축(Z1, Z2)은 일직선상에 있거나 평행하다.

(4) 슬라이더 조인트(Slider joint)

슬라이더 조인트는 두 링크를 연결하여 이들 사이에 링크사이의 병진운동에 대한 1자유도를 허용하지만 회전운동은 허용하지 않는다. 슬라이더 조인트에 모션드라이버를 지정할 수 있다.

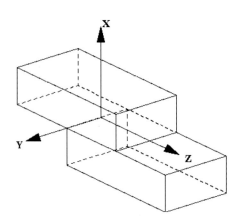

특성 및 제한 사항(Characteristics and restrictions)

- Z축을 따라 병진운동이 발생한다.
- 병진운동 축(Z)들은 일직선상에 있고 이에 대해 X축과 Y축이 정렬된다.

(5) 원통 조인트(Cylindrical joint)

원통조인트는 두 링크를 연결하여 2자유도를 허용한다. 하나는 병진운동에 대한 자유도이고 또 다른 하나는 링크들과 연결된 조인트의 Z축에 대한 회전에 대한 자유도이다. 원통형 조인트는 두 링크가 각 링크에 대해 그리고 Z축을 따라 상대적으로 회전과 이동에 대한 자유도가 허용된다. RecurDyn 솔버를 사용하면 Normal Run solutions에서 사용할 원통 조인트(회전과 병진운동 값이 독립적인)에 모션 드라이버를 지정할 수 있다.

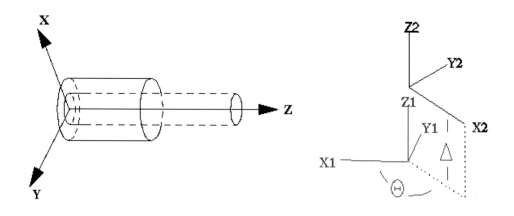

특성 및 제한 사항(Characteristics and restrictions)
- 회전과 병진운동 축은 Z축이다.
- 회전축들(Z1, Z2)은 일직선상에 있고 병진운동 축들(Z1, Z2)은 회전축에 대해 정렬되어 있다.

(6) 나사 조인트 (Screw joint)

RecurDyn solver는 나사 조인트가 5 자유도를 제한하며, Adams/Solver는 나사 조인트가 1 자유도를 제거한다.

① 원통 조인트를 사용할 경우

Adams/Solver에서 나사 조인트와 원통 조인트를 결합하면 원통 조인트는 첫 번째 링크 가 Z축을 따라 움직이도록 제한하고, 나사 조인트는 원통 조인트의 회전과 병진운동의 자유도를 결합한다. 원통 조인트와 나사 조인트의 조합은 너트(nut)의 움직임이 볼트 (bolt)상에서 어떻게 제한되는지를 시뮬레이션한다.

② 나사 비율(피치) [Screw ratio (pitch)]

비율 파라미터는 나사 간의 피치와 동일하며 부품 파일 단위(인치 또는 밀리미터)로 측 정된다. 이것은 활동 링크(action link)가 1회전(each full turn of rotation)할 때 기본 링 크(base link)가 조인트의 Z축을 따라 병진운동한 거리로 정의된다. 기본 링크는 오른손 나사 법칙에 따라 활동 링크의 Z축에 대해 회전하므로, 양의 비율은 기본 링크가 활동 링크의 양(positive)의 Z축을 따라 이동하게 되며, 음(negative)의 비율은 기본 링크가 활동 링크의 음(negative)의 Z축을 따라 이동하게 된다.

특성 및 제한 사항(Characteristics and restrictions)
- 동작은 나사 조인트를 정의할 때 선택한 활동 링크와 기본 링크로 정의된 Z축에 대해 회 전 운동하고 Z축을 따라 병진운동 한다.
- 각 링크에 대한 회전 및 병진운동 축은 일직선상에 정렬된다.

(7) 유니버설 조인트(Universal joint)

유니버설 조인트는 회전하는 두 링크를 제어된 각도를 유지하도록 연결한 것으로, 일반적으로 2회전 자유도를 허용하는 플렉시블 조인트를 만드는 데 사용된다. 유니버설 조인트는 조인트의 회전축을 통해 일정한 속도록 유지한다는 것을 제외하면 등속(CV) 조인트와 유사하다.

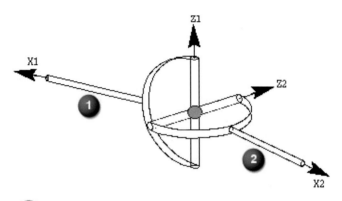

① ― 활동 링크(Action link)

② ― 기본 링크(Base link)

특성 및 제한 사항(Characteristics and restrictions)

- 동작은 두 개의 수직 Z축에 대해 회전한다.
- 회전축은 각 링크의 조인트 방향의 X축이다.
- 각 링크의 조인트 원점은 일치한다.

(8) 등속 조인트 (Constant Velocity joint)

등속(CV) 조인트는 등속 조인트가 조인트의 회전축을 통해 일정한 속도를 보장하는 것을 제외하면 유니버설 조인트와 유사하다. 등속 조인트는 특정 유형의 기계 설계에서와 마찬가지로 자동차 산업에서 일반적이다.

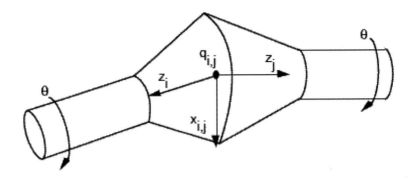

특성 및 제한 사항(Characteristics and restrictions)

- 등속 조인트는 조인트를 구성하는 링크의 Z축에 대해 2개의 회전 자유도를 허용한다.
- 기본 링크의 Z축에 대한 회전은 활동 링크의 Z축에 대한 회전과 같고 방향이 반대이다.
- 두 축을 연결할 때 두 링크의 Z축은 조인트 중심으로부터 아래쪽으로 향해야 한다.
- 일반적으로 두 링크의 X축이나 Y축은 평행해야 한다.

(9) 구형 조인트(Spherical joint)

구형 조인트는 두 개의 링크를 연결하여 3회전 자유도를 허용하며, 마커의 X, Y 및 Z축에 대한 회전은 조인트와 연관되어 있다. 구형 조인트는 볼 및 소켓 조인트라고도 한다.

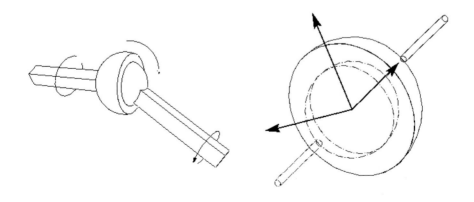

특성 및 제한 사항(Characteristics and restrictions)

- 동작은 X, Y 및 Z축에 대한 회전이고, 각 링크에 대한 조인트 방향의 원점은 일치해야 하나 Z축은 정렬될 수 없다.
- 변수는 각 마커 축의 쌍인 X1X2, Y1Y2 및 Z1Z2 사이의 회전이다. 이 조인트에 동작을 적용할 수는 없으나 강체 또는 링크의 동작을 다른 링크로 정확하게 전달한다.

(10) 평면 조인트(Planar joint)

평면 조인트는 두 링크를 연결하여 그들 사이에 2개의 병진운동과 하나의 회전운동의 3자유도를 허용한다. 평면 조인트에서 두 링크는 평면 접촉 상태를 유지하며 상대에 대해 자유롭게 미끄러지고 회전한다.

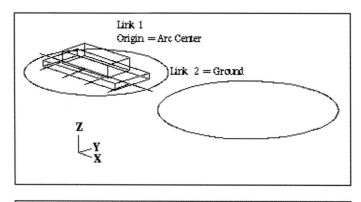

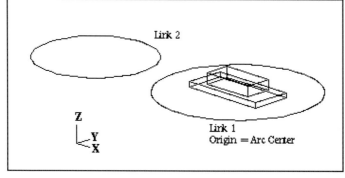

특성 및 제한 사항(Characteristics and restrictions)

● 두 표면은 접촉하지만 평면에서 평행 이동하고 평면에 수직한 축에 대해 회전할 수 있다.

● 각 링크에 대한 조인트의 XY 평면은 평행하다.

(11) 고정 조인트(Fixed joints)

고정 조인트는 하나의 링크를 고정된 위치(예 : 지면)에 또는 다른 조인트에 연결하며, 기본 위치는 무게중심이다. 두 조인트는 고정된 상태로 연결되어 하나의 몸체(body)로 함께 움직이므로 자유도를 허용하지 않는다.

링크 고정 옵션(Fix the Link option)을 사용하여 고정 링크를 만들면 해당하는 고정 조인트를 자동으로 만들어준다. 다음 도해는 링크 L001과 조인트 J002가 결합되어 있지만 링크 L002와 L003는 자유롭다는 것을 보여주고 있다.

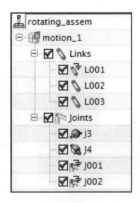

특성 및 제한 사항(Characteristics and restrictions)

● 회전축과 병진 축은 움직이지 않는다.

● 고정 조인트의 원점은 일치한다.

(12) 조인트 프리미티브(Joint primitives)

일반적인 조인트와 같이 조인트 프리미티브도 링크의 동작을 제한할 수 있지만, 조인트 프리미티브는 링크의 자유도(DOF)에 대해 더 정확한 제어를 할 수 있으며 물리적인 대응물이 없다. 이들은 일반적인 조인트를 사용하려면 추가적인 지오메트리나 중복된 구속 조건이 필요한 상황에서 유용하게 사용할 수 있다. 조인트 프리미티브에는 모션 드라이버를 적용할 수 없다. 여러 유형의 조인트 프리미티브를 사용할 수 있는데, 이들은 다른 자유도에 대한 제어를 할 수 있다. 구속 조건 조합을 만들려면 동일한 링크에 대해 다수의 조인트 프리미티브를 정의할 수 있다.

다음의 예는 AtPoint, Inline, Orientation, Parallel 및 Perpendicular 조인트 프리미티브로 구속된 샘플 동작을 나타낸 것이다.

- 점에서(AtPoint) : 이 방법은 3개의 병진운동에 대한 자유도를 제한하고 한 점에 대해서만 회전운동을 허용한다. 베이스 링크를 선택하여 기본 링크에 대한 동작 링크의 운동을 제한할 수 있다. 아래 예제에서 X, Y 및 Z축에 대한 회전은 허용되나 병진운동은 허용되지 않았다.

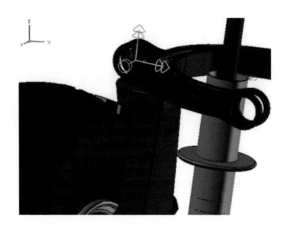

- 인라인(InLine) : 이 방법은 2개의 병진운동에 대한 자유도를 제한한다. 회전에 대한 3개의 모든 자유도뿐만 아니라 지정된 벡터를 따른 병진운동을 허용한다. 이 조인트 유형은 커브상의 점 구속(point-on-curve constraint) 조건과 유사하다. 아래 예제에서, 충격흡수기(shock absorber, 조인트 정의에서 동작 링크)의 하단 부분은 충격흡수기(베이스 링크)의 상단 부분에서 추론된 선을 따라 병진운동한다.

● 방향(Orientation): 이것은 3개의 회전운동에 대한 자유도를 제한한다. 이것은 한 링크가 다른 링크에 대한 병진운동을 허용한다. 이것은 동작 링크의 방향이 베이스 링크의 방향과 동일하게 유지하도록 한다. 아래의 예제에서, 충격흡수기(동작 링크)의 상단 부분이 동작하는 동안 하단 부분(베이스링크)의 방향을 향하도록 유지된다. 전술한 인라인 조인트(InLine joint)는 Z축 방향의 병진운동을 유지한다.

● 평행(Parallel) : 이것은 동작 링크의 Z축이 베이스 링크(베이스 링크가 지정되지 않았을 경우는 지면)의 Z축과 평행을 유지하도록 2개의 회전 자유도를 제한한다. 아래의 예제에서, 상부의 제어 암(control arm)이 X축에 대해 회전하도록 제한되어 절대 좌표계(지면, 베이스 링크가 지정되지 않았으므로)의 Z축과 평행을 유지한다.

● 수직(Perpendicular) : 동작 링크와 베이스 링크의 1회전 자유도를 제한하여 동작 링크와 베이스 링크의 Z축이 수직을 유지하도록 한다. 이것은 Z축에 대한 상대 회전을 허용하지만 동작 링크와 베이스 링크 두 Z축에 수직한 방향에 대한 상대 회전은 허용하지 않는다. 베이스 링크가 지정되지 않았을 경우 동작 링크의 Z축은 절대 좌표계의 Z축에 수직한 상태를 유지한다. 아래의 예제는 X축을 중심으로 회전할 때 조향 랙(steering rack)과 Y축의 병진운동을 제한하는 두 개의 수직 조인트를 보여주고 있다.

● 인플레인(InPlane) : 이것은 하나의 병진운동 자유도를 제한하고 다른 링크의 X-Y 평면에 대한 하나의 링크의 병진운동을 제한하는데 두 링크는 동일 평면상에서 운동한다. 아래의 예제는 인플레인 조인트의 사용을 나타낸 것이다.

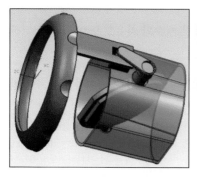 

(13) 메커니즘의 총 자유도 보기(Viewing a mechanism's degrees of freedom)

Gruebler 개수(Gruebler count)는 메커니즘의 총 자유도 근사치로 시뮬레이션에서 Gruebler 개수는 동작 내비게이터의 Gruebler 개수 열(column)에 항상 나타난다.

Note	시뮬레이션에서 Gruebler 개수는 solution-specific, 솔루션별(solution-specific), 단독형 (stand-alone) 동작 드라이버를 포함하는데 시뮬레이션을 위한 디스플레이에는 단독형(stand-alone) 드라이버가 포함되어 있지 않다.

Gruebler count 방정식 :

Gruebler 개수 = (링크의 개수 * 6) − (조인트나 다른 구속 조건에 의해 제거된 자유도의 합) − (모션 드라이버 개수)

● 메커니즘의 초기 Gruebler 개수는 링크의 수에 6을 곱한 것(각 링크는 6개의 자유도를 가지고 있음)이다.

- 조인트와 기타 구속 조건은 조인트 유형에 따라 특정 개수의 자유도를 제거한다.

- 각 모션 드라이버는 1자유도를 제거한다.

- 솔루션에서 동작하는 각 플렉시블 링크(flexible link)의 모드 형태는 1자유도를 추가한다.

Note	Gruebler 개수는 메커니즘 내에서 구속 조건에 영향을 미치는 모든 요소를 고려하지 않지만, 솔버는 조인트 연결 및 조인트 방향과 같은 메커니즘의 실제 자유도를 결정하는 기타 요소들을 고려한다. 이와 같은 차이는 표시된 Gruebler 개수와 일치하지 않는다는 자유도 오류 메시지가 나타날 수 있다. 이러한 경우, 소프트웨어의 자유도 결정은 Gruebler 개수 표시보다 우선한다.

(14) 조인트 방향 정의(Defining the orientation of joint)

조인트의 방향은 자유롭게 움직일 수 있는 방향을 결정한다. 조인트 방향을 결정하면 소프트웨어가 조인트 원점에 조인트 좌표계를 생성한다.

회전 및 원통형 조인트는 조인트 좌표계의 Z축에 대해 회전하며, 슬라이더 조인트는 Z축을 따라 이동한다.

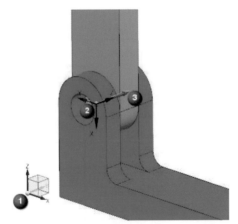

❶ View Triad(절대 좌표계에 대한), ❷ 조인트 좌표계, ❸ 조인트의 Z축 방향

조인트를 만들고 지오메트리로부터 조인트의 방향을 추론하여 정의하면 조인트 근처에 작업 좌표계의 복사본이 나타나는데, 이것을 방향을 정의하는 참고로 이용할 수 있으며, 이 좌표계에서 축을 클릭하여 조인트 좌표계의 Z축을 정렬할 수도 있다.

(15) 조인트 마찰(Joint friction)

마찰을 이용하면 두 부품이 서로 접촉하여 움직일 때 발생하는 열로 인한 에너지 손실을 모델링할 수 있다. 에너지 손실이 메커니즘의 동작을 변경시키기에 충분할 경우 해석에 마찰을 포함시키면 유용하다.

조인트를 만들 때 조인트 대화상자의 마찰 탭에서 마찰을 정의할 수 있는데, 마찰은 조인트에서 변위, 속도, 가속도 및 힘/토크에 영향을 미친다.

Note	3D 접촉에서도 마찰을 정의할 수도 있다. 자세한 사항은 3D Contact dialog box를 참조하라.

다음과 같은 조인트의 유형에 마찰을 모델링할 수 있다.
- 회전 조인트(Revolute)
- 슬라이더 조인트(Slider)
- 원통 조인트(Cylindrical)
- 유니버설 조인트(Universal)
- 구형 조인트(Spherical)

(16) 정적 및 동적 마찰(Static and dynamic friction)

정적 마찰은 조인트가 고정되어 있을 때 조인트에 영향을 미친다. 조인트가 움직이기 시작하면 솔버의 마찰 효과가 점차적으로 정적 마찰에서 동적 마찰로 전환되며, 정적 상태에 대한 정적 마찰계수 Mu_Static과 동적 마찰계수 Mu_Dynamic을 정의한다. 솔버는 정적 마찰 전환 속도 임계값(Stiction Transition Velocity threshold)과 조인트의 속도를 비교하여 현재 상태를 결정한다.

- 조인트 속도가 정적마찰 전환 속도 임계값보다 작으면 솔버는 유효 마찰계수를 다음과 같이 계산한다.

$$\mu = (1-\beta)\mu_1 + \beta\mu_s\nu$$

β와 μ는 아래 그림으로 결정된다.

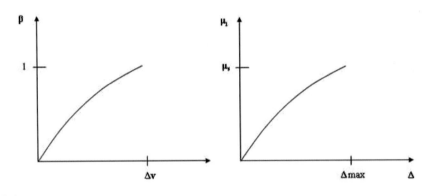

여기서

μ는 유효 마찰계수 β는 정적 마찰 전환 속도 임계값

μ_1는 동적 마찰계수 Δ는 조인트 변위

Δ_{max}는 최대 stiction변형 μ_s는 정적 마찰계수 Mu_Static

ν는 조인트 속도 $\Delta\nu$는 stiction 전환 속도

- 조인트 속도가 Stiction 변환 속도 임계값의 1~1.5배 사이에 있으면 계단함수(Step function)는 점차적으로 마찰계수를 정적 마찰계수 Mu_Static과 동적 마찰계수 Mu_Dynamic 사이로 변환시킨다.
- 조인트 속도가 Stiction 변환 속도 임계값의 1.5배를 초과하면 유효 마찰계수는 동적 마찰계수 Mu_Dynamic * 수직력(normal force)으로 계산된다.

마찰 계산 및 입력값(Friction calculation and inputs)

솔버는 마찰력과 토크를 계산하기 위해 다양한 마찰 파라미터를 사용한다. 마찰 알고리즘에 대한 입력 힘은 조인트 반력, 굽힘 모멘트 및 토크 예압(preload)이며, 이들 입력값은 조인트 대화상자에서 마찰 탭(Friction tab) 위에서 개별적으로 비활성화시킬 수 있다.

(17) 중복 제한 조건의 이해(Understanding redundant constraints)

솔버는 0자유도를 달성하기 위해 중복 제한 조건을 무시한 다음 솔루션을 생성한다. Gruebler 개수가 0보다 작다는 것은 메커니즘에 중복 제한 조건이 있다는 것을 나타내고, Gruebler 개수가 0보다 크다는 것은 메커니즘 내에 운동이 있다는 것을 나타내며(동적 솔루션이 필요함), Gruebler 개수가 0이면 메커니즘이 완전히 구속되었다는 것을 의미한다.

조인트 ❷와 ❸은 중복 구속 조건임

해석 목표에 따라 중복 구속 조건이 실시간 해석에 문제가 될 수도 있고 되지 않을 수도 있으며, 이것은 조인트 내의 반력에 관심이 있을 경우 유효한 관심 사항이다. 솔버가 구속 조건을 배제하면 메커니즘의 하중 경로가 변경되어 잘못된 힘의 결과가 발생할 수 있다.

문제를 푼 후 RecurDyn 솔버가 생성한 .msg 파일을 열어 무시된 제약 조건을 확인할 수 있다. 이 파일은 모션 시뮬레이션 파일과 동일한 폴더에 있으며, 이 파일에서 중복 구속 조건 정보(Redundant Constraint Information)를 검색할 수 있다.

(18) 동작 조인트 마법사(Motion Joint Wizard)

동작 조인트 마법사는 어셈블리 구속 조건(짝짓기 조건)의 자동 매핑을 제어한다. 마스터 어셈블리 모델에 어셈블리 구속 조건이 포함되어 있으면 소프트웨어는 처음 모션 시뮬레이션을 생성할 때 이들 구속 조건을 링크와 조인트로 자동 변환할 수 있다.

모션 시뮬레이션을 생성하면 마스터 파트(master part)에서 어셈블리 구속 조건을 검색한다. 동작 조인트 마법사는 자동으로 동작 객체로 변환될 수 있는 모든 어셈블리 구속 조건을 나열한다. 활성 상태 변환(Toggle Active Status) 버튼은 선택된 구속 조건을 활성화하거나 비활성화 할 수 있다.

● **구성 요소는 링크가 되고 어셈블리 구속 조건은 조인트가 됨**

마법사는 어셈블리 구속 조건에서 참조하는 구성 요소의 자유도를 기반으로 적절한 조인트 유형을 생성한다. 예를 들어, 어셈블리 구속 조건이 5자유도(하나의 회전 자유도를 남김)를 제거할 경우 조인트 마법사(Joint Wizard)는 회전 조인트를 만든다. 또한, 마법사는 어셈블리 구속 조건에서 참조하는 지오메트리를 기반으로 조인트의 원점과 방향을 추정한다. 어셈블리 구속 조건으로부터 조인트로 변환하면 마법사는 조인트 마커 원점에 대한 스마트 포인트(smart point)를 생성하는데, 이렇게 하면 CAD 모델이 수정될 때 조인트의 위치가 자동으로 갱신된다.

● **어셈블리 제약이 있는 구성 요소가 링크가 됨**

처음에는 어셈블리 파트 내의 모든 구성 요소가 개별 메커니즘의 링크가 되며, 두 개의 구성 요소 사이의 어셈블리 구속 조건을 비활성화로 설정하면 이들 구성 요소는 동일 링크에 있게 된다.

● **어셈블리 구속 조건이 없는 구성 요소는 접지됨**

연결된 조인트가 없는 링크는 제거되고 지면에 접지되는데, 이것은 링크에 연결되지 않는 모든 지오메트리에 대해 묵시적으로 적용된다.

- **복잡한 링크는 조인트를 수동으로 정의**

  마법사는 복잡한 조인트를 매핑할 수 없다. 매핑할 수 없는 조인트는 어떠한 형태로도 만들어질 수 없으며, 이러한 경우 해당 링크는 자유로워진다. 이러할 경우 특정 위치에서 적절한 조인트나 다른 동작 객체(예: 부싱 또는 스프링)를 정의하거나 어셈블리 구속 조건을 무시하여 두 조인트를 효과적으로 용접한다. 이것이 메커니즘의 동작 결과와 구속된 어셈블리의 동작이 다른 유일한 예이다.

- **조인트 생성을 비활성화하면 링크 생성이 억제됨**

  어셈블리 구속 조건을 비활성화로 설정하면 구속 조건에 대한 조인트 생성이 비활성화되고 억제된 조인트에 연결된 파트에 대한 링크 생성이 억제된다. 이 기능은 실제 메커니즘이 적은 수의 어셈블리 구속 조건만 참조하는 대규모 어셈블리에 매우 유용하다.

5. 구속 조건 및 커플러(Constraint Types and Coupler)

조인트 커브상의 점 구속 조건(point-on-curve constraints)과 기어와 같은 특화된 조인트를 사용하면 링크 사이의 상대 운동을 정의할 수 있으며, 모션 시뮬레이션에서 이들 조인트를 구속 조건 및 커플러라 한다.

구속 조건 및 커플러는 유형에 따라 하나 또는 두 개의 자유도를 제한한다.

Note	모든 구속 조건 및 커플러 유형이 모든 솔버에 제공되는 것은 아니다.

구속 조건 및 커플러 유형에 대한 제거된 자유도

구속 조건/커플러 유형	제거된 자유도
커브상의 점(Point on curve)	2
커브상의 커브(Curve on curve)	2
곡면상의 점(Point on surface)	1
케이블(Cable)	1
기어 세트(Gear set)	1

랙과 피니언(Rack and pinion)	1
2 조인트 커플러(Two-joint Coupler)	1
3 조인트 커플러(Three-joint Coupler)	1

(1) 랙과 피니언(Rack and pinion)

랙과 피니언은 슬라이더 조인트와 회전 조인트 사이의 상대 운동을 정의한다.

랙과 피니언으로 With a Rack and Pinion:
- 하나의 회전축이 다른 축과 평행하지 않는 한 임의의 슬라이더 조인트와 회전 조인트를 선택할 수 있다.
- 슬라이더와 회전 조인트가 고정되어 있지 않으면(즉, 각각 동작 링크와 베이스 링크를 가지고 있을 경우) 베이스 링크를 공유해야 한다.
- 접촉점 옵션(Contact Point option)을 이용하여 랙과 피니언의 접촉점의 위치와 비율을 그래픽으로 설정할 수 있으며, 여기서 비율이란 피니언의 유효 반경(인치 또는 밀리미터)을 말한다.

표준 기어로 만들어진 랙과 피니언 이외에도 다음과 같은 다른 유형의 메커니즘을 나타낼 수 있는 랙과 피니언 커플러를 사용할 수 있다.
- 체인과 스프로켓(Chain and sprocket)
- 타이밍 벨트 및 풀리(Timing belt and pulley)
- V벨트와 풀리(V-belt and sheave)

(2) 기어(Gear)

기어는 한 쌍의 기어를 시뮬레이션하고 하나의 회전 조인트의 동작을 두 번째 회전 조인트 또는 원통 조인트에 연결하는 데 사용된다.

Note	RecurDyn 솔버는 기어 정의에서 회전 조인트만 지원한다.

위의 그림은 회전축이 평행한 두 회전 조인트를 연결하는 기어로 **1**은 기본 접촉점과 비율이 1임을 보여주고 있다.

기어를 사용할 경우:

- 두 조인트는 공통 베이스 링크가 있어야 한다.
- 기어 비는 두 번째 조인트의 지오메트리 반경에 대한 첫 번째 조인트와 연결된 기어 지오메트리의 반경이다.
- 기어 이(gear teeth) 사이의 접촉과 기어 반력은 표시되지 않는다.

접촉점(Contact Point) 옵션 대화상자를 사용하여 기어비와 기어의 접촉점 위치를 그래픽으로 설정할 수 있으며, 이 방법은 두 조인트의 회전축이 평행할 경우에만 가능하다.

Note	두 조인트의 회전축이 평행할 필요는 없다.

기본 접촉점(The default contact point)

접촉점의 방향은 두 회전 조인트의 축으로 정의된 평면에 수직하다. 회전축이 평행할 경우 기본 접촉점은 회전 조인트 사이의 선(line)에 있으며, 다른 동일 평면상의 회전축(베벨 기어)의 경우 기본 접촉점은 아래와 같은 세 평면이 교차하는 점이 된다.

- 두 회전축을 포함하는 평면
- 조인트의 회전축이 법선인 첫 번째 조인트의 원점을 통과하는 평면
- 조인트의 회전축이 법선인 두 번째 조인트의 원점을 통과하는 평면

6. 동작 드라이버(Motion Drive)

동작 드라이버(motion driver)는 회전, 슬라이더 또는 원통 조인트에 동작을 지정할 수 있으며, 동작 드라이버는 항상 조인트와 결합되어 있다.

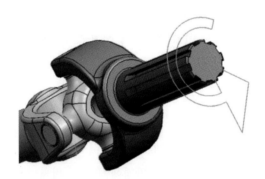

동작 드라이버를 나타내는 화살표는 조인트에 정의되어 있음

드라이버의 기본 방향은 정의된 조인트의 방향에 해당하며, 조인트의 방향(direction)은 조인트 방향(orientation)에 따라 다르다.

다음과 같은 유형의 동작 드라이버가 사용될 수 있다:

- 사용하지 않음(None) (조인트에서 기존의 드라이버 제거)
- 함수형(Function)
- 다항식/일정형(Constant)
- 조화형(Harmonic)

- 관절형(Articulation)
- 모터(Motor) (드라이버 대화상자에서만 사용 가능)

솔루션에서 단독형(stand-alone) 드라이버는 조인트에 정의된 기본 드라이버를 재정의하는데, 솔루션에는 주어진 조인트에 단일 단독형(stand-alone) 드라이버만 포함할 수 있다.

단독형(stand-alone) 드라이버를 사용하면 주어진 조인트에 대한 대체 특성을 실험할 수 있다. 먼저 기본 조인트 드라이버를 정의하여 일반 조인트 특성을 모델링한 다음, 다양한 대체 드라이버를 만들어 다른 솔루션에 추가한 다음 각 솔루션을 풀어 결과를 비교해 볼 수 있다.

7. 함수(Function)

모션 시뮬레이션(Motion Simulation) 응용 프로그램에서 XY 테이블 함수(tabular function) 또는 수학적 표현에 의한 함수를 생성하고 사용하기 쉬운 그래프 유틸리티로 함수를 그릴 수 있다.

모션 시뮬레이션에서 이들 함수를 다음과 같은 용도로 사용할 수 있다:
- 동작 드라이버 정의
- 스칼라 및 벡터 힘 또는 토크 적용
- 스프링, 댐퍼 및 부싱에서 비선형 강성과 댐핑 정의

모션 시뮬레이션에 사용할 XY 테이블 데이터, 솔버 함수, 또는 수학적 함수를 생성할 수 있다. 함수 생성 및 그리기에 대한 자세한 내용은 XY 함수 및 그래프(XY Functions and Graphing) 도움말을 참조하라.

수학 함수(Math functions)
수학 함수에는 다음과 같은 여러 유형이 있다:
- **수학 함수(Math-functions)**는 SIN(), COS(), LOG(), TAN() 등과 같은 수학 방정식을 사용한다.

- **동작 함수(Motion-functions)**는 Adams/Solver나 RecurDyn 솔버 함수를 사용한다. 계단 함수(step function)는 시간(t)과 변위(x)의 관계에 따라 조인트를 움직인다. 예를 들어 STEP(TIME,0,0,10,30)에 대해 생각해 보자. 이 공식은 시간 0~10 사이에서 메커니즘이 0~30도(degrees)로 변위된다는 것을 나타낸다. 자세한 내용은 도움말의 솔버정보(Solver information) 섹션에 포함되어 있는 솔버의 설명서를 참고하라.

- **파생 함수(Derived-functions)**는 모션 시뮬레이션의 해로부터 추출한 결과를 이용한다. 예를 들어 AZ(A001,1)와 같은 함수를 이용하여 Z축을 중심으로 A001 마커(marker)의 각 변위를 요구할 수 있다. 자세한 내용은 도움말의 솔버정보(Solver information) 섹션에 포함되어 있는 솔버의 설명서를 참고하라.

Note	RecurDyn 솔버는 파생 함수에서 사용된 객체의 이름을 대/소문자로 구분하지 않지만, NX 유저 인터페이스(user interface)는 대/소문자를 구분한다. NX는 A001 마커와 a001라는 다른 마커를 사용할 수 있지만, 솔버로 풀 때 RecurDyn는 이 두 마커를 동일한 마커로 해석하므로 동작 객체에 고유한 이름을 사용해야 한다.

- **NX 표현 함수(NX Expressions functions)**는 표준 NX 표현식으로 통합(부품 간의 표현식 포함)한다. 예를 들어 회전 속도는 모델의 치수에 따라 달라질 수 있다.

소프트웨어는 XY 함수 내비게이터(XY Function Navigator) 이력 파일(history file)에 수학 함수를 직접 저장하여 모든 시뮬레이션에서 사용할 수 있다.

테이블 함수(Table functions)

- XY 테이블 데이터를 사용하여 함수의 세로 좌표(ordinate)와 가로 좌표(abscissa)(예: 시간에 대한 변위)에 대한 특정 값을 정의할 수 있다.
- 스프링, 댐퍼 및 부싱에 비선형(nonlinear) 강성 및 댐핑을 정의할 수 있다.
  소프트웨어는 테이블 함수를 함수용 보조 데이터 파일(Auxiliary Data files for Functions, AFU) 형식으로 저장하며, 하나 이상의 AFU 파일에 관련 테이블 함수를 저장할 수 있다. 모션 시뮬레이션을 생성하면 시뮬레이션 파일 이름과 동일한 이름의 빈 AFU 파일이 자동으로 생성된다.

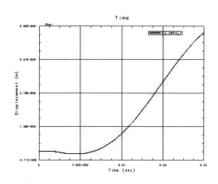

8. 애니메이션(Animation)

애니메이션이란 특정 기간에 특정 단계 수만큼 이동하도록 메커니즘을 안내하는 시간 단계 솔루션(time-step solution)이다. 일반 실행(Normal Run) 솔루션을 만들 때 입력하는 시간(Time) 및 단계(Step)를 사용하여 애니메이션의 지속 시간을 정의한다. 해석하는 기간 동안 시간 간격(time steps)은 0에서 지정된 종료 시간까지 균등하게 증가한다. 드라이버의 이동(Driver movement)은 시간 기반이며 모든 드라이버는 동시에 배치된다. 관절(Articulation) 또는 스프레드시트 실행(Spreadsheet Run) 솔루션을 실행한 후에도 애니메이션을 실행할 수 있다. 측정(measurement), 추적(tracing) 및 간섭(interference)과 같은 패키지 옵션을 사용하여 애니메이션을 추가로 정의할 수 있다.

(1) 애니메이션 범례(Animation Legend)

메커니즘을 애니메이션하면 애니메이션 범례가 자동으로 나타나는데, 범례는 애니메이션하는 동안 현재 시간과 단계를 보여준다. 범례는 대화식이므로 애니메이션에서 시간 또는 단계를 입력하여 애니메이션으로 이동할 수 있으며, 동작 환경 설정(Motion Preferences) 대화 상자에서 범례를 켜거나 끌 수 있다.

(2) 여러 개의 뷰(Multiple views)

동일한 솔루션 결과에 대해 여래 개의 애니메이션을 만들 수 있다. 예를 들어 정면 뷰(front view)의 한 애니메이션을 만들 수 있고, 평면 뷰(top view)의 두 번째 애니메이션을 만들 수 있다. 그런 다음 이들 애니메이션을 여러 개의 뷰포트에서 동시에 재생할 수 있다. 뷰포트(viewports)에 대한 자세한 내용은 뷰포트(Viewports)를 참조하라. 동작 내비게이터(Motion Navigator)에서 각 애니메이션은 솔루션 결과에 대한 애니메이션 노드 아래에 별도의 노드로 나타난다.

(3) 뷰 저장(Saved views)

애니메이션에 실행에 사용하기 위해 메커니즘의 특정 방향을 저장할 수 있다. 이 기능은 여러 뷰포트에 다른 애니메이션 뷰를 표시할 때 유용하다.

(4) 부분 메커니즘(Partial mechanisms)

애니메이션에서 개별 링크를 제외할 수 있다. 애니메이션을 재생하면 선택된 링크만 표시되므로 메커니즘의 특정 영역에 집중할 수 있다.

(5) 자유 물체도(Free-body diagrams)

각 링크마다 동작을 통해(through the motion) 진행되는 링크에 작용하는 힘을 보여주는 애니메이션 내에 자유 물체도를 표시할 수 있다. 메커니즘을 애니메이션 할 때 선택된 링크에 대해 화살표와 값이 표시되고 힘의 방향과 크기가 동적으로 표시된다. 단일머리 화살표(single-headed arrow)는 병진 힘(translational force)을 나타내고 2중머리 화살표(double-headed arrow)는 회전력(rotational force)을 나타낸다.

Note	애니메이션이 실행 중일 때 일부 NX 명령은 사용할 수 없다.

(6) 어셈블리 순서(Assembly sequences)

시퀀스 생성 명령(Create Sequence [#])을 사용하여 애니메이션 결과로부터 어셈블리 시퀀스를 생성할 수 있다.

(7) 어셈블리 배열(Assembly arrangements)

배열 캡처(Capture Arrangement 🖼️) 명령을 사용하여 애니메이션의 모든 프레임으로부터 어셈블리 배열을 생성할 수 있다.

(8) 애니메이션을 동영상으로 캡처하기

애니메이션을 동영상으로 만드는 방법에는 다음과 같은 두 가지가 있다.
- 동영상으로 내보내기(Export to Movie) 명령(AVI format)
- 내보내기(Export) 명령 (MPEG or animated GIF or TIF format)

9. 그래프 결과(Graphing)

그래프(Graphing)를 사용하면 조인트(joints), 마커(markers), 접촉(contacts), 부싱(bushings), 스프링(springs), 감쇠기(dampers), 동작 함수(motion functions), 또는 링크의 질량 중심(mass center of a link)과 같은 선택된 동작 객체에 대한 지정된 결과를 플로팅 할 수 있으며, 솔루션에서 정의된 시간 단계 수(the number of time steps)에 대해 시뮬레이션에서 각 시간 단계(each time step)에 대한 변위(displacement), 속도(velocity), 가속도(acceleration) 및 힘(force)을 포함한 결과를 그래프로 나타낼 수 있다. 그래프 기능은 시뮬레이션에서 이 정보를 추출하는 유일한 방법이다.

스프레드시트 실행(Spreadsheet Run)과 달리 그래프 기능은 다른 해석 작업과는 독립적이므로, 결과를 생성하기 위해 먼저 애니메이션이나 관절(articulation)을 실행할 필요가 없지만, 정상 실행(Normal Run), 관절(Articulation), 또는 스프레드시트 실행(Spreadsheet Run)과 같은 솔루션을 먼저 생성하고 실행해야 한다.

(1) 스프레드시트 그래프 및 NX 그래프(Spreadsheet graphing and NX graphing)

모든 기능(Functions)과 그래프 기능(Graphing capability)을 이용하거나 마이크로소프트 액셀의 그래프 윈도우(graphing window of Microsoft Excel)를 이용하여 NX 그래픽창에 그래프 결과를 플로팅할 수 있다.

- 결과를 NX 그래픽 창에 플로팅할 때 NX 기능 및 그래프에서 사용할 수 있는 모든 그래프 편집 기능을 사용할 수 있다. 이 옵션은 그래프 대화상자(Graph dialog box)의 그룹 설정(Settings group) 아래 NX 옵션으로 나타난다. NX 기능(NX Functions) 및 그래프 기능(Graphing capability)에 대한 자세한 내용은 기능 및 그래프(Functions and Graphing)를 참조하라.
- 스프레드시트 프로그램으로 결과를 플로팅하면 스프레드시트에 데이터가 나타나는데, 이를 편집하고 그래프로 생성할 수 있다. 이 옵션은 그래프 대화상자(Graph dialog box)의 그룹 설정(Settings group) 아래 스프레트시트 옵션(Spreadsheet option)으로 나타난다.

저장 옵션(Save option)을 사용하여 그래프 결과를 AFU 파일에 함수 레코드(function records)로 저장한 다음 XY 함수 편집기(XY Function Editor)에서 편집할 수 있다.

아래 예제는 마이크로소프트 엑셀(Microsoft Excel)에서 플로팅한 그래프와 NX 함수 및 그래프로 플로팅한 그래프 사이의 형상 차이를 나타낸 것이다.

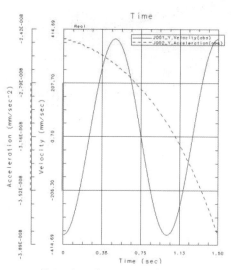

NX 함수 및 그래프로 플로팅된 두 곡선

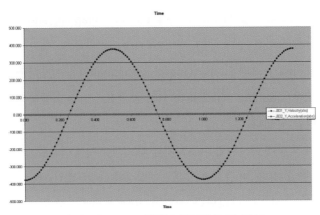

마이크로소프트 엑셀로 플로팅한 두 곡선

10. 마커 및 스마트 포인트(Marker & Smart Points)

(1) 마커(Marker)

마커는 관심 지점을 표시하기 위해 링크의 특정 위치에 정의하는 좌표계이다.

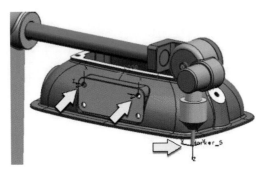

드릴 헤드와 구멍에 정의된 마커(Markers defined on drill head and on holes)

예를 들어 마커를 사용하여 다음과 같은 작업을 할 수 있다.

● 링크의 한 점에 대한 변위, 속도, 또는 가속도를 그래프로 나타낸다.

● 점 접촉력(point contact forces), 스프링 이동(spring travel), 부싱 변형(bushing flexure),
및 기타 동적 요소(dynamic factors)를 측정한다. 예를 들어 두 마커 사이의 거리에 기초

한 힘을 생성할 수 있다.

- 동작 객체의 위치를 모니터한다(센서와 함께 사용되는 경우).

조인트와 마찬가지로 마커(markers)는 시스템 내의 기존 점을 선택할 수 있다.

마커는 항상 링크와 연관되어 있으며 명시적으로 방향이 정의되어 있다.

(2) 스마트 포인트(Smart points)

스마트 포인트(Smart points)는 공간상에 처음으로 점으로 만들어져 방향이 없고 링크와 부착되거나 연관되어 있지 않은 점으로, 이는 항상 링크와 연결되어 있는 마커와의 중요한 차이점이다.

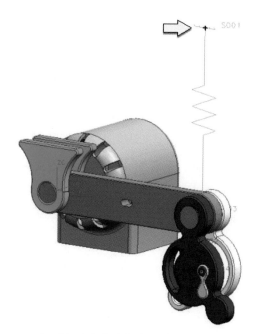

스프링 정의에 사용된 스마트 포인트

링크 정의에 스마트 포인트를 지오메트리로 포함시킬 수 있다(점은 링크에 부착되어 링크와 완벽하게 연관됨).

예를 들어, 공간상에 있는 스마트 포인트는 스프링 부착을 확인하는데 유용하게 사용할 수 있다. 스프링의 자유단을 프레임에 부착할 경우(즉, 공간에 접지), 스마트 포인트를 공간에서 접지할 위치로 사용할 수 있다.

Note	스마트 포인트는 그래프 명령으로 사용할 수 있는 그래픽 객체로 나타나지 않고, 단지 마커만 이러한 목적으로 사용할 수 있다.

또한, 스마트 포인트를 추적하여 스플라인(spline)을 구성할 수 있다. 명시적인(모델링 된) 점이 링크 정의에 포함되어 있지 않을 경우 객체를 추적할 때 스마트 포인트를 대치할 수 있다. 스마트 포인트가 추적되면 추적 복사본이 점이 된다.

11. 센서(Sensor)

센서(sensor)를 사용하여 조인트 또는 마커의 상대 위치에 대한 데이터(변위, 속도, 가속도, 및 힘)를 캡처할 수 있으며, 센서의 일반적인 용도는 다음과 같다.

- 동시 시뮬레이션(co-simulation)에 사용할 메커니즘에 대한 데이터 캡처. 자세한 내용은 동시 시뮬레이션(Co-simulation)을 참조하라.
- 전기모터의 전압(voltage) 제어 폐 루프(closed-loop) 신호 차트가 있는 일련의 센서 사용). 모터와 신호 차트에 대한 자세한 내용은 전기 모터 및 신호 차트(Electric motors and signal charts)를 참조하라.
- 자주 사용하는 관심 있는 기계적 모델의 특정 출력의 사전 정의(Pre-defining). 예를 들어, 개별 X, Y, 또는 Z축에 대한 상대 회전을 플로팅한다. 이 기능은 RecurDyn 솔버에서만 사용할 수 있다.

(1) 시그널 차트가 있는 센서 사용하기

폐 루프 신호 차트가 있는 일련의 센서를 사용하여 전기모터의 전압을 제어할 수 있다. 하나의 마커나 하나의 조인트, 또는 두 개의 마커 사이의 상대 센서에 대한 절대 참조 프레임으로 센서를 정의할 수 있다.

예를 들어, 변위 센서를 사용하여 두 마커 사이의 선형 거리를 모니터할 수 있다. 마커가 지정된 거리 이내에 오면 선서가 트리거되고 신호 차트가 모터드라이버의 새 전압신호에 전달할 수 있다.

아래 그림에서 마커 **1**과 마커 **2** 사이의 상대 변위를 모니터하기 위해 선세가 정의되었다. 움직이는 물체(moving body)가 고정된 물체(stationary body)의 지정된 거리 내에 오기 전에 이 센서를 사용하여 모터를 역회전시키는 신호 차트를 정의할 수 있다.

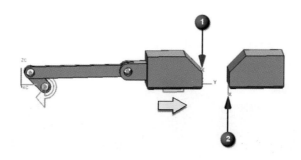

(2) 마커 좌표계(About marker coordinate systems)

마커를 사용하여 센서를 정의하면 소프트웨어는 마커 좌표계를 사용한다. 예를 들어, 상대 변위 센서가 Z 구성 요소의 두 마커 사이에 정의되었을 경우, 소프트웨어는 첫 번째 마커 좌표계의 Z 방향에서 첫 번째 마커와 두 번째 마커 좌표계의 Z 방향에서 두 번째 마커 사이의 변위를 측정한다.

마커 좌표계는 정의된 물체에 고정되어 있다. 다음 예제에서 드릴 비트(drill bit)가 주조물(casting)의 구멍을 관통하는 깊이를 모니터링하기 위해 센서를 사용하고 싶다고 가정하면, 시뮬레이션하는 동안 드릴 비트가 구멍(hole)과 정렬되면 드릴 비트 마커 좌표계의 Z 방향이 구멍(hole) 마커 좌표계의 Z 방향으로 지정된다.

첫 번째 그래프는 메커니즘의 초기 위치를 보여주고 있다. 드릴 비트의 마커 좌표계의 방향은 첫 번째 구멍의 마커 좌표계와 다르다.

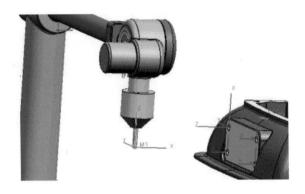

두 번째 그래프는 시뮬레이션의 다음 시간 단계를 보여주고 있다. 이 단계에서 드릴 비트 좌표계의 Z 방향은 구멍 좌표계의 Z 방향과 일치한다.

(3) 동시 시뮬레이션에서 센서 사용하기(Using sensors in a co-simulation)

Simulink 동시 시뮬레이션에서 메커니즘의 상태 정보(예: 두 마커 사이의 현재 변위)를 제어 시스템으로 다시 보내기 위해 플랜트 출력에 센서를 사용할 수 있다. 플랜트 출력을 정의하여 센서를 직접 읽거나, 센서를 함수의 변수로 사용하여 함수를 읽을 수 있는 플랜트 출력을 정의할 수 있다.

(4) 그래프 센서(Graphing sensors)

모션 시뮬레이션을 실행한 후, 그래프 대화상자(Graph dialog box)를 사용하여 시뮬레이션 과정 동안 센서의 출력을 플로팅할 수 있다. 시뮬레이션에 사용된 센터는 그래프 대화상자 (Graph dialog box)에 동작 객체 목록에 나타난다.

(5) 동작 함수에 센서 사용하기(Using sensors in motion functions)

동작 함수(motion function)로 센터를 결합하여 복잡한 파생 출력을 만들어낼 수 있다. 예를 들어, 클러치(센서 1-센서 2)의 입력과 출력 사이의 속도 차(velocity difference)를 출력하는 속도 함수를 만들 수 있다. 또는 기어상자(센서 1/센서 2)의 토크 입력 대 토크 출력 비를 출력한다. 함수를 평가할 때 소프트웨어는 함수에 사용된 센서의 출력을 사용한다.

(6) 등가 동작 함수 표현하기(Equivalent motion function expressions)

센서는 본질적으로 동작 함수를 만들기 위한 사용하기 쉬운 인터페이스이다. 아래 표는 센서 종류와 구성 요소의 각 조합과 이들이 만들어낸 동작 함수 표현식을 보여준다. 각 함수 표현식에 대한 자세한 내용은 솔버 문서(solver documentation)을 참조하라. 표에서 i는 측정 마커(Measurement marker), j는 상대 마커(Relative marker)를 나타내고 k는 참조 마커 (Reference marker)를 나타낸다(지정된 경우).

Type	Component	Equivalent Motion Function
Displacement	Linear Magnitude	DM(i[,j])
	X	DX(i[,j][,k])
	Y	DY(i[,j][,k])
	Z	DZ(i[,j][,k])
	RX	AX(i[,j])
	RY	AY(i[,j])
	RZ	AZ(i[,j])

Velocity	Linear Magnitude	VM(i[,j])
	X	VX(i[,j][,k])
	Y	VY(i[,j][,k])
	Z	VZ(i[,j][,k])
	RX	WX(i[,j][,k])
	RY	WY(i[,j][,k])
	RZ	WZ(i[,j][,k])
	Angular Magnitude	WM(i[,j])
Acceleration	Linear Magnitude	ACCM(i[,j])
	X	ACCX(i[,j][,k])
	Y	ACCY(i[,j][,k])
	Z	ACCZ(i[,j][,k])
	RX	WDTX(i[,j][,k])
	RY	WDTY(i[,j][,k])
	RZ	WDTZ(i[,j][,k])
	Angular Magnitude	WDTM(i[,j])
Force	Linear Magnitude	FM(i[,j])
	X	FX(i[,j][,k])
	Y	FY(i[,j][,k])
	Z	FZ(i[,j][,k])
	RX	TX(i[,j][,k])
	RY	TY(i[,j][,k])
	RZ	TZ(i[,j][,k])
	Angular Magnitude	TM(i[,j])

12. 힘과 토크(Force and Torque)

다음과 같은 작업을 위해 힘과 토크를 사용한다.

● 솔리드 바디(solid body)를 동작으로 설정한다.

● 정적 시뮬레이션에서 하중을 고정 물체(non-moving bodies)에 적용한다.

● 반대의 힘과 동작을 제한한다.

Note	힘 및 토크는 운동학적 운동(kinematic motion)에 영향을 미치지 않고 조인트에서 반력을 결정하는 운동학적 시뮬레이션(kinematic simulations)에만 사용된다.

13. 비선형 스프링, 감쇠기 및 부싱(Non-linear Spring, Damper & Bushing)

이 기능은 RecurDyn 솔버에서만 사용할 수 있으며, 스프링, 감쇠기 및 부싱에 비선형 강성 및 감쇠를 모델링할 수 있다. 스플라인 곡선(spline curve)을 만드는 강성 및 댐핑(Stiffness and Damping) 표 함수(table function)를 사용하여 강성(stiffness) 및 또는 댐핑을 정의한다.

- 비선형 강성(nonlinear stiffness)은 변위의 함수(병진)로서 힘 또는 각도의 함수(회전)로서 토크로 표시된다.
- 비선형 감쇠(nonlinear damping)은 속도의 함수(병진)로 힘 또는 각속도의 함수(회전)로 토크로 표시된다.
- 스플라인의 기울기(slope of the spline)는 모든 점에서 양(positive)의 값이어야 한다.
- 음(negative)의 변위 값은 압축을 의미한다.
- 소프트웨어는 표에서 제공한 범위 내에서 임의의 변위 또는 속도에서 힘 또는 토크를 결정하기 위해 함수를 보간한다.

동작 객체를 정의할 때 강성 또는 계수 유형(stiffness or coefficient Type)으로 스플라인을 선택하면 강성 및 감쇠(Stiffness and Damping) 표 함수(table function)를 만들 수 있는 XY 함수 편집기(XY Function Editor)가 열린다. 가로축 데이터 유형은 변위, 속도, 각변위, 또는 각속도가 될 수 있고, 세로축 데이터 유형은 힘 또는 토크일 수 있다.

다음 예제에서 보는 바와 같이 힘의 범위에 대한 값을 표에 입력한다.

Abscissa=Displacement (mm)	Ordinate=Force (N)
-18	-180
-16	-165.2
-14	-151.1
-12	-135
-10	-75
-8	-50

-6	-35
-4	-20
-2	-10
0	0
2	10
4	15
6	20.5
8	25
10	35.2
12	36
14	45.25
16	65.75
18	86

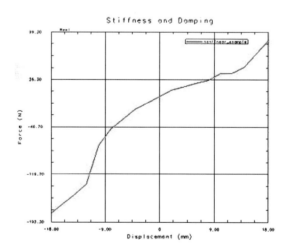

(1) 스프링(spring)

스프링 커넥터(spring connector)는 부착된 물체에 힘 또는 토크를 가하는데 사용되는 유연한 요소(flexible element)이다. 스프링의 운동은 병진(선형) 또는 비틀림(회전)으로 정의할 수 있으며, 만들어지는 장소에 따라 운동 유형(movement type)이 결정된다.

스프링은 두 링크 사이(between two links), 링크와 지면 사이(between a link and ground)

에 정의하거나 슬라이드 조인트나 회전 조인트와 연결할 수 있다.

※ 감쇠기(Dampers)

감쇠기 만들기(Create Damper) 옵션을 사용하여 스프링에 부착할 수 있는 감쇠기를 만들 수 있으며, NX는 스프링(spring)과 감쇠기(damper)라는 두 개의 별도 동작 객체를 만든다.

- 링크 부착 방법(Link attachment method)으로 스프링을 만드는 경우, 감쇠기가 스프링과 동일한 활동 링크(action link) 및 기본 링크(base link)의 부착점에 부착된다.
- 슬라이더 조인트 또는 회전 조인트 부착 방법(Slider Joint or Revolute Joint attachment method)으로 스프링을 만드는 경우, 댐퍼가 조인트에 연결된다.

① 자유 길이 또는 자유 각도 지정하기(Specifying the free length or free angle)

링크에 생성된 스프링의 경우 기본 자유 길이는 스프링으로 연결된 두 점 사이의 거리이고, 슬라이더 조인트에 생성된 스프링의 경우 기본 자유 길이는 설치 길이(Installed Length)이다.

예압(Preload)을 지정한 경우 자유 길이(free length)나 자유 각도(free angle)가 자동으로 조정된다.

② 스프링 강성(Spring stiffness)

사용자는 스프링 비(spring rate)를 지정할 수 있다[NX에서는 강성(Stiffness)이라 함]. 솔버는 다음 형식을 지원한다.

- 선형(Linear form)

  $F_{spring} = kx(t)$

  k는 상수[강성 유형(Stiffness type)이 표현식(Expression)으로 설정되었을 때 스프링 대화 상자에 정의됨]

- 비선형(Nonlinear form)

  $F_{spring} = k(x)x(t) = f(x)$

여기서 *f(x)*는 강성 및 감쇠 스플라인 함수(Stiffness and Damping spline function)로 정의됨.

선형 거동(linear behavior)(즉, 힘/토크 및 변위 사이의 변화가 1:1 관계)을 모델링하려면 상수 강성계수(constant stiffness coefficient)를 지정한다.

비선형 거동(nonlinear behavior)을 모델링하려면 스플라인 곡선(spline curve)을 생성하는 표 함수를 사용하여 강성계수를 정의한다. 자세한 내용은 비선형 스프링, 감쇠기 및 부싱(Nonlinear springs, dampers, and bushings)을 참조하라.

③ 자유 길이 및 자유 각도(Free Length and Free Angle)

병진 스프링(translational springs)의 경우 자유 길이는 스프링에 인장이나 압축력이 작용하지 않을 때의 스프링의 자유 길이이고, 비틀림 스프링(torsion springs)의 경우 자유 각도는 스프링에 인장이나 압축력이 작용하지 않을 때의 스프링 두 팔(two arms of the spring) 사이의 각도이다.

스프링 대화상자(Spring dialog box)는 스프링의 부착점 사이의 거리 또는 사용자가 정의한 다른 스프링 변수(spring parameters)를 기반으로 자유 길이(Free Length) 또는 자유 각도(Free Angle)를 계산한다.

스프링의 자유 길이(Free Length) 또는 자유 각도(Free Angle)를 명시적으로 정의하려면 예압 상자(Preload box)에 0을 입력하고, 예압 길이 상자(Preloaded Length box)에 스프링의 자유 길이를 입력하거나 예압 각도 상자(Preloaded Angle box)에 스프링의 자유 각도를 입력한다.

Note	자유 길이(Free Length)와 자유 각도(Free Angle) 값은 예압 길이(Preloaded Length) 및 예압 각도(Preloaded Angle)와 동일한 단위를 사용한다.

④ 설치 길이(Installed Length)

설치 길이(Installed length)는 처음 시뮬레이션할 때의 스프링의 길이로, 초기 상태에서 스프링은 자유 길이로 압축되거나 인장될 수 있다.

- 링크 부착 방법(Link attachment method)으로 스프링을 만들 경우, 스프링의 설치 길이는 지정한 동작 및 기본 원점에 의해 자동으로 결정되고 이것은 지오메트리와 함께 갱신되며, 이 값은 스프링 대화상자에 표시되지 않는다.
- 슬라이더 조인트 부착 방법(Slider Joint)으로 스프링을 만들 경우, 설치 길이 옵션(Installed Length option)에서 설치 길이(Installed Length)를 지정해야 한다.

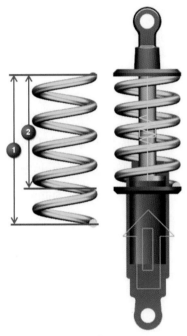

1 자유 길이(Free Length) **2** 설치 길이(Installed length)

⑤ 예압(Preload)

예압 옵션(Preload option)에서 크기를 입력하여 스프링에 작용하는 예압(Preload)을 정의할 수 있으며, 또한 예압 길이(Preloaded Length) 또는 예압 각도(Preloaded Angle) 상자에서 스프링의 예압 길이 또는 예압 각도를 구체적으로 정의할 수 있다.

대부분의 경우 예압 크기를 알고 있을 경우 예압 상자(Preload box)에 값을 입력하여 예압을 정의할 수 있다. 또는 스프링 설치 응용 프로그램(installation application)을 알고 있을 경우 예압 길이(Preloaded Length) 또는 예압 각도(Preloaded Angle) 상자에 길이 또는 각도를 입력할 수 있다.

예압(Preload), 예압 길이(Preloaded Length), 또는 강성(Stiffness) 값을 변경하면 소프트웨어는 다음 공식을 이용하여 자유 길이(Free Length)를 자동으로 갱신한다.

$$L_0 = \frac{F}{K} + L$$

여기서:

L_0 = 자유 길이(Free Length)

F = 길이 L에서의 예압(Preload)

L = 예압 길이(Preloaded Length)

K = 강성(Stiffness)

예를 들어, 링크의 두 부착점(two attachment points on links)을 기본으로 스프링을 정의할 경우, 두 지점이 1.944 inches 떨어져 있다고 정의하면 이 거리는 기본 자유 길이(default Free Length)와 기본 예압 길이(default Preloaded Length)가 둘 다 1.944 inches로 설정된다. 여기에 스프링 강성(spring Stiffness)을 5 lbf/in로 정의하고 예압 상자(Preload box)에 10 lbf을 입력하여 스프링에 예압 10 lbf을 추가한 경우, 예압 길이(Preloaded Length)는 스프링의 설치 길이이므로 1.944 inches로 남아 있지만, 소프트웨어는 스프링의 자유 길이(Free Length)를 3.944 inches로 재계산하여 예압을 반영한다.

(2) 감쇠기(Damper)

감쇠기(Dampers)는 동작하는 반대 방향으로 함을 부가하여 기계적 에너지를 소산시키는 것으로, 감쇠기는 종종 반력을 가하여 스프링의 거동을 제어하는 데 사용된다.

- 감쇠기는 두 링크 사이, 링크와 프레임, 슬라이더 조인트, 또는 회전 조인트에 만들 수 있다.
- 감쇠기는 병진 또는 비틀림이 가능하다.
- 감쇠기는 속도에 비례하여 적용된다.
- 감쇠계수는 일정하거나 스플라인 함수를 이용하여 정의할 수 있다.

솔버는 다음 형식의 감쇠기를 지원한다.

① 선형(Linear form)

$$F_{damping} = c\dot{x}(t)$$

감쇠계수(damping coefficient)는 일정하다(계수 유형이 표현식으로 설정되었을 경우 감쇠기 대화상자에 정의됨).

② 비선형(Nonlinear form)

$$F_{damping} = c(\dot{x})\dot{x}(t) = f(x)$$

여기서 $f(x)$는 강성 및 감쇠 스플라인 함수(Stiffness and Damping spline function)로 정의됨.

③ 선형 대 비선형 감쇠(Linear vs. nonlinear damping)

선형 거동(linear behavior)을 모델링하려면(즉, 힘/토크 및 속도 사이의 변화가 1:1 관계) 일정한 감쇠계수(constant damping coefficient)를 지정해야 하고, 비선형 거동(model nonlinear behavior)을 정의하려면 스플라인 곡선을 생성하는 표 함수를 사용하여 강성(stiffness)과 감쇠계수(damping coefficients)를 정의한다. 자세한 내용은 비선형 스프링, 감쇠기 및 부싱(Nonlinear springs, dampers, and bushings)을 참조하라.

(3) 부싱(Bushing)

부싱은 두 링크 사이의 유연한 관계를 정의하여 개별 자유도(individual degrees of freedom)를 제어할 수 있도록 한다.

- X, Y, 및 Z 방향으로의 병진(translation)
- X, Y, 및 Z 축에 대한 회전(rotation)

부싱을 사용하여 메커니즘에 기울기(slop)를 추가하거나 알고 있는 자유도를 보상(compensate)하고 제어하는 데 사용할 수 있다.

| Note | 운동학 환경에서는 부싱을 만들 수 없다. |

셰이커의(shaker) 발과 다리 사이에 장착된 유연한 부싱(flexible bushings)

부싱은 3개의 파라미터를 사용하여 구속조건을 적용한다.

● 강성계수(Stiffness Coefficient)

● 감쇠계수(Damping Coefficient)

● 예압(Preload)

Note	원통형 부싱은 예압 파라미터(Preload parameter)를 포함하지 않는다.

두 링크 사이의 결합은 세 개의 병진 자유도(three translational degrees of freedom)와 세 개의 비틀림 자유도(three torsional degrees of freedom)가 있다. 일반 부싱(General bushing)을 사용하면 이들 각 자유도에 대해 각 세 개의 구속 조건 파라미터(총 18 파라미터)를 정의할 수 있다.

원통형 부싱(Cylindrical bushing)을 사용하면 자유도는 네 개의 자유 동작(방사형(Radial), 세로형(Longitudinal), 원추형(Conical) 및 비틀림(Torsional))로 감소하므로 구속 조건을 쉽게 정의할 수 있다. 이들 복합 자유 동작에 대한 설명은 원통형 부싱 예제(Cylindrical bushing example)를 참조하라.

① 강성, 감쇠 및 예압 파라미터(Stiffness, Damping, and Preload parameters)
● 스프링 힘 방정식 $F = kx$에서 k항으로 정의된 강성(stiffness)은 변형(deformation)에 대한 저항(resistance)이다. 부싱 또는 컴플라이언트 조인트(compliant joint)의 경우 강성(stiffness)은 반대쪽 힘에 대한 조인트의 저항이다. 더 큰 힘이 요구될수록 부싱은 더 강

해진다.

- 강성 정의(stiffness definition)는 부싱에서 볼 수 있고 사용될 힘과 재료에 따라 결정되어 야 한다. 강성 값 0은 중력을 포함한 볼 수 있는 모든 힘에 순응한다는 것을 의미한다.

② 감쇠(Damping)

감쇠력(damping force)은 에너지를 소산시키므로 부싱의 응답(bushing response)을 감소시키는 경향이 있으며, 감쇠력은 속도의 함수이며 속도를 유도하는 힘의 반대 방향으로 작용한다.

감쇠계수(Damping coefficients)는 선택적 파라미터(optional parameters)로 기본값은 0으로 유지된다.

③ 예압(Preload)

예압(preload)은 애니메이션이 시작할 때 적용되는 힘 또는 토크로, 일반적으로 알고 있는 반대 방향의 힘 또는 토크로 예상된다. 부싱 예압의 예는 자동차의 서스펜션 부싱을 포함하고 있다.

④ 선형 대 비선형(Linear vs. nonlinear)

선형 거동(linear behavior)을 모델링하려면(즉, 힘/토크와 변위/속도 변화 간의 관계가 1:1) 일정한 강성과 감쇠계수를 지정해야 한다. 비선형 거동(nonlinear behavior)을 모델링하려면 스플라인 곡선을 생성하는 표 함수를 이용하여 강성과 감쇠계수를 정의해야 한다. 자세한 내용은 비선형 스프링, 감쇠기 및 부싱(Nonlinear springs, dampers, and bushings)을 참조하라.

14. 하중 전달(Load Transfer)

고급 시뮬레이션 응용 프로그램의 유한 요소 모델(finite element model)에서 시간 의존 하중(time-dependent loads)을 사용할 수 있도록 모션 시뮬레이션의 조인트 위치에 기계적 하중을 전달(transfer)할 수 있다. 모션 시뮬레이션에서 메커니즘을 생성하고 실행하면 소프트웨어는 각 구속 조건에서의 하중, 적용된 힘의 위치 및 각 링크의 가속도를 계산한다. 사용자는 이러한 하중을 유한 요소 모델(FEM)의 노드 힘(nodal forces)으로 전달할 수 있다.

　하중 전달(Load Transfer)은 다음과 같은 모션 시뮬레이션 객체에서 하중을 캡처할 수 있다.

Supported	Not supported
모든 조인트 유형(All joint types) 스프링(Spring) 감쇠기(Damper) 부싱(Bushing) 스칼라 힘 및 스칼라 토크(Scalar Force and scalar torque) 벡터 힘 및 스칼라 토크(Vector Force and Scalar Torque)	곡선상의 곡선(Curve on Curve) 곡선상의 점(Point on Curve) 곡면상의 점(Point on Surface) 기어(Gear) 2D 접촉 및 3D 접촉(2D Contact and 3D Contact) 케이블(Cable) 랙과 피니언(Rack and Pinion) 2~3 조인트 커플러(2~3 Joint Coupler)

1. 4절 링크 장치(4 Bar Linkage)

(1) 예제 파일 불러오기

① Motion Simulation 을 진행하기 위해서는 어셈블리가 완료된 형상이 필요하다.
　 Motion 폴더에 있는 four_bar2.prt 파일을 불러온다.

불러온 4절 링크 장치 모델 구성은 다음과 같다.

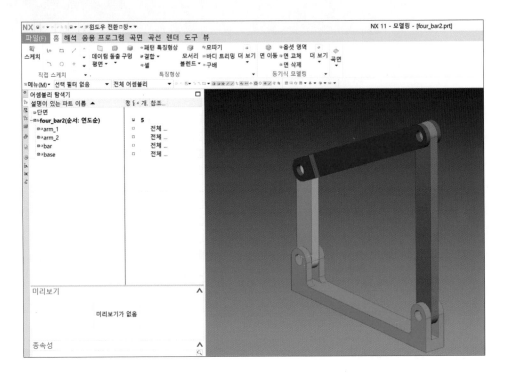

(2) 동작 응용 프로그램(Motion Simulation) 시작하기

① 응용 프로그램에서 동작 아이콘을 클릭한다.

응용 프로그램 → 동작

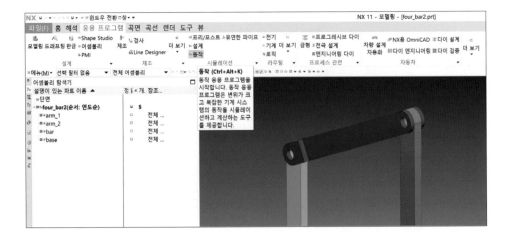

② 해석과 마찬가지로 동작 탐색기에서 four_bar2 아이콘을 마우스 오른쪽 버튼을 클릭하여 새 시뮬레이션 생성을 만들어야 한다.

Four_bar2 클릭 → MB3 클릭 → 새 시뮬레이션(New Simulation)

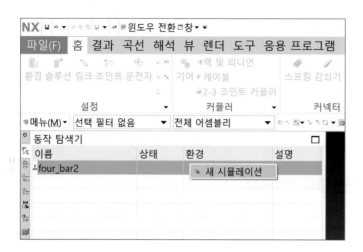

③ 새 시뮬레이션에 환경에서 수정 사항 없이 확인을 누른다.

해석 유형(Analysis Type) → 동역학(Dynamics) → 확인(OK)

(3) 솔루션 생성하기

① Motion Simulation에서 동작을 구현하기 위해서는 해석(Advanced Simulation)과 마찬가지로 솔루션을 생성해야 한다. 〈그림〉과 마찬가지로 홈(Home) 그룹에서 솔루션 (클릭) ⇒ 시간은 동작을 재생할 때 움직이는 시간을 정의하고, steps는 그 시간 동안 표현되는 프레임의 수를 나타낸다. 중력의 방향 지정은 일반적으로 -Z축이 선택되어 있으며 확인을 클릭한다.

홈(Home) → 설정(Setup) → 솔루션(Solution) → 솔루션 옵션(Solution Option) → 솔루션 유형(Solution Type) → 정상 실행(Normal Run) → 해석 유형(Analysis Type) → 운동학/동역학(Kinematics/Dynamics) → 시간(Time) → 스텝(Steps) → 확인(OK)

② 동작 탐색기(Motion Navigator)에 솔루션 항목이 생성된 것을 확인할 수 있다.

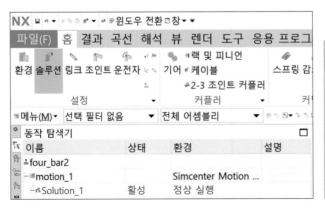

Note 솔버(Solver-multi-body dynamics solvers) 디폴트 설정으로 Simcenter 3D Motion Sover가 설정된다. 수정하기 위해서는 동작탐색기 → motion_1 → 클릭 → MB3 클릭 → 솔버 → (원하는 솔버 선택)

(4) 링크(Link) 생성하기

① Motion Simulation을 구현하기 위해서 먼저 링크를 통해 어떠한 컴포넌트를 사용할 것
인지 각각의 파트를 등록시켜야 한다. 링크의 개체 선택에서 먼저 〈그림〉과 같이 1개의
컴포넌트를 선택하고 적용을 누른다.

홈(Home) → 설정(Setup) → 링크(Link) → 링크 객체(Link Object) → 객체 선택(Select Object)
→ 질량 특성 옵션(Mass Properties Option) → 자동(Automatic) → 설정(Settings) → ☑조인트
없이 링크 수정(☑Fix the link) → 적용(Apply)

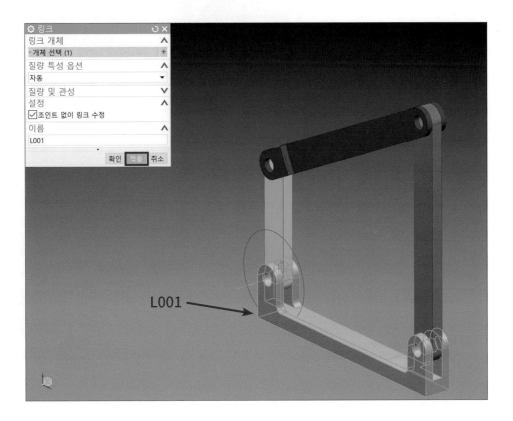

Note	링크를 지면에 고정하려면 조인트 없이 링크 수정(Fix the link)를 체크한다. 링크 고정 체크 박스를 선택하여 링크를 만들면, 링크 지오메트리의 무게 중심이 지면에 위치하도록 자동으로 만들어 진다.

② 다음 두 번째 링크를 등록한다. 개체 선택에서 〈그림〉과 같이 1개의 컴포넌트를 선택하고 적용을 클릭한다.

홈(Home) → 설정(Setup) → 링크(Link) → 링크 객체(Link Object) → 객체 선택(Select Object) → 질량 특성 옵션(Mass Properties Option) → 자동(Automatic) → 설정(Settings) → □조인트 없이 링크 수정(□Fix the link) → 적용(Apply)

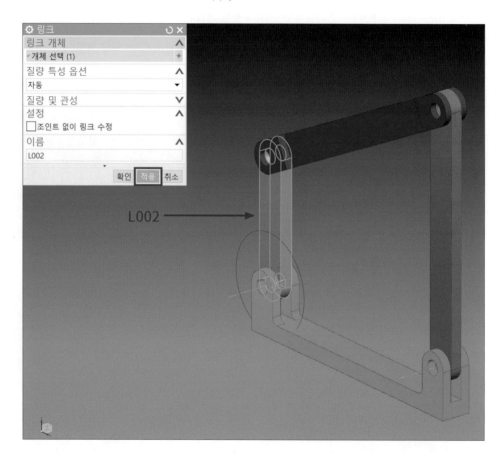

③ 다음 세 번째 링크를 등록한다. 〈그림〉과 같이 1개의 컴포넌트를 선택하고 적용을 누른다.

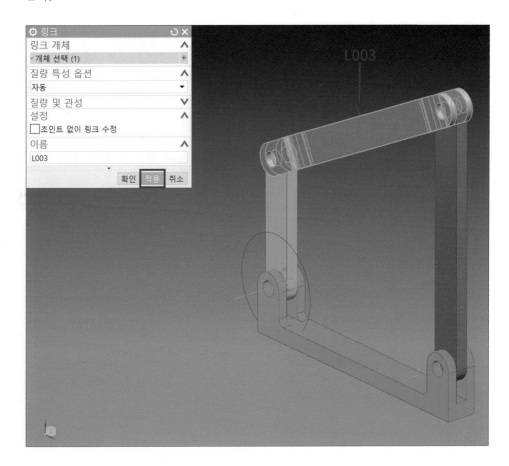

④ 다음 네 번째 링크를 등록한다. 〈그림〉과 같이 1개의 컴포넌트를 선택하고 확인을 누른다.

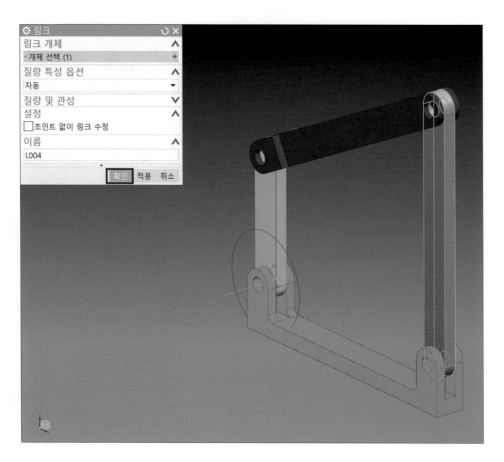

※ 동작 탐색기(Motion Navigator)를 살펴보면, 링크(Link) 항목이 추가되었다.

이름	상태	환경	설명
four_bar2			
motion_1		Simcenter Motion ...	
링크			
L001			
L002			
L003			
L004			
Solution_1	활성	정상 실행	

(5) 조인트 및 구속 조건 정의하기

① 조인트는 컴포넌트 선택하여 동작 특성을 정의한다.

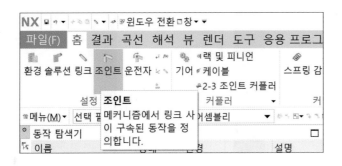

② 첫 번째 조인트 정의하기 위해서 링크 L001과 구동 링크 L002가 힌지 중심에서 회전하
   도록 정의한다.

- 홈(Home) → 설정(Setup) → 조인트(Joint)
  → 정의(Definition) → 유형(Type) → 회전
  (Revolute) → 작업(Action) → 구동 링크
  (L002) 모서리 선택(Select Link)

- 벡터지정 → YC +
- 기준(Base) → L001 링크 선택(Select
  Body) → 확인(OK)

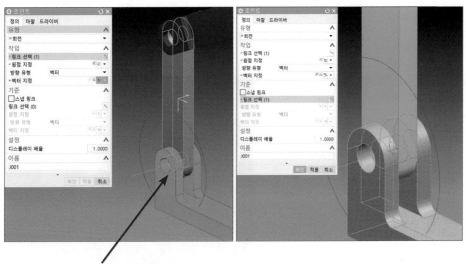

L002 모서리 선택

원점 지정은 점 다이얼로그를 이용하여 선택한다. 구동 링크 L002의 힌지 중심점을 설정한
다. 벡터 지정은 Y축의 + 방향을 선택한다.

점(Point) → 유형(Type) → 2점 사이 → 점 사이 위치 50 → 확인(OK)

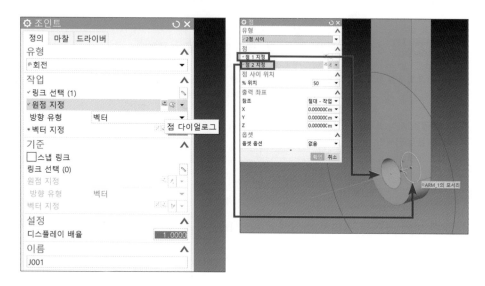

③ 두 번째 조인트 정의하기 위해서 구동 링크 L002과 링크 L003이 힌지 중심에서 회전하
도록 정의한다.

홈(Home) → 설정(Setup) → 조인트(Joint) → 정의(Definition) → 유형(Type) → 회전
(Revolute) → 작업(Action) → 링크(L003) 모서리 선택(Select Link) → 벡터 지정 → YC + 방향

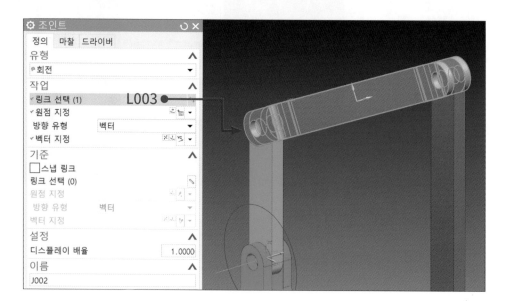

기준(Base) → L002 본체 선택(Select Body) → 확인(OK)

원점 지정은 첫 번째 조인트 J001에서 이용한 점 다이얼로그를 활용한다.

벡터 지정은 Y축의 + 방향을 선택한다.

점(Point) → 유형(Type) → 두 점 사이 → 점 사이 위치 50 → 확인(OK)

④ 세 번째 조인트 정의하기 위해서 링크 L003과 링크 L004가 힌지 중심에서 회전하도록
정의한다.

홈(Home) → 설정(Setup) → 조인트(Joint) → 정의(Definition) → 유형(Type) → 회전
(Revolute) → 작업(Action) → 손잡이(L004) 모서리 선택(Select Link) → 벡터 지정 → YC + 방향

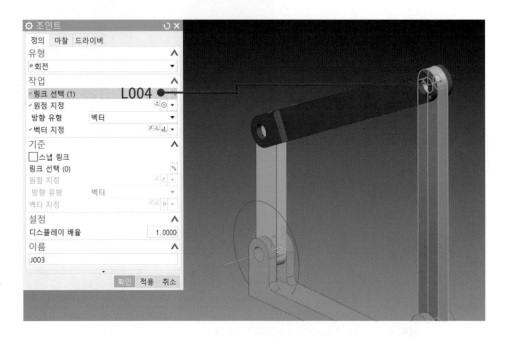

기준(Base) → L003 본체 선택(Select Body) → 확인(OK)

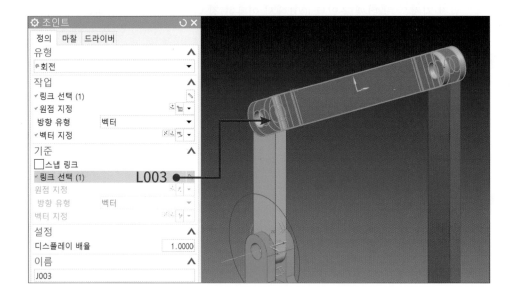

원점 지정은 첫 번째 조인트 J001에서 이용한 점 다이얼로그를 활용한다.

벡터 지정은 Y축의 + 방향을 선택한다.

점(Point) → 유형(Type) → 두 점 사이 → 점 사이 위치 50 → 확인(OK)

⑤ 네 번째 조인트 정의하기 위해서 링크 L001과 링크 L004가 힌지 중심에서 회전하도록 정의한다.

홈(Home) → 설정(Setup) → 조인트(Joint) → 정의(Definition) → 유형(Type) → 회전 (Revolute) → 작업(Action) → 링크(L004) 모서리 선택(Select Link) → 벡터 지정 → YC + 방향

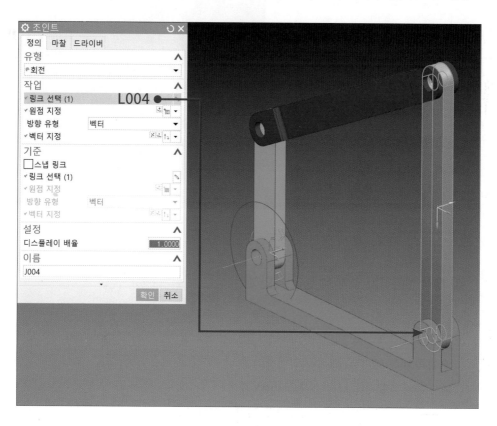

기준(Base) → L001 본체 선택(Select Body) → 확인(OK)

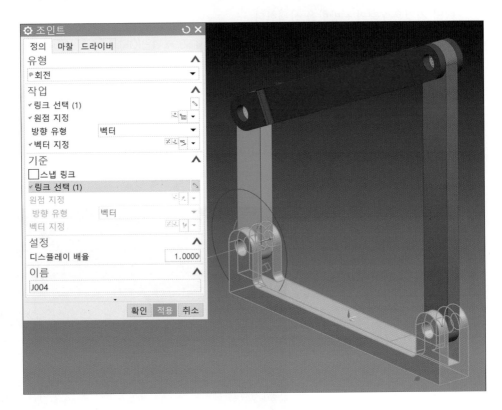

(6) 해석 진행하기 및 분석 결과 확인하기

① Motion에서 동작을 해석하기 위해서 마찬가지로 동작 탐색기에 Solution 항목을 마우스 오른쪽 버튼 클릭 ⇒ 해석을 진행해야 한다.

홈(Home) → 분석(Analysis) → 해석(Solve)

해석이 완료된 모습

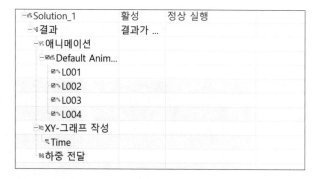

② 메뉴바에서 결과 탭의 재생 아이콘을 클릭하면 링크와 조인트로 연결되어 있는 컴포넌트가 Motion을 통해 움직여지는 것을 확인할 수 있다.

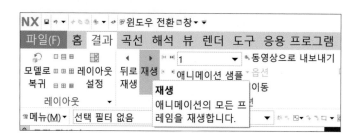

※ 애니메이션을 종료하고 모델 뷰로 돌아가는 방법은 애니메이션에 정지 아이콘을 클릭 ⇒ 마침 아이콘 클릭 ⇒ 모델로 복귀 클릭 ⇒ 메뉴바에서 홈 탭을 클릭

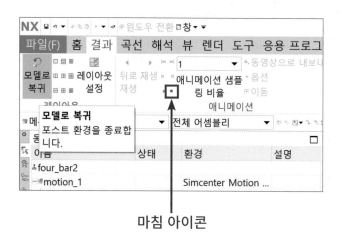

마침 아이콘

③ 애니메이션 대화상자를 통한 애니메이션을 실행한다.

    홈(Home) → 분석(Analysis) → 애니메이션(Animation) → 재생(Play)

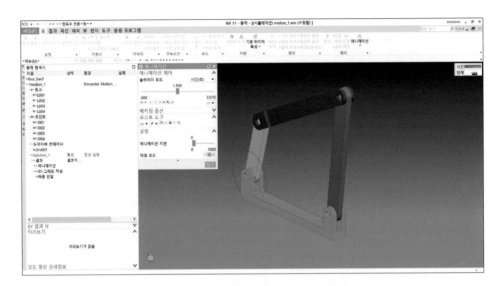

④ 레이아웃 설정을 통해 동작 결과를 여러 창에서 동시에 볼 수 있다.

    결과(Result) → 레이아웃(Layout) → 레이아웃 설정(Layout setting) → 나란히

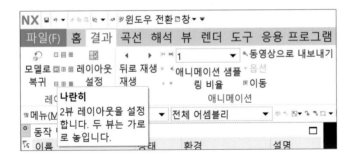

⑤ 링크, 조인트 마커 등과 같은 동작 객체(Motion Object)의 동작 결과를 플로팅 한다.

홈(Home) → 분석(Analysis) → XY 결과(XY Result)

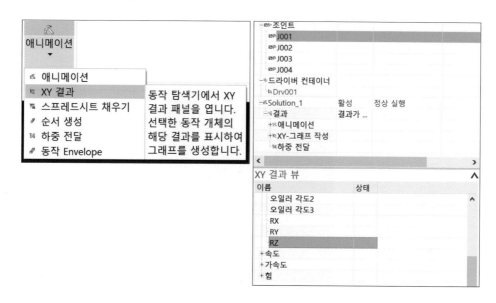

J001 회전 조인트의 상대 회전 각도 변위를 그래프로 출력한다.

동작 탐색기 → 조인트 → J001 → XY 결과 뷰 → 상대 → 변위 → RZ → MB1 더블 클릭 → 오른쪽 결과 창 선택

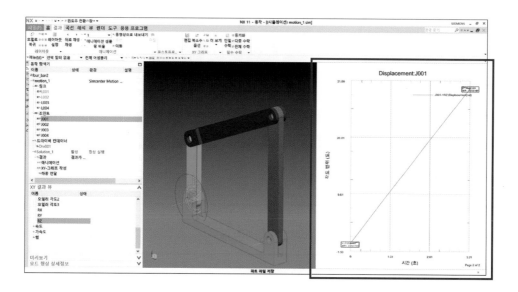

L002 링크의 오일러 각도 변위를 그래프로 출력한다.

동작 탐색기 → 링크 → L002 → XY 결과 뷰 → 절대 → 변위 → 오일러 각도2 → MB1 더블 클릭 → 오른쪽 결과 창 선택

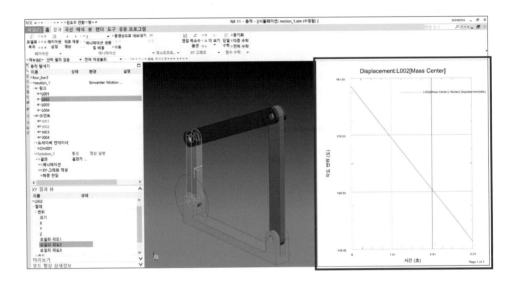

⑥ 애니메이션은 다음 두 가지 방법으로 종료할 수 있다.

결과(Result) → 레이아웃(Layout) → 모델로 돌아가기(Return to Model)

결과(Result) → 애니메이션(Animation) → 애니메이션 종료(Finish Animation)

(7) 해석 종료하기

① 동작 탐색기에서 four_bar2 아이콘을 마우스 왼쪽 버튼을 더블클릭하여 시뮬레이션을 종료한다.

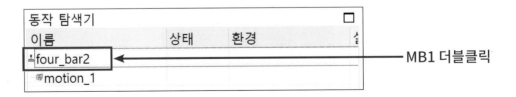

2. 편심구동장치

(1) 예제 파일 불러오기

① Motion Simulation을 진행하기 위해서는 어셈블리가 완료된 형상이 필요하다.
　Motion 폴더에 있는 Eccentricity Driving Device.prt 파일을 불러온다.

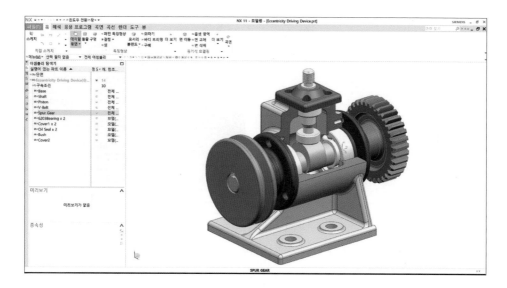

※ NX8.5 이하 버전에서 파일 이름과 저장 경로에 한글이 포함되어 있으면, Motion
　Simulation 실행이 안 된다. 모두 영문으로 바꿔준다.

(2) 동작 응용 프로그램(Motion Simulation) 시작하기

① 응용 프로그램에서 동작 아이콘을 클릭한다.

응용 프로그램 → 동작

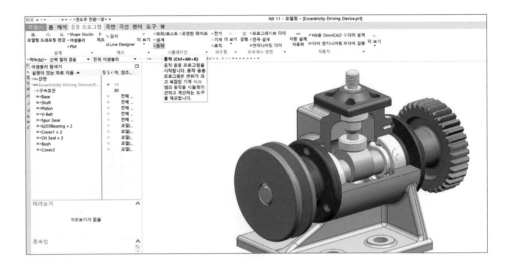

② 해석과 마찬가지로 동작 탐색기에서 Eccentric Driving Device 아이콘을 마우스 오른쪽
버튼을 클릭하여 새 시뮬레이션 생성을 만들어야 한다.

Eccentric Driving Device 클릭 → MB3 클릭 → 새 시뮬레이션(New Simulation)

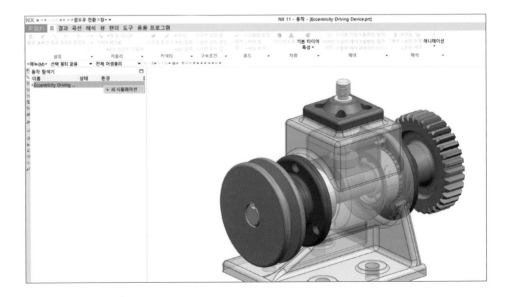

③ 새 시뮬레이션에 환경에서 수정 사항 없이 확인을 누른다.

해석 유형(Analysis Type) → 동역학(Dynamics) → 확인 (OK)

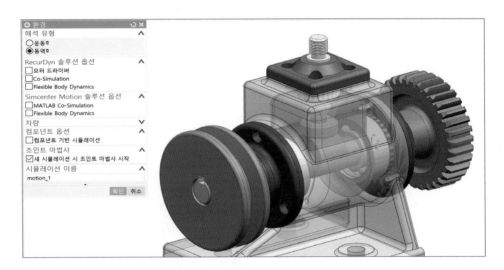

④ Motion Joint 마법사 기능 취소한다.

OK 하면 Joint가 자동으로 생성되는데, 여기에서는 Cancel하여 Joint를 수동으로 생성한다.

동작 조인트 마법사(Motion Joint Wizard) → 취소 (Cancel)

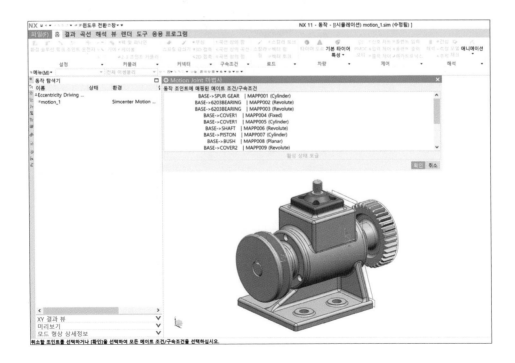

(3) 솔루션 생성하기

① Motion Simulation에서 동작을 구현하기 위해서는 해석(Advanced Simulation)과 마찬가지로 솔루션을 생성해야 한다.

홈(Home) → 설정(Setup) → 솔루션(Solution) → 솔루션 옵션(Solution Option) → 솔루션 유형(Solution Type) → 정상 실행(Normal Run) → 해석 유형(Analysis Type) → 운동학/동역학(Kinematics/Dynamics) → 시간(Time) → 스텝(Steps) → 확인(OK)

② 동작 탐색기(Motion Navigator)에 솔루션 항목이 생성된 것을 확인할 수 있다.

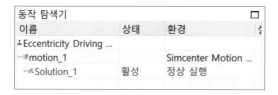

※ 메커니즘 내부 부품 선택을 위해서는 디스플레이 편집을 선택하여 음영 처리를 한다.

개체 선택 → MB3 클릭 → 개체 디스플레이 편집 → 음영 처리 → 반투명도 80 → 확인

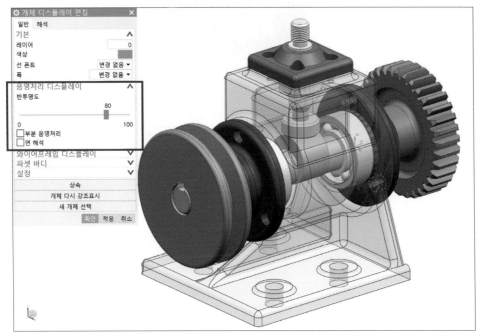

(4) 링크(Link) 생성하기

① Motion Simulation을 구현하기 위해서 먼저 링크를 통해 어떠한 컴포넌트를 사용할 것인지 각각의 파트를 등록시켜야 한다. 링크의 개체 선택에서 먼저 〈그림〉과 같이 7개의 컴포넌트를 선택하고 적용을 누른다.

홈(Home) → 설정(Setup) → 링크(Link) → 링크 객체(Link Object) → 객체 선택(Select Object) → 질량 특성 옵션(Mass Properties Option) → 자동(Automatic) → 설정(Settings) → ☑조인트 없이 링크 수정(☑Fix the link) → 적용(Apply)

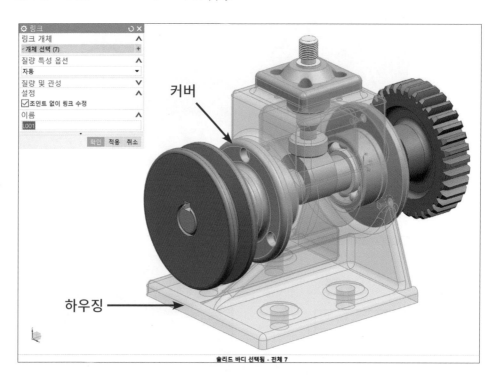

② 다음 두 번째 링크를 등록한다. 개체 선택에서 〈그림〉과 같이 3개의 컴포넌트를 선택하고 적용을 클릭한다.

홈(Home) → 설정(Setup) → 링크(Link) → 링크 객체(Link Object) → 객체 선택(Select Object) → 질량 특성 옵션(Mass Properties Option) → 자동(Automatic) → 설정(Settings) → □조인트 없이 링크 수정(□Fix the link) → 적용(Apply)

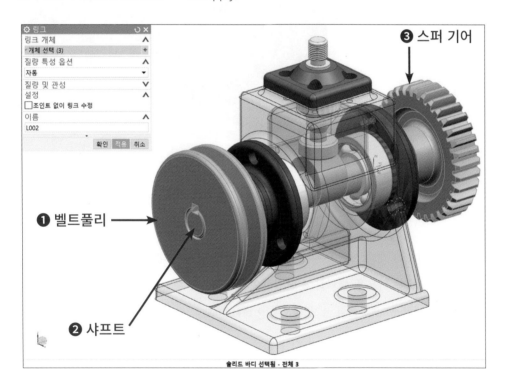

③ 다음 세 번째 링크를 등록한다. 〈그림〉과 같이 1개의 컴포넌트를 선택하고 적용을 누른다.

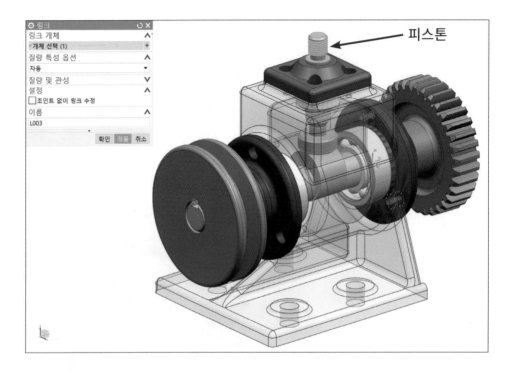

④ 특정 링크의 개체 선택을 수정해야 경우, 동작 탐색기 내 해당 링크 개체를 선택하고 마우스 오른쪽 버튼을 클릭하여 편집하여야 한다.

동작 탐색기 → L002 클릭 → MB3 클릭 → 편집(Edit)

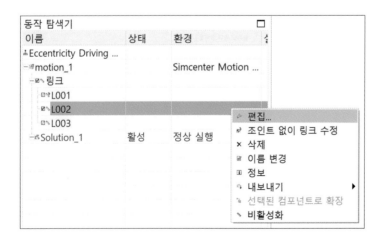

⑤ 마지막으로 동작 탐색기 내 링크 객체 L001과 L003를 해제하고, 개체 선택에서 나머지
모든 링크 객체를 선택하고 확인을 눌러 빠져나온다.

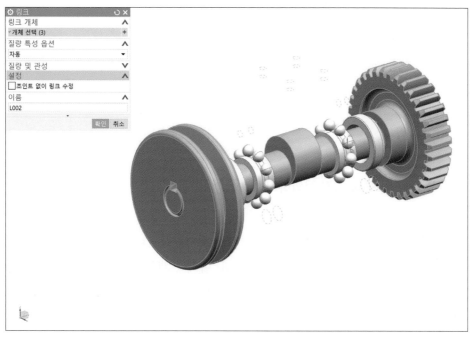

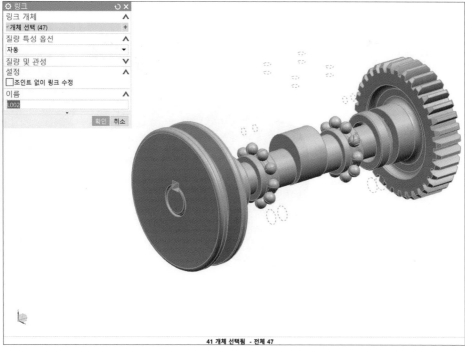

※ 동작 탐색기(Motion Navigator)를 살펴보면, 링크(Link) 항목이 추가되었다.

(5) 조인트 및 구속 조건 정의하기

① 조인트는 컴포넌트 선택하여 동작 특성을 정의한다. 첫 번째 조인트 정의하기 위해서 L002가 제자리에서 회전하도록 정의한다. 아래 〈그림〉과 같이 링크 선택에 Shaft의 면 을 선택하여 회전하는 중심점과 링크 객체가 모두 추정되어 선택된다.

홈(Home) → 설정(Setup) → 조인트(Joint) → 정의(Definition) → 유형(Type) → 회전 (Revolute) → SHAFT의 면 선택(Select Link)

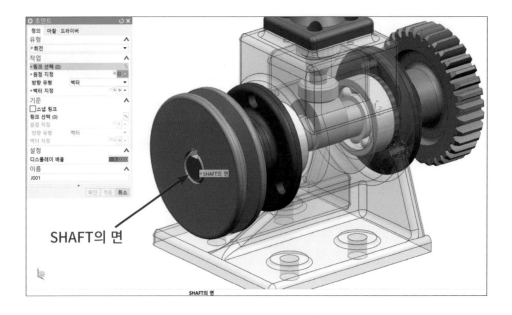

SHAFT의 면

② 다음 벡터 지정에서 회전축의 방향을 선택한다. 〈그림〉과 같이 Y축의 + 방향을 선택하고 확인을 누른다.

③ 다음 L002와 L003이 서로 마찰하면서 L003 링크가 상하 방향으로 왕복 운동하는 조인트를 만들기 위해 유형은 슬라이더를 선택하고 링크 선택에서 〈그림〉과 같이 피스톤의 면을 클릭하고, 백터는 +Z 방향을 선택한다.

홈(Home) → 설정(Setup) → 조인트(Joint) → 정의(Definition) → 유형(Type) → 슬라이드(Slide) → 피스톤의 면 선택(Select Link)

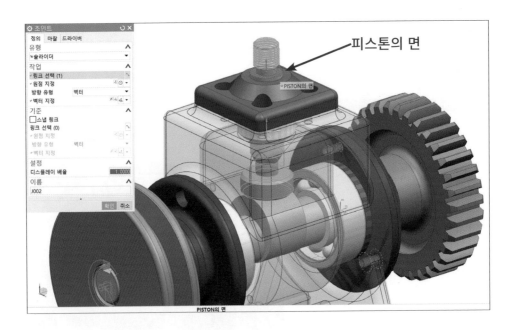

④ 다음으로 편심 축 L002와 피스톤 L003이 3D 접촉하도록 커넥터를 선택하고 확인을 누른다.

홈(Home) → 커넥터(Joint) → 3D 접촉(3D Contact) → 작업(Action) → 피스톤 바디 선택(Select Body)

기준(Base) → 편심 축 바디 선택(Select Body) → 확인(OK)

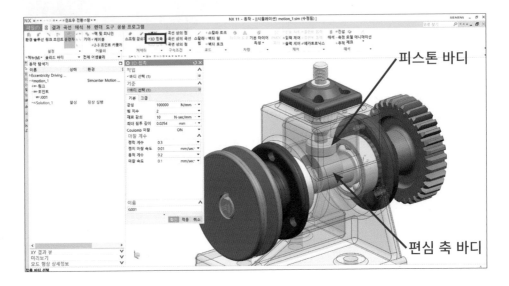

⑤ 편심 축의 회전축에 운전자(Driver) 이용하여 동작 부여한다.

홈(Home) → 설정(Setup) → 운전자(Driver) → 드라이버 유형(Type) → 조인트 드라이버 → 회전(Revolute) → 다항식(Constant) → 초기 변위(Initial Displacement) 0 → 초기 속도(Initial Velocity) 360 → 초기 가속도(Initial Acceleration) 0 → 적용(Apply)

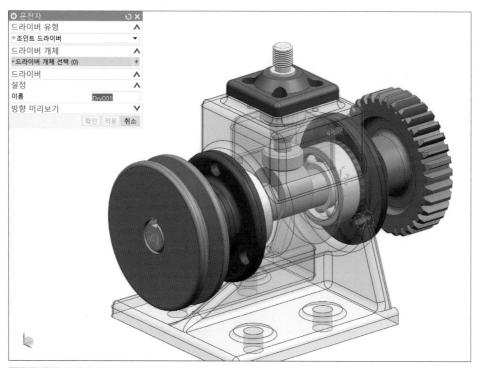

(6) 해석 진행하기 및 분석 결과 확인하기

① Motion에서 동작을 해석하기 위해서 마찬가지로 동작 탐색기에 Solution 항목을 마우스 오른쪽 버튼 클릭 ⇒ 해석을 진행해야 한다.

홈(Home) → 분석(Analysis) → 해석(Solve)

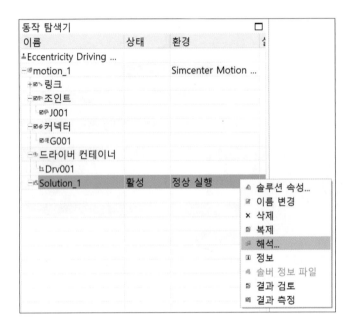

해석이 완료된 모습

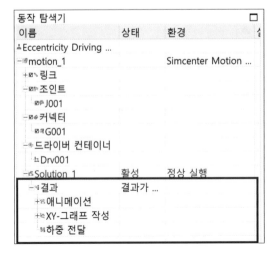

② 메뉴바에서 결과 탭의 재생 아이콘을 클릭하면 링크와 조인트로 연결되어 있는 컴포넌트가 Motion을 통해 움직여지는 것을 확인할 수 있다.

결과(Result) → 애니메이션(Animation) → 재생(Play)

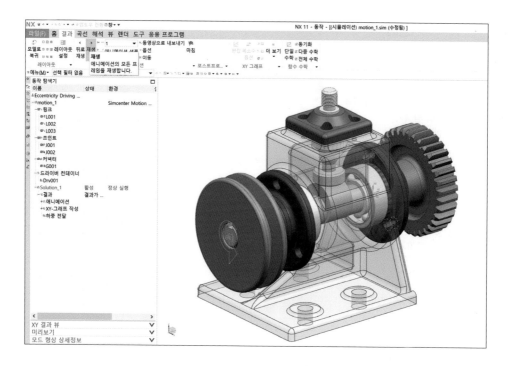

※ 애니메이션을 종료하고 모델 뷰로 돌아가는 방법은 애니메이션에 정지 아이콘을 클릭
⇒ 마침 아이콘 클릭 ⇒ 모델로 복귀 클릭 ⇒ 메뉴바에서 홈 탭을 클릭

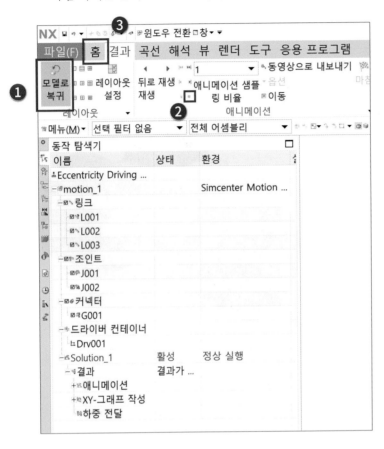

※ 시뮬레이션 분석 시 링크, 조인트, 커넥터, 드라이버 컨테이너 등 설정치를 변경해야 할
경우 '모델로 복귀'를 통해 수정할 수 있다.

③ 애니메이션 대화상자를 통한 애니메이션을 실행한다.

　홈(Home) → 해석(Analysis) → 애니메이션(Animation) → 재생(Play)

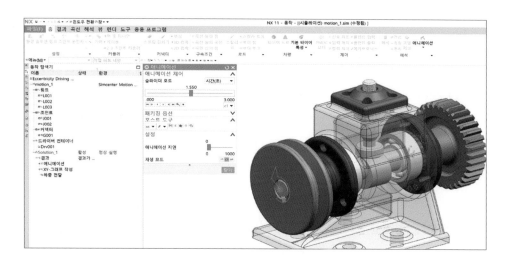

※ 애니메이션 대화상자를 이용하면 거리 측정(Measure Distance), 시퀀스 생성(Create Sequence), 패키지 옵션(Package Options) 등과 같은 모든 애니메이션 특성에 쉽게 접근할 수 있다.

④ 링크, 조인트 마커 등과 같은 동작 객체(Motion Object)의 동작 결과를 플로팅한다.

　홈(Home) → 결과 → 레이아웃 설정 → 나란히

　홈(Home) → 분석(Analysis) → XY 결과(XY Result)

• 피스톤 L003 링크 무게 중심 병진 운동

　동작 탐색기 → 링크 → L003 클릭 → XY 결과 뷰 → 절대 →변위 → Z →MB1 더블 클릭 → 오른쪽 결과창 선택

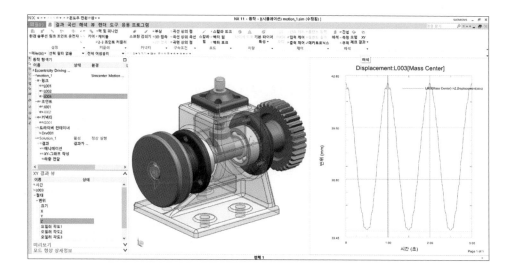

※ 조인트(Joint), 마커(Marker), 접촉(Contact), 부싱(Bushing), 스프링(Spring), 감쇠기(Damper), 동작 함수(Motion functions) 또는 링크의 질량 중심(Mass center of Link)과 같은 선택된 동작 객체에 대한 지정된 결과를 플로팅 할 수 있다. 솔루션에서 정의된 시간 단계 수에 대해 시뮬레이션에서 각 시간 단계에 대한 변위(Displacement), 속도(Velocity), 가속도(Acceleration) 및 힘(Force)을 포함한 결과를 그래프로 나타낼 수 있다.

⑤ 레이아웃 설정을 통해 동작 결과를 여러 창에서 동시에 볼 수 있다.

결과(Result) → 레이아웃(Layout) → 레이아웃 설정(Layout setting) → 4개 창

홈(Home) → 분석(Analysis) → XY 결과(XY Result)

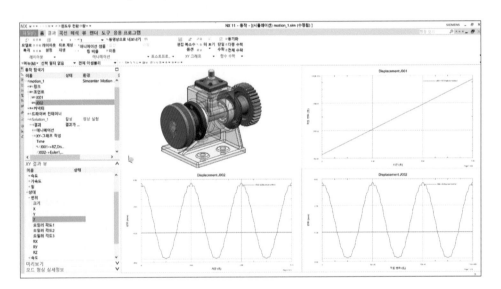

⑥ 애니메이션은 다음 두 가지 방법으로 종료할 수 있다.

결과(Result) → 레이아웃(Layout) → 모델로 돌아가기(Return to Model)

결과(Result) → 애니메이션(Animation) → 애니메이션 종료(Finish Animation)

• 회전 조인트(J001)와 슬라이더 조인트(J002) 결과 그래프

동작 탐색기 → 조인트 J001 → XY 결과 뷰 → 상대 변위 → RZ → MB1 더블 클릭 → 우측 상단 창 선택

동작 탐색기 → 조인트 J002 → XY 결과 뷰 → 상대 → 변위 → Z → MB1 더블 클릭 → 우측 하단창 선택

(7) 해석 종료하기

① 동작 탐색기에서 Eccentric Driving Device 아이콘을 마우스 왼쪽 버튼을 더블 클릭하여
시뮬레이션을 종료한다.

Eccentric Driving Device 클릭 → MB1 더블 클릭 → 시뮬레이션 종료

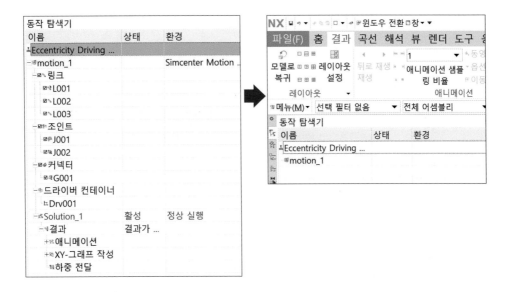

3. 슬라이더 크랭크 메커니즘

(1) 예제 파일 불러오기

① Motion Simulation 을 진행하기 위해서는 어셈블리가 완료된 형상이 필요하다.
  Motion 폴더에 있는 SpatialSliderCrank_Mechanism.x_t 파일을 불러온다.
  홈(Home) → 열기(Open)

※ UG NX 프로그램에서는 다른 CAD 프로그램에서 설계한 부품 및 조립품 파일을 열거나
  가져올 수 있습니다. 일반적으로 모션 시뮬레이션은 Step 파일과 parasolid 파일을 주로
  이용한다.

※ 메커니즘을 구성하는 부품은 다음과 같다.

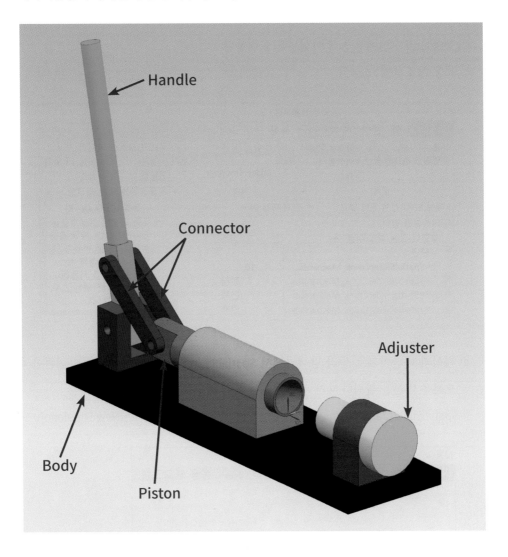

(2) 동작 응용 프로그램(Motion Simulation) 시작하기

① 응용 프로그램에서 동작 아이콘을 클릭한다.

　응용 프로그램 → 동작

② 해석과 마찬가지로 동작 탐색기에서 SpatialSliderCrank_Mechanism 아이콘을 마우스 오른쪽 버튼을 클릭하여 새 시뮬레이션 생성을 만들어야 한다.

　SpatialSliderCrank_Mechanism 클릭 → MB3 클릭 → 새 시뮬레이션(New Simulation)

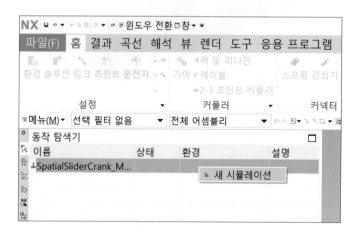

③ 새 시뮬레이션에 환경에서 수정 사항 없이 확인을 누른다.

　　해석 유형(Analysis Type) → 동역학(Dynamics) → 확인 (OK)

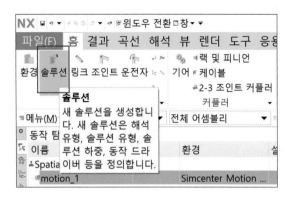

(3) 솔루션 생성하기

① Motion Simulation 에서 동작을 구현하기 위해서는 해석(Advanced Simulation)과 마찬가지로 솔루션을 생성해야 한다.

　　홈(Home) → 설정(Setup) → 솔루션(Solution) → 솔루션 옵션(Solution Option) → 솔루션 유형(Solution Type) → 정상 실행(Normal Run) → 해석 유형(Analysis Type) → 운동학/동역학(Kinematics/Dynamics) → 시간(Time) → 스텝(Steps) → 확인(OK)

② 동작 탐색기(Motion Navigator)에 솔루션 항목이 생성된 것을 확인할 수 있다.

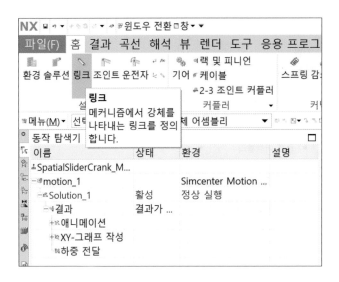

(4) 링크(Link) 생성하기

① Motion Simulation을 구현하기 위해서 먼저 링크를 통해 어떠한 컴포넌트를 사용할 것인지 각각의 파트를 등록시켜야 한다. 링크의 개체 선택에서 먼저 〈그림〉과 같이 4개의 컴포넌트를 선택하고 적용을 누른다.

홈(Home) → 설정(Setup) → 링크(Link) → 링크 객체(Link Object) → 객체 선택(Select Object) → 질량 특성 옵션(Mass Properties Option) → 자동(Automatic) → 설정(Settings) → ☑조인트 없이 링크 수정(□Fix the link) → 적용(Apply)

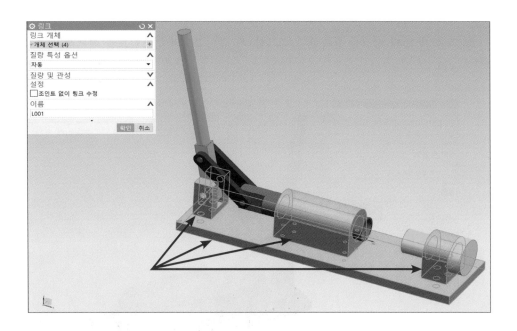

② 다음 두 번째 링크를 등록한다. 개체 선택에서 〈그림〉과 같이 1개의 컴포넌트를 선택하고 적용을 클릭한다.

홈(Home) → 설정(Setup) → 링크(Link) → 링크 객체(Link Object) → 객체 선택(Select Object) → 질량 특성 옵션(Mass Properties Option) → 자동(Automatic) → 설정(Settings) → □조인트 없이 링크 수정(□Fix the link) → 적용(Apply)

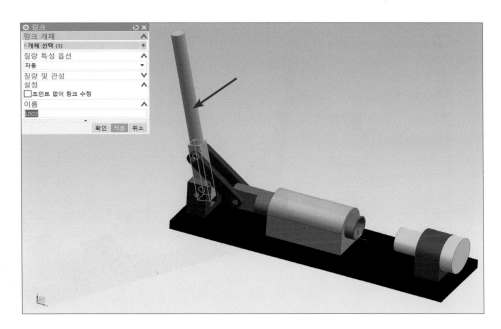

③ 다음 세 번째 링크를 등록한다. 〈그림〉과 같이 2개의 컴포넌트를 선택하고 적용을 누른다.

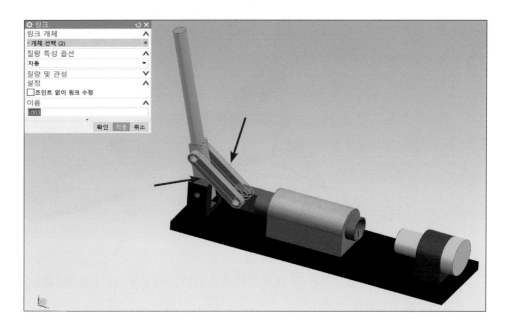

④ 다음 네 번째 링크를 등록한다. 〈그림〉과 같이 1개의 컴포넌트를 선택하고 적용을 누른다.

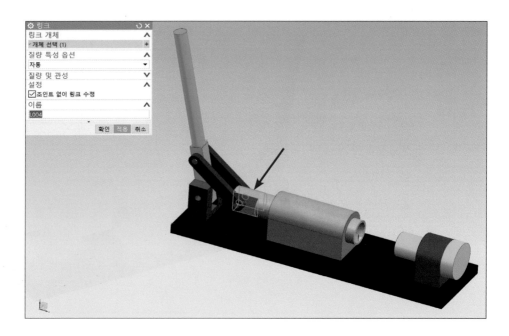

⑤ 다음 다섯 번째 링크를 등록한다. 〈그림〉과 같이 1개의 컴포넌트를 선택하고 적용을 누른다.

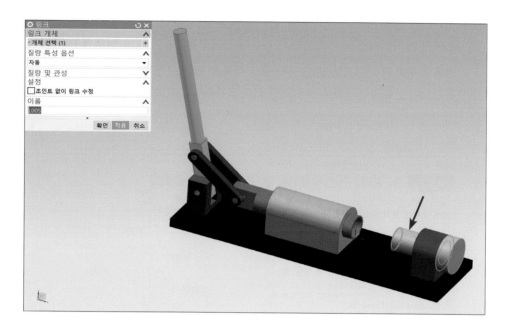

※ 동작 탐색기(Motion Navigator)를 살펴보면, 링크(Link) 항목이 추가되었다.

(5) 조인트 및 구속 조건 정의하기

① 조인트는 컴포넌트 선택하여 동작 특성을 정의한다. 첫 번째 조인트 정의하기 위해서
L005가 제자리에서 고정하도록 정의한다. 〈그림〉과 같이 링크 선택에 L005의 Adjuster
면을 선택하여 회전하는 중심점과 링크 객체가 모두 추정되어 선택된다.

홈(Home) → 설정(Setup) → 조인트(Joint) → 정의(Definition) → 유형(Type) → 고정(Fixed) →
Adjuster 면 선택(Select Link)

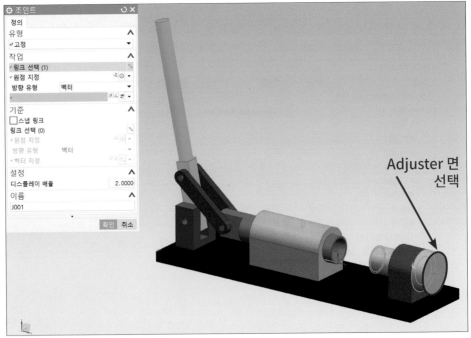

② 두 번째 조인트 정의하기 위해서 본체 L001과 손잡이 L002가 힌지 중심에서 회전하도록
정의한다.

홈(Home) → 설정(Setup) → 조인트(Joint) → 정의(Definition) → 유형(Type) → 회전
(Revolute) → 작업(Action) → 손잡이 L002 우하단 구멍 모서리 선택(Select Link)

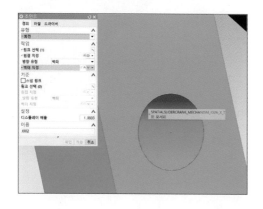 

원점 지정은 점 다이얼로그를 이용하여 선택한다. 벡터 지정은 Y축의 + 방향을 선택한다.

점(Point) → 유형(Type) → 두 점 사이 → 점 사이 위치 50 → 확인(OK)

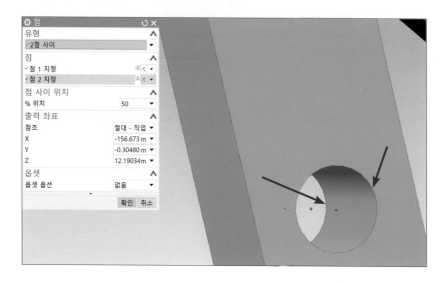

※ 점 1 지점, 점 2 지정은 각각 손잡이 L002의 하단 구멍의 양쪽 모서리를 선택한다. 자동
으로 원의 중심이 선택된다.

기준(Base) → L001 본체 선택(Select Body) → 확인(OK)

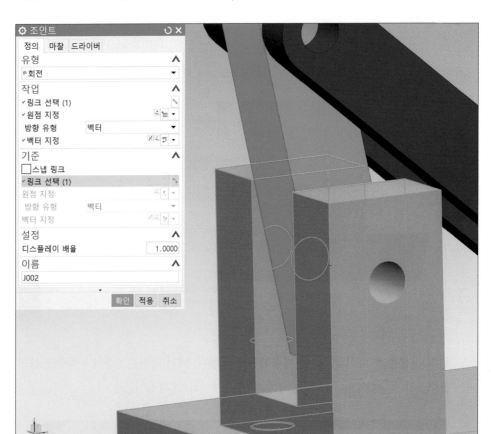

③ 손잡이 L002와 연결대 L003이 연결대 좌측 상단 구멍의 힌지 중심에서 회전하도록 정의
한다.

- 홈(Home) → 설정(Setup) → 조인트(Joint) → 정의(Definition) → 유형(Type) → 회전
(Revolute) → 작업(Action) → 연결대(L003) 구멍 모서리 선택(Select Link)

원점 지정은 점 다이얼로그를 이용하여 선택한다. 벡터 지정은 Y축의 + 방향을 선택한다.

점(Point) → 유형(Type) → 두 점 사이 → 점 사이 위치 50 → 확인(OK)

※ 점 1 지점, 점 2 지정은 각각 연결대 L003의 좌측 상단 구멍의 안쪽 모서리를 선택하면
자동으로 원의 중심이 선택된다.

- 기준(Base) → L002 손잡이 선택(Select Body) → 적용(Apply)

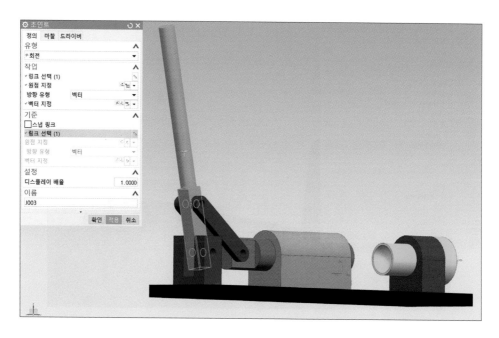

④ 연결대 L003과 피스톤 L004가 피스톤 힌지 중심에서 회전하도록 정의한다.

- 홈(Home) → 설정(Setup) → 조인트(Joint) → 정의(Definition) → 유형(Type) → 회전 (Revolute) → 작업(Action) → 피스톤(L004) 구멍 모서리 선택(Select Link)

원점 지정은 점 다이얼로그를 이용하여 선택한다. 벡터 지정은 Y축의 + 방향을 선택한다.

점(Point) → 유형(Type) → 두 점 사이 → 점 사이 위치 50 → 확인(OK)

- 기준(Base) → L003 연결대 선택(Select Body) → 적용(Apply)

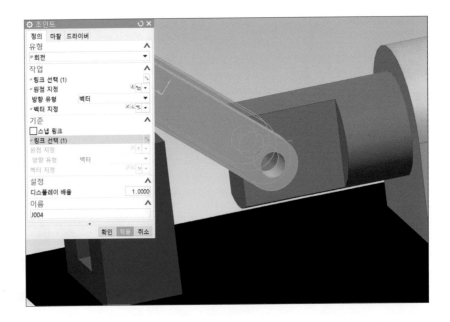

⑤ 다음 L001과 L005이 서로 마찰하면서 L005 피스톤이 전후 방향으로 왕복 운동하는 조인트를 만들기 위해 유형은 슬라이더를 선택하고 링크 선택에서 〈그림〉과 같이 피스톤 원형의 모서리 면을 클릭하고, 백터는 +X 방향을 선택한다.

홈(Home) → 설정(Setup) → 조인트(Joint) → 정의(Definition) → 유형(Type) → 슬라이드(Slide) → 피스톤 원형의 모서리 면 선택(Select Link)

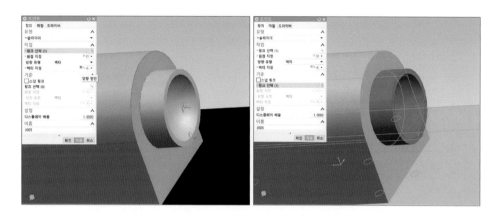

⑥ L002 핸들의 J003 조인트 드라이버에 동작 부여한다.

동작 탐색기(Motion Navigator) → 조인트(Joint) → J003 → MB3 클릭 → 편집(Edit) → 드라이버(Driver) → 회전(Revolute) → 다항식(Constant) → 초기 변위(Initial Displacement) 0 → 초기 속도(Initial Velocity) 30 → 초기 가속도(Initial Acceleration) 0 → 확인(OK)

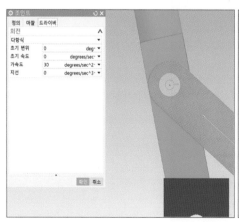
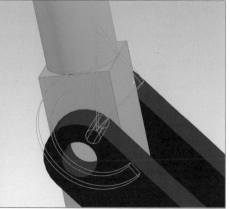

※ 동작 탐색기 내 조인트의 정보가 업데이트되었다.

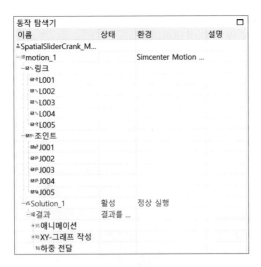

(6) 해석 진행하기 및 분석 결과 확인하기

① Motion에서 동작을 해석하기 위해서 마찬가지로 동작 탐색기에 Solution 항목을 마우스 오른쪽 버튼 클릭 ⇒ 해석을 진행해야 한다. 해석이 완료된 모습은 다음과 같다.

홈(Home) → 분석(Analysis) → 해석(Solve)

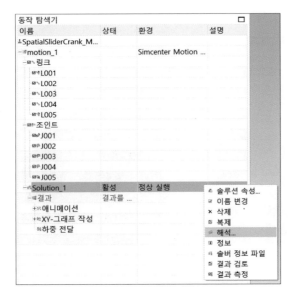

② 메뉴바에서 결과 탭의 재생 아이콘을 클릭하면 링크와 조인트로 연결되어 있는 컴포넌트가 Motion을 통해 움직여지는 것을 확인할 수 있다.

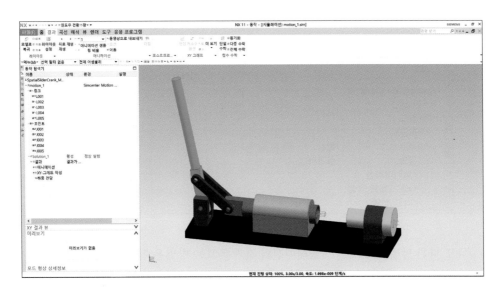

※ 애니메이션을 종료하고 모델 뷰로 돌아가는 방법은 애니메이션에 정지 아이콘을 클릭 ⇒ 마침 아이콘 클릭 ⇒ 모델로 복귀 클릭 ⇒ 메뉴바에서 홈 탭을 클릭

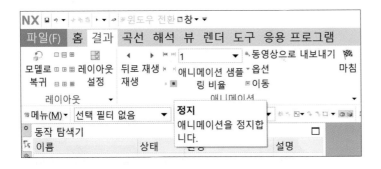

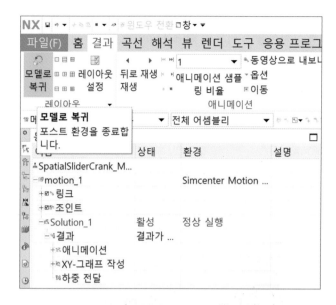

③ 또 다른 방법으로 모션 시뮬레이션의 결과를 보는 방법은 아래와 같다.

홈(Home) → 분석(Analysis) → 애니메이션(Animation) → 재생(Play)

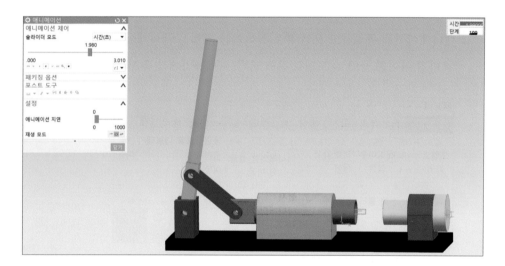

④ 애니메이션을 종료한다.

홈(Home) → 분석(Analysis) → 애니메이션(Animation) → 정지(Stop) → 애니메이션 닫기

⑤ 링크, 조인트 마커 등과 같은 동작 객체(Motion Object)의 동작 결과를 플로팅한다.

홈(Home) → 분석(Analysis) → XY 결과(XY Result)

동작 결과를 여러 개의 창에서 보기 위해서 레이아웃 설정을 바꾼다.

결과(Result) → 레이아웃(Layout) → 레이아웃 설정(Layout setting) → 나란히

● 조인트에서의 상대 각도 변위 그래프 (J003)

동작 탐색기 → 조인트 J003 → XY 결과 뷰 → 상대 → 변위 → 오일러 각도1 → MB1 더블 클릭 →
왼쪽 창 선택

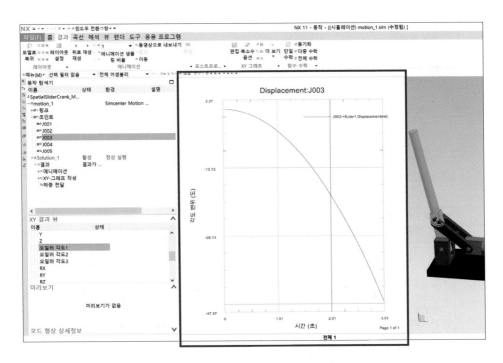

(7) 해석 종료하기

① 동작 탐색기에서 SpatialSliderCrank_Mechanism 아이콘을 마우스 왼쪽 버튼을 더블 클
릭하여 시뮬레이션을 종료한다.

동작 탐색기 SpatialSliderCrank_Mechanism 아이콘 → MB1 더블 클릭

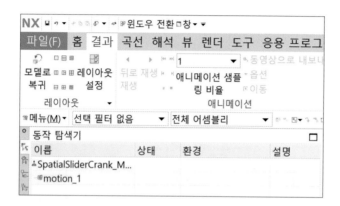

② 시뮬레이션 작업을 종료하고 모든 파일은 닫는다.

파일 → 모든 파트 닫기 → 모델링 및 기타 작업 종료

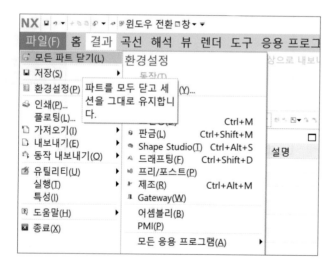

4. 바이스

(1) 예제 파일 불러오기

① Motion Simulation을 진행하기 위해서는 어셈블리가 완료된 형상이 필요하다.
Motion 폴더에 있는 Vise Assembly.prt 파일을 불러온다.

※ NX8.5 이하 버전에서 파일 이름과 저장 경로에 한글이 포함되어 있으면, Motion
Simulation 실행이 안 된다. 모두 영문으로 바꿔준다.

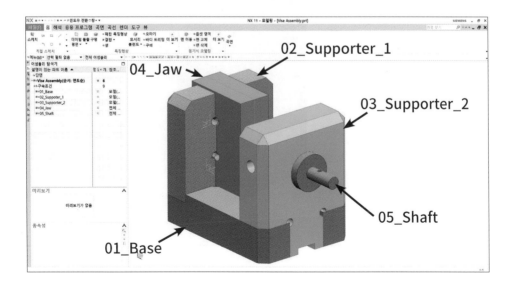

(2) 동작 응용 프로그램(Motion Simulation) 시작하기

① 응용 프로그램에서 동작 아이콘을 클릭한다.

　응용 프로그램 → 동작

② 해석과 마찬가지로 동작 탐색기에서 Vise Assembly 아이콘을 마우스 오른쪽 버튼을 클릭하여 새 시뮬레이션 생성을 만들어야 한다.

　Vise Assembly 클릭 → MB3 클릭 → 새 시뮬레이션(New Simulation)

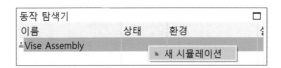

③ 새 시뮬레이션에 환경에서 수정 사항 없이 확인을 누른다.

　해석 유형(Analysis Type) → 동역학(Dynamics) → 확인 (OK)

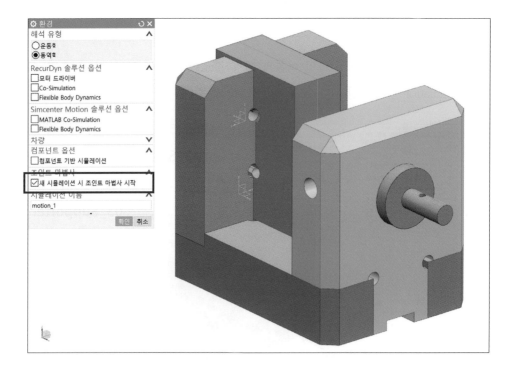

④ Motion Joint 마법사 기능 취소한다.

OK 하면 Joint가 자동으로 생성되는데, 여기에서는 Cancel하여 Joint를 수동으로 생성한다.

동작 조인트 마법사(Motion Joint Wizard) → 취소 (Cancel)

(3) 솔루션 생성하기

① Motion Simulation에서 동작을 구현하기 위해서는 해석(Advanced Simulation)과 마찬가지로 솔루션을 생성해야 한다. 〈그림〉과 마찬가지로 홈(Home) 그룹에서 솔루션 (클릭) ⇒ 시간은 동작을 재생할 때 움직이는 시간을 정의하고, steps는 그 시간 동안 표현되는 프레임의 수를 나타난다. 중력의 방향 지정은 일반적으로 -Z축이 선택되어 있으며 확인을 클릭한다.

홈(Home) → 설정(Setup) → 솔루션(Solution) → 솔루션 옵션(Solution Option) → 솔루션 유형(Solution Type) → 정상 실행(Normal Run) → 해석 유형(Analysis Type) → 운동학/동역학(Kinematics/Dynamics) → 시간(Time) → 스텝(Steps) → 확인(OK)

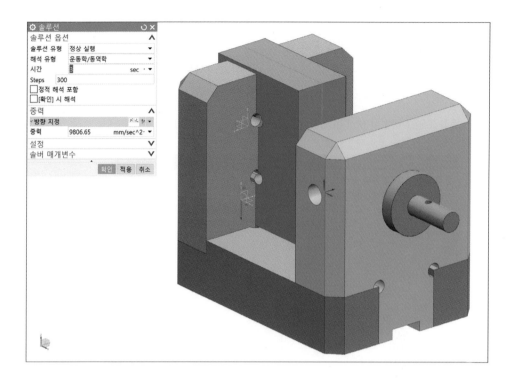

② 동작 탐색기(Motion Navigator)에 솔루션 항목이 생성된 것을 확인할 수 있다.

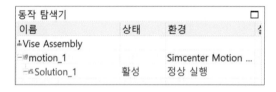

(4) 링크(Link) 생성하기

① 첫 번째 링크를 등록한다. 링크의 개체 선택에서 먼저 〈그림〉과 같이 3개의 컴포넌트를
선택하고 적용을 누른다.

> 홈(Home) → 설정(Setup) → 링크(Link) → 링크 객체(Link Object) → 객체 선택(Select Object)
> → 질량 특성 옵션(Mass Properties Option) → 자동(Automatic) → 설정(Settings) → ☑조인트
> 없이 링크 수정(☑Fix the link) → 적용(Apply)

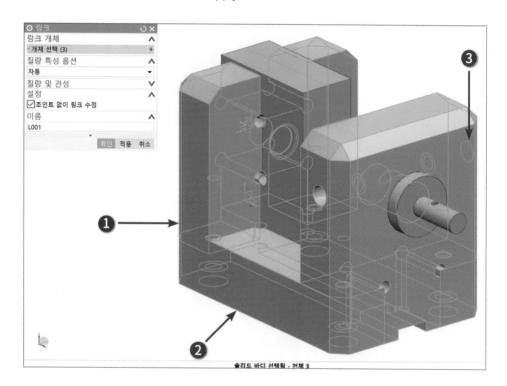

② 다음 두 번째 링크를 등록한다. 개체 선택에서 〈그림〉과 같이 1개의 컴포넌트를 선택하
고 적용을 클릭한다.

> 홈(Home) → 설정(Setup) → 링크(Link) → 링크 객체(Link Object) → 객체 선택(Select Object)
> → 질량 특성 옵션(Mass Properties Option) → 자동(Automatic) → 설정(Settings) → □조인트
> 없이 링크 수정(□Fix the link) → 적용(Apply)

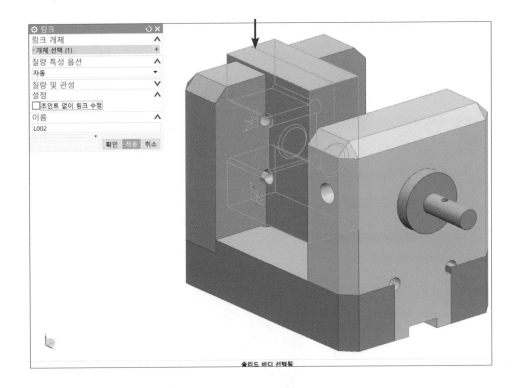

③ 다음 세 번째 링크를 등록한다. 〈그림〉과 같이 1개의 컴포넌트를 선택하고 적용을 누른다.

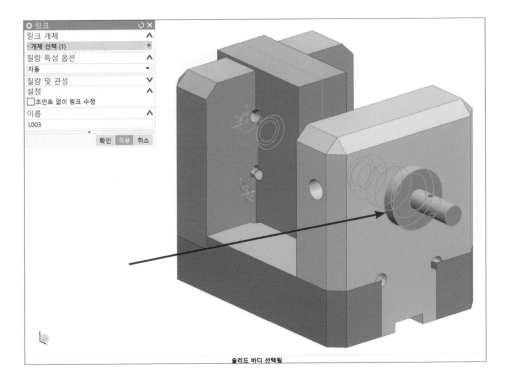

※ 동작 탐색기(Motion Navigator)를 살펴보면, 링크(Link) 항목이 추가되었다.

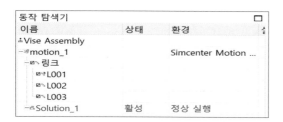

(5) 조인트 및 구속 조건 정의하기

① 첫 번째 조인트 정의하기 위해서 L003 샤프트가 제자리에서 회전하도록 정의한다. 〈그림〉과 같이 링크 선택에 L003의 Shaft의 면을 선택하여 회전하는 중심점과 링크 객체가 모두 추정되어 선택된다. 다음 벡터 지정에서 회전축의 방향을 선택한다. 〈그림〉과 같이 X축의 +방향을 선택하고 확인을 누른다.

홈(Home) → 설정(Setup) → 조인트(Joint) → 정의(Definition) → 유형(Type) → 회전(Revolute) → L003 SHAFT 면 선택(Select Link)

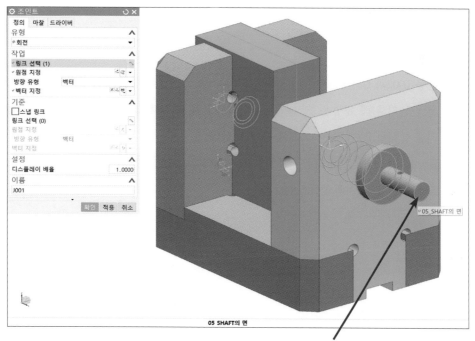

L003 SHAFT 면 선택

다음으로 드라이버 탭에서 샤프트 회전 조인트의 동작을 부여한다.

드라이버(Driver) 탭 → 회전(Revolute) → 다항식(Constant) → 초기 변위(Initial Displacement) 0 → 초기 속도(Initial Velocity) 360 → 초기 가속도(Initial Acceleration) 0 → 적용(Apply)

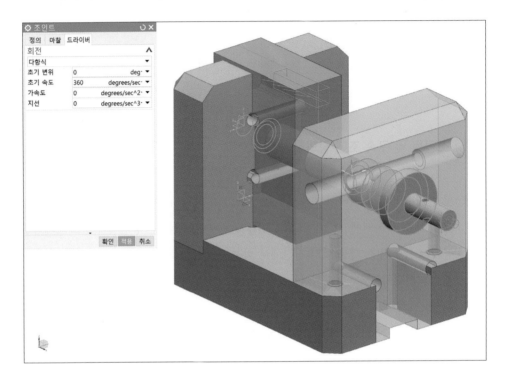

② 다음 L002과 L003이 서로 마찰하면서 L002 링크가 전후 방향으로 왕복 운동하는 조인트를 만들기 위해 유형은 슬라이더를 선택하고 링크 선택에서 〈그림〉과 같이 JAW의 모서리를 클릭하고, 백터는 +X 방향을 선택한다.

홈(Home) → 설정(Setup) → 조인트(Joint) → 정의(Definition) → 유형(Type) → 슬라이드(Slide) → Jaw 모서리 선택(Select Link)

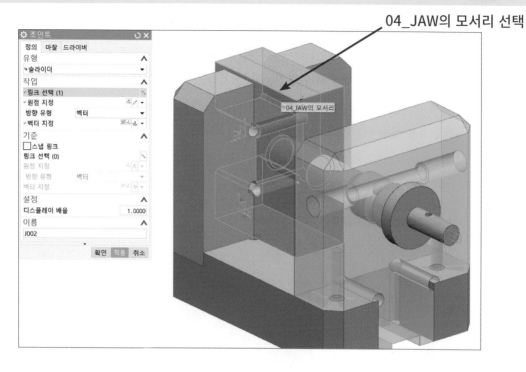

③ 다음으로 축(Shaft) L003와 조(Jaw) L002가 나사운동(회전운동＋전진운동) 하도록 나사 조인트를 선택하고 확인을 누른다.

홈(Home) → 설정(Setup) → 조인트(Joint) → 정의(Definition) → 유형(Type) → 나사(Screw) → 작업(Action) →SHAFT 면 선택(Select Link)

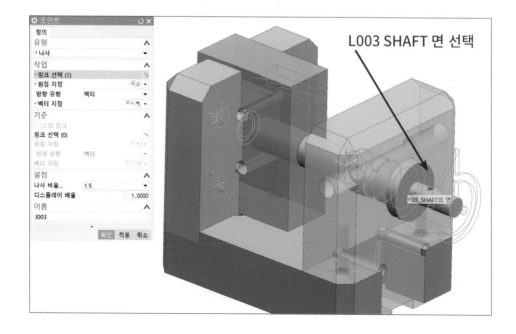

※ 나사 비율 파라미터는 나사 간의 피치와 동일하다. 이것은 활동 링크가 1회전할 때 기본 링크가 조인트의 Z축을 따라 병진운동 한 거리는 정의한다. 기본 링크는 오른손 나사 법칙에 따라 활동 링크의 Z축에 대해 회전하므로 양의 비율은 기본 링크가 활동 링크의 양의 Z축을 따라 이동한다.

나사 비율 → 1.5 입력

기준(Base) → Jaw 면 바디 선택(Select Body) → 확인(OK)

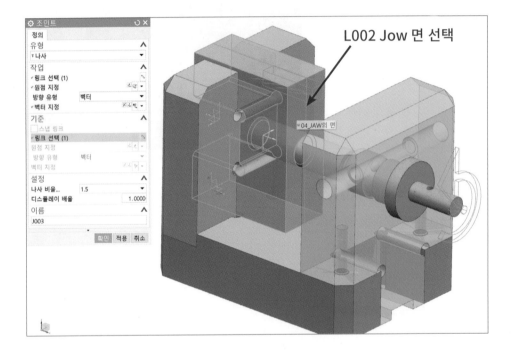

※ 동작 탐색기 내 조인트의 정보가 업데이트되었다.

동작 탐색기			
이름	상태	환경	
▲Vise Assembly			
⊟motion_1		Simcenter Motion ...	
⊟링크			
L001			
L002			
L003			
⊟조인트			
J001			
J002			
J003			
⊟Solution_1	활성	정상 실행	

(6) 해석 진행하기 및 분석 결과 확인하기

① Motion에서 동작을 해석하기 위해서 마찬가지로 동작 탐색기에 Solution 항목을 마우스 오른쪽 버튼 클릭 ⇒ 해석을 진행해야 한다.

홈(Home) → 분석(Analysis) → 해석(Solve)

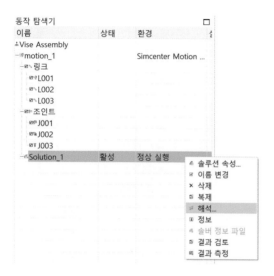

② 메뉴바에서 결과 탭의 재생 아이콘을 클릭하여 바이스 조립체의 구동을 확인한 다음 정지 아이콘을 클릭해서 애니메이션을 멈추고 모델로 돌아간다.

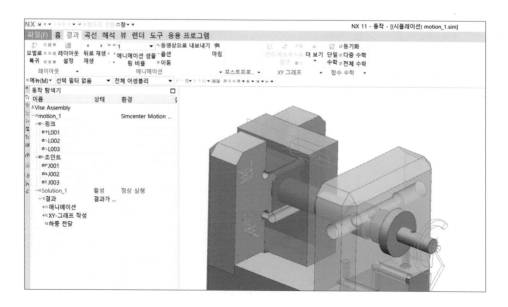

③ 바이스 조립체의 특정 링크 사이의 거리 및 각도를 측정할 수 있다. 샤프트 회전 조인트 J001이 회전하면 Jaw가 전진운동을 한다. 이때 Jaw의 움직인 거리를 측정하고자 한다.

해석(Analysis) → 거리측정 → 유형 → 투영 거리 → 벡터 지정 → XY + 축 → 시작점 → 끝점 → 측정 → 거리 → 최소 → 확인

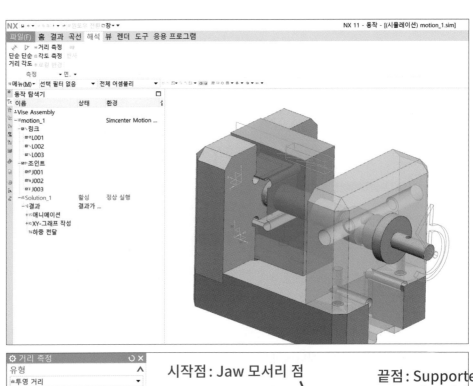

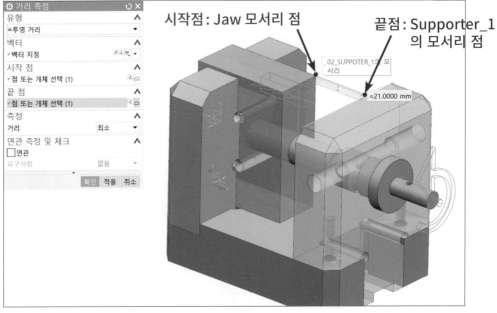

시작점 : Jaw 모서리 점

끝점 : Supporter_1 의 모서리 점

④ 거리를 측정하는 또 다른 방법으로 센서를 통해 링크 간의 거리를 측정할 수 있다. 센서를 이용한 측정하기에 앞서 측정 대상이 되는 링크에 마커를 부착하여야 한다. 마커를 부착하는 방법은 아래와 같다.

홈(Home) → 설정(Setting) → 마커(Marker)

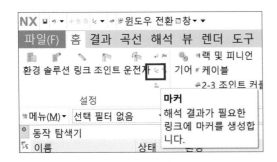

● 첫 번째 마커(A001) 부착 방법

마커 → 연관된 링크 → L002 객체 선택(Jaw) → 방향 → 점 지정 → (점 다이얼로그) → 2점 사이
→ 좌표계 지정 → 절대 좌표계 → 이름 → A001

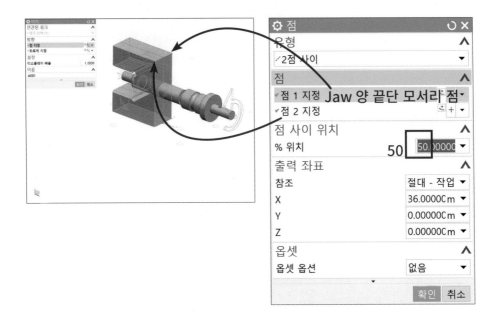

● 두 번째 마커(A002) 부착 방법

첫 번째 마커와 동일한 방법으로 부착한다.

마커 → 연관된 링크 → L001 객체 선택 → 방향 → 점 지정 → (점 다이얼로그) → 2점 사이 → 점 1 지정 → ❶ → 점 2 지정 → ❷ → 점 사이 위치 → % 위치 → 50 → 확인 → 좌표계 지정 → 절대 좌표계 → 이름 → A002

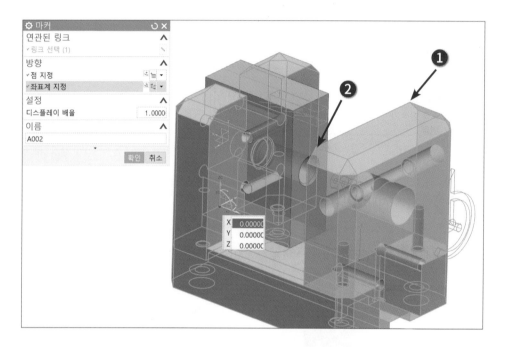

⑤ 센서를 통해 링크 간의 거리를 실시간으로 측정한다.

홈(Home) → 설정(Setup) → 센서(Sensor) → 유형 → 변위 →설정 → 컴포넌트 → ☒ → 참조 프 레임 → 관계 → 측정 → 마커 A001 → 관계 → 마커 A002 → 이름 → Se001

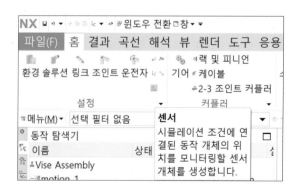

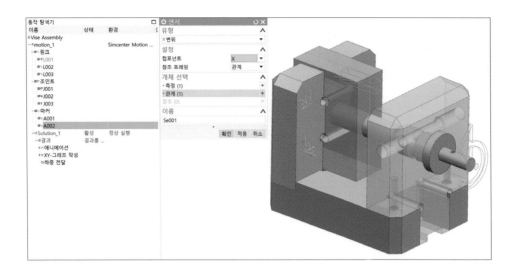

⑥ 링크, 조인트 마커 등과 같은 동작 객체(Motion Object)의 동작 결과를 플로팅 한다.

- 결과(Result) → 레이아웃(Layout) → 레이아웃 설정(Layout setting) → 나란히

- 홈(Home) → 분석(Analysis) → XY 결과(XY Result)

- Jaw L002 링크의 전진 운동 그래프

  동작 탐색기 → 센서 → Se001 → 선택 → XY 결과 뷰 → 상대 → 변위 → ☒ →MB1 더블 클릭 →

  우측 결과창 선택

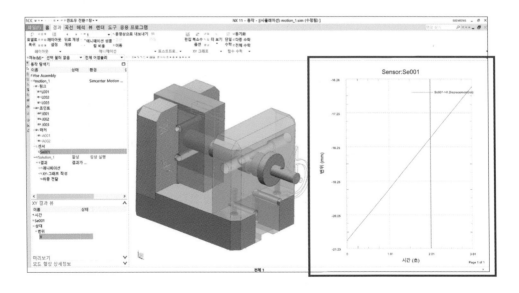

- 프로빙 모드를 이용하여 그래프 결과 내 위치를 정량적으로 표시한다.

결과(result) → XY 그래프 → 프로빙 모드 → 그래프 결과창 내 원하는 곳 MB1 클릭 → 결과 표시됨

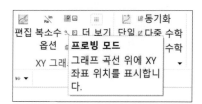

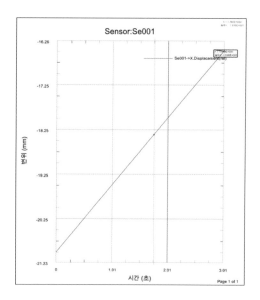

⑦ 바이스 조립체의 구성과 링크 분절의 거리 측정 값을 동시에 확인한다.

⑧ 애니메이션을 종료하고 모델 뷰로 돌아간다.

결과(Result) → 애니메이션(Animation) → 정지 → 레이아웃 → 모델로 돌아가기

(7) 해석 종료하기

① 동작 탐색기에서 0 Gear pump Assey 아이콘을 마우스 왼쪽 버튼을 더블 클릭하여 시뮬레이션을 종료한다.

동작 탐색기 0 Gear pump Assey 아이콘 → MB1 더블 클릭

5. 엔진 캠 메커니즘

(1) 예제 파일 불러오기

① Motion Simulation 을 진행하기 위해서는 어셈블리가 완료된 형상이 필요하다.
   Motion 폴더에 있는 Assem.prt 파일을 불러온다.

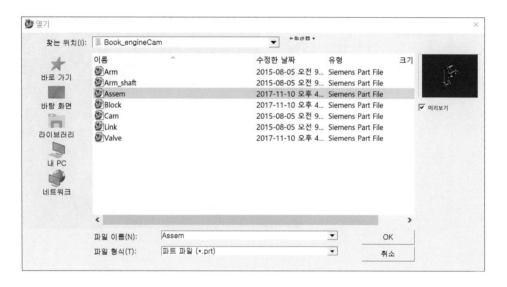

• 불러 온 엔진-캠 메커니즘

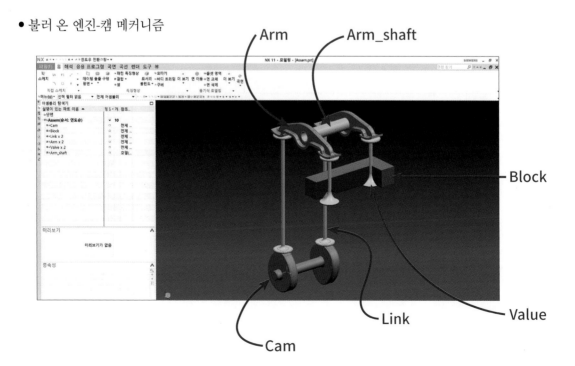

(2) 동작 응용 프로그램(Motion Simulation) 시작하기

① 응용 프로그램에서 동작 아이콘을 클릭한다.

응용 프로그램 → 동작

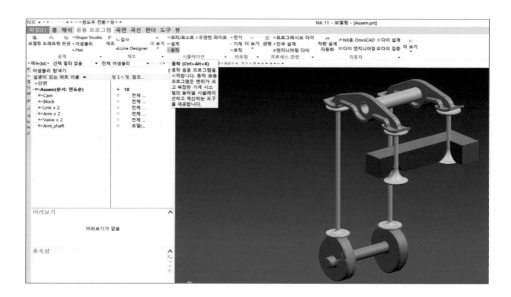

② 해석과 마찬가지로 동작 탐색기에서 Assem 아이콘을 마우스 오른쪽 버튼을 클릭하여
새 시뮬레이션 생성을 만들어야 한다.

동작 탐색기 → Assem 클릭 → MB3 클릭 → 새 시뮬레이션(New Simulation)

③ 새 시뮬레이션에 환경에서 수정 사항 없이 확인을 누른다.

해석 유형(Analysis Type) → 동역학(Dynamics) → 확인 (OK)

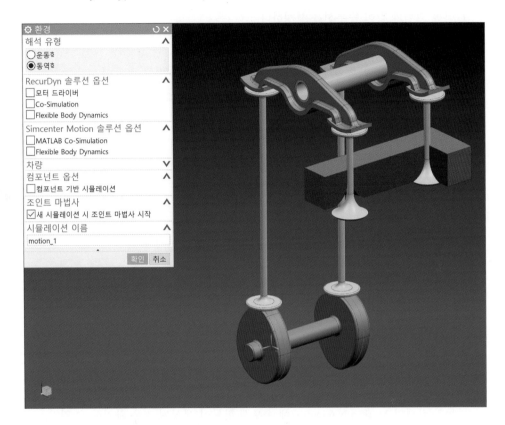

④ Motion Joint 마법사 기능 취소한다.

확인(OK) 하면 Joint가 자동으로 생성되는데, 여기에서는 Cancel하여 Joint를 수동으로 생성한다.

동작 조인트 마법사(Motion Joint Wizard) → 취소 (Cancel)

(3) 솔루션 생성하기

① 아래 그림과 같이 솔루션을 생성한다.

홈(Home) → 설정(Setup) → 솔루션(Solution) → 솔루션 옵션(Solution Option) → 솔루션 유형(Solution Type) → 정상 실행(Normal Run) → 해석 유형(Analysis Type) → 운동학/동역학(Kinematics/Dynamics) → 시간(Time) → 스텝(Steps) → 확인(OK)

② 동작 탐색기(Motion Navigator)에 솔루션 항목이 생성된 것을 확인할 수 있다.

(4) 링크(Link) 생성하기

① Motion Simulation을 구현하기 위해서 먼저 링크를 통해 어떠한 컴포넌트를 사용할 것
인지 각각의 파트를 등록시켜야 한다. 링크의 개체 선택에서 먼저 〈그림〉과 같이 1개의
컴포넌트를 선택하고 적용을 누른다.

홈(Home) → 설정(Setup) → 링크(Link) → 링크 객체(Link Object) → 객체 선택(Select Object)
→ 캠 → 질량 특성 옵션(Mass Properties Option) → 자동(Automatic) → 설정(Settings) → □
조인트 없이 링크 수정(□Fix the link) → 적용(Apply)

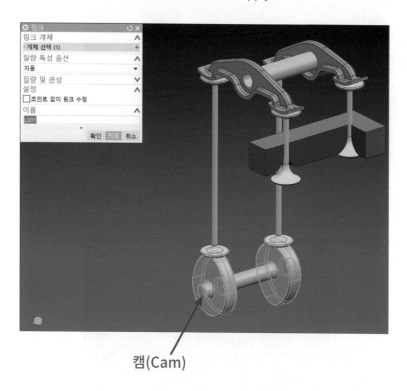

캠(Cam)

② 다음 두 번째 링크를 등록한다. 개체 선택에서 〈그림〉과 같이 1개의 컴포넌트를 선택하고 적용을 클릭한다.

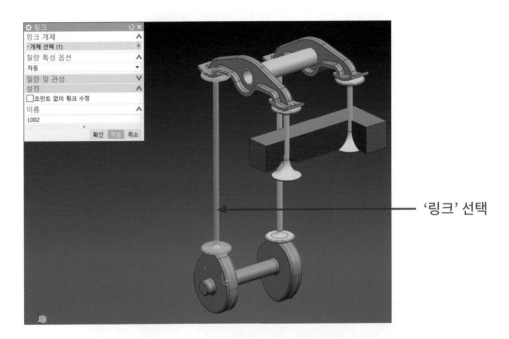

'링크' 선택

③ 다음 세 번째 링크를 등록한다. 〈그림〉과 같이 1개의 컴포넌트를 선택하고 적용을 누른다.

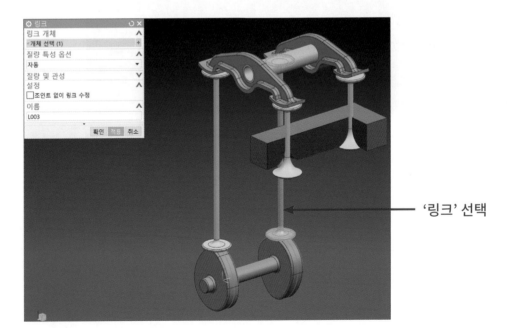

'링크' 선택

④ 다음 네 번째 링크를 등록한다. 〈그림〉과 같이 1개의 컴포넌트를 선택하고 적용을 누른다.

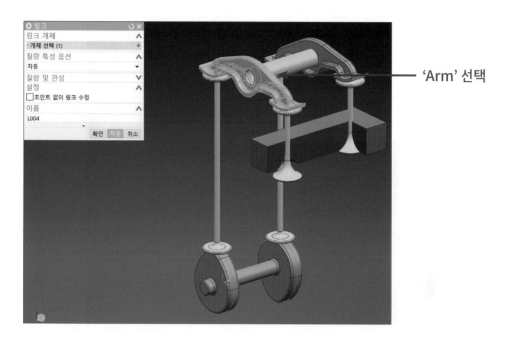

'Arm' 선택

⑤ 다음 다섯 번째 링크를 등록한다. 〈그림〉과 같이 1개의 컴포넌트를 선택하고 적용을 누른다.

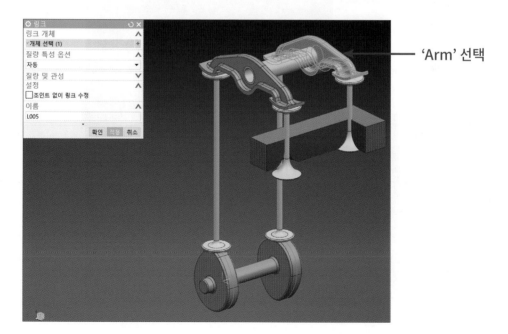

'Arm' 선택

⑥ 다음 여섯 번째 링크를 등록한다. 〈그림〉과 같이 1개의 컴포넌트를 선택하고 적용을 누른다.

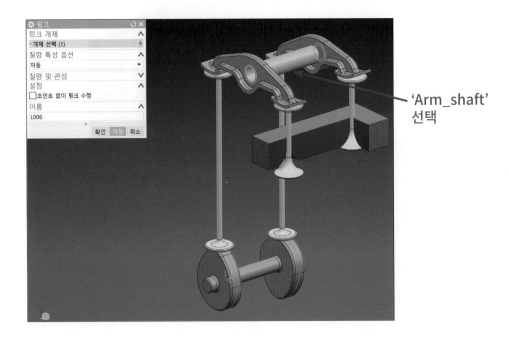

'Arm_shaft'
선택

⑦ 다음 일곱 번째 링크를 등록한다. 〈그림〉과 같이 1개의 컴포넌트를 선택하고 적용을 누른다.

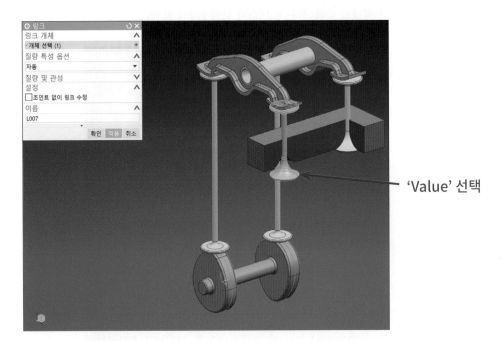

'Value' 선택

⑧ 다음 여덟 번째 링크를 등록한다. 〈그림〉과 같이 1개의 컴포넌트를 선택하고 적용을 누른다.

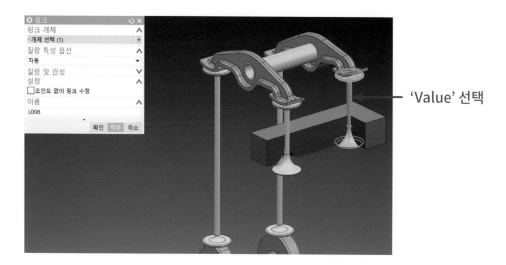

⑨ 다음 아홉 번째 링크를 등록한다. 〈그림〉과 같이 1개의 컴포넌트를 선택하고 적용을 누른다. 링크를 지면에 고정시키기 위해서 설정에서 조인트 없이 링크 수정에 체크 표시한다.

홈(Home) → 설정(Setup) → 링크(Link) → 링크 객체(Link Object) → 객체 선택(Select Object) → 질량 특성 옵션(Mass Properties Option) → 자동(Automatic) → 설정(Settings) → ☑조인트 없이 링크 수정(☑Fix the link) → 적용(Apply)

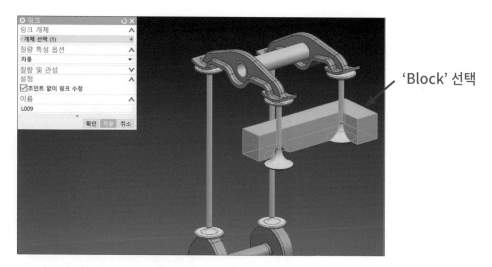

※ 링크 수정 체크 박스에 체크 표시가 되어 있을 경우 고정 조인트를 따로 설정할 필요가 없다.

※ 동작 탐색기(Motion Navigator)를 살펴보면, 링크(Link) 항목이 추가되었다.

동작 탐색기			□
이름	상태	환경	설명
⚐ Assem			
– 🗐 motion_1		Simcenter Motion ...	
– 🗐↘ 링크			
🗐↘ L001			
🗐↘ L002			
🗐↘ L003			
🗐↘ L004			
🗐↘ L005			
🗐↘ L006			
🗐↘ L007			
🗐↘ L008			
🗐↘ L009			
– 🗐 Solution_1	활성	정상 실행	

(5) 조인트 및 구속 조건 정의하기

① 조인트는 컴포넌트 선택하여 동작 특성을 정의한다. 첫 번째 번째 조인트 정의하기 위해
서 L006 링크가 제자리에서 고정하도록 정의한다. 〈그림〉과 같이 링크 선택에 L006의 원
통 측면 모서리을 선택하여 고정되는 원점과 링크 객체가 모두 추정되어 선택된다.

홈(Home) → 설정(Setup) → 조인트(Joint) → 정의(Definition) → 유형(Type) → 고정(Fixed) →
L006 Link 원통 측면 선택(Select Link)

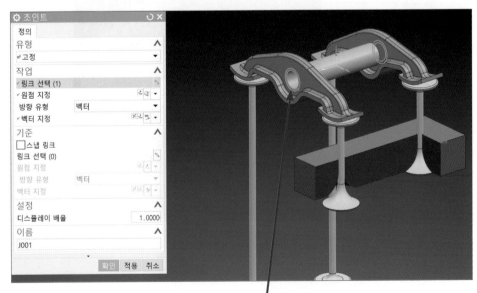

Arm_shaft L006 링크 원통 측면

② 두 번째 조인트 정의하기 위해서 링크 L004가 드라이버 L006의 힌지 중심에서 회전하도록 정의한다.

홈(Home) → 설정(Setup) → 조인트(Joint) → 정의(Definition) → 유형(Type) → 회전 (Revolute) → 작업(Action) → Arm(L004) 원통 홈 모서리 선택(Select Link)

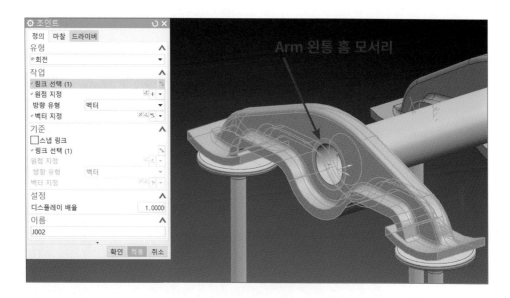

병행 유형 → 벡터 →벡터 지정 → YC + 방향

기준(Base) → L006 암샤프트(Arm_shaft) 선택(Select Body) → 적용(Apply)

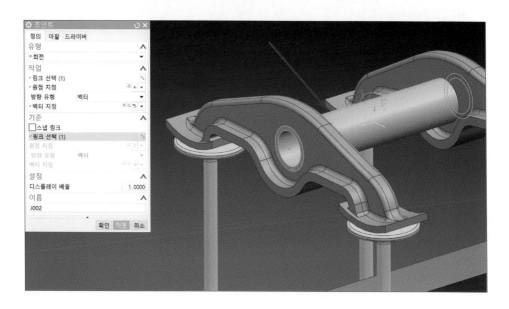

③ 세 번째 조인트 정의하기 위해서 링크 L005가 링크 드라이버 L006의 힌지 중심에서 회전하도록 정의한다.

홈(Home) → 설정(Setup) → 조인트(Joint) → 정의(Definition) → 유형(Type) → 회전(Revolute) → 작업(Action) → 손잡이(L005) 원통 홈의 모서리 선택(Select Link)

기준(Base) → L006 암샤프트(Arm_shaft) → 선택(Select Body) → 확인(OK)

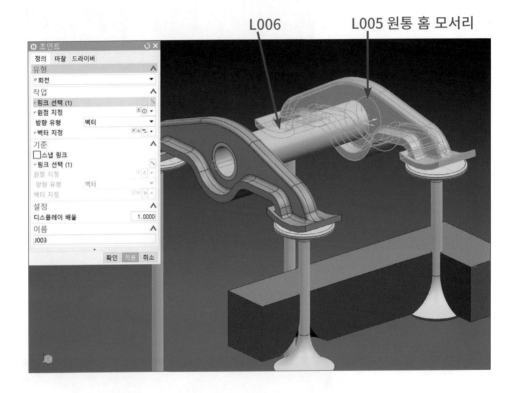

④ 네 번째 조인트 정의하기 위해서 캠 L001이 제자리에서 회전하도록 정의한다.

홈(Home) → 설정(Setup) → 조인트(Joint) → 정의(Definition) → 유형(Type) → 회전(Revolute) → 작업(Action) → 캠(L001) 측면 돌출 면 선택(Select Link)

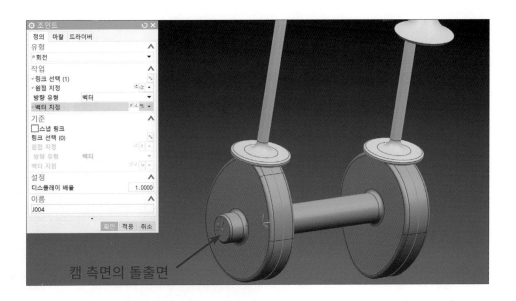

캠 측면의 돌출면

⑤ 다섯 번째와 여섯 번째 조인트는 링크 L002와 L003이 상하 방향으로 왕복 운동하는 조
인트이다. 이를 만들기 위해 유형은 슬라이더를 선택하고 링크 선택에서 〈그림〉과 같이
LINK의 모서리 선을 클릭하고, 백터는 +Z 방향을 선택한다.

홈(Home) → 설정(Setup) → 조인트(Joint) → 정의(Definition) → 유형(Type) → 슬라이드
(Slide) → 작업(Action) → Link의 모서리 선택(Select Link)

LINK의 모서리

기준(Base) → L001 캠 선택(Select Body) → 확인(OK)

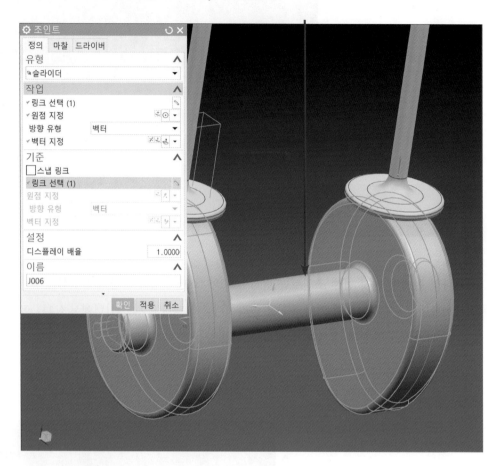

⑥ 일곱 번째로 캠축 L001과 링크 L002가 정해진 범위에서 운동하도록 구속 조건 - 곡선상
의 곡선을 이용한다. 구속 조건 옵션 중의 곡선상의 곡선 명령을 이용하면 3D 접촉을 이
용한 방법에 비해 해석 시간이 줄어든다.

홈(Home) → 구속 조건(Constraint) → 곡선상의 곡선(Curve to Curve) → 첫 번째 곡선 세트 →
L001 곡선 선택(Select Curve) → 두 번째 곡선 세트 → L002 곡선 선택(Select Curve)

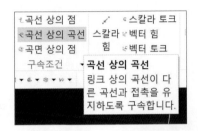

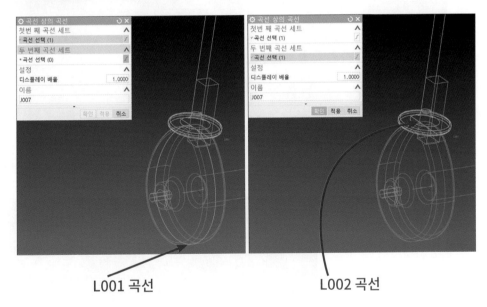

L001 곡선   L002 곡선

※ 이 기능이 수행되기 위해서는 다음과 같이 링크 설정을 바꾼다.

첫 번째 캠 링크(L001)의 개체 선택을 수정해야 한다. 이를 위해서는 동작 탐색기 내 해당 링크 개체를 선택하고 마우스 오른쪽 버튼을 클릭하여 편집하여야 한다.

동작 탐색기 → L001 클릭 → MB3 클릭 → 편집(Edit)

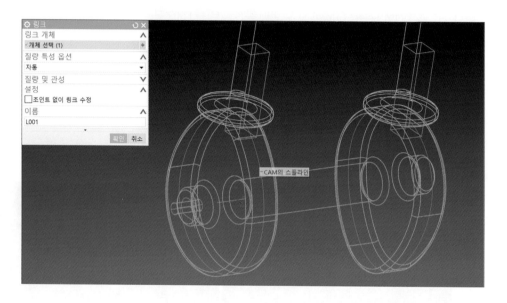

기존 1개의 개체에 스플라인 선 2개 객체를 포함시켜 총 3개의 객체 설정으로 바꾼다.

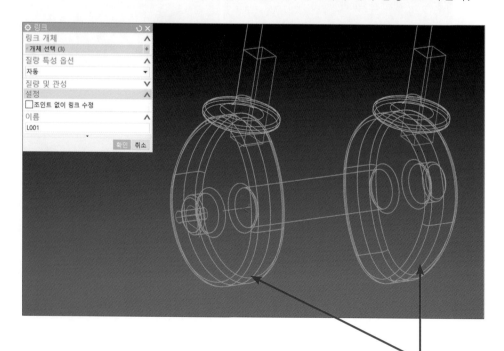

두 번째와 세 번째 링크 또한 수정해야 한다.

동작 탐색기 → L002 클릭 → MB3 클릭 → 편집(Edit)

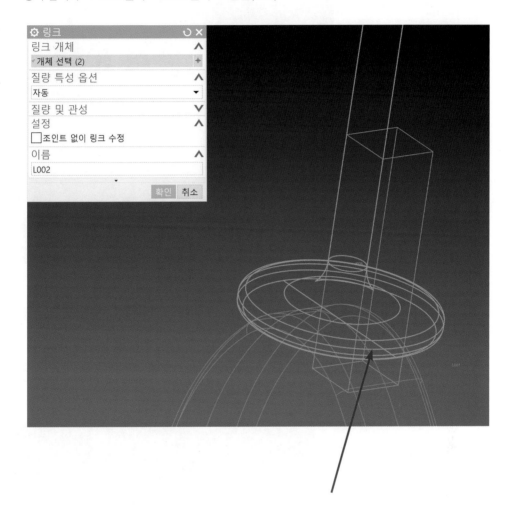

기존 1개의 개체에 스플라인 선 2개 객체를 포함시켜 총 3개의 객체 설정으로 바꾼다.

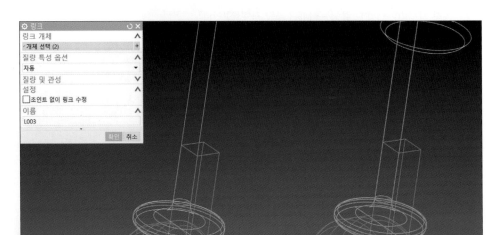

⑦ 여덟 번째 조인트 설정으로 캠축 L001과 L003이 정해진 범위에서 운동하도록 구속 조건
   - 곡선상의 곡선을 이용한다.

홈(Home) → 구속 조건(Constraint) → 곡선상의 곡선(Curve to Curve) → 첫 번째 곡선 세트 →
L001 곡선 선택(Select Curve) → 두 번째 곡선 세트 → L003 곡선 선택(Select Curve)

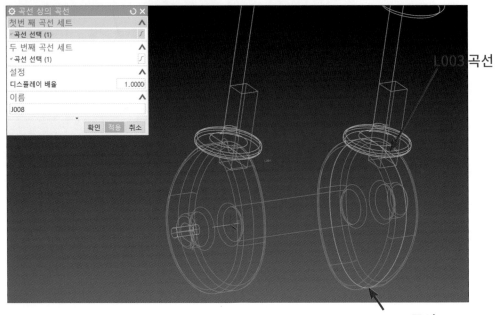

※ 네 번째와 다섯 번째 링크의 개체 선택을 수정해야 한다. 이를 위해서는 동작 탐색기 내 해당 링크 개체를 선택하고 마우스 오른쪽 버튼을 클릭하여 편집하여야 한다.

L004 클릭 → MB3 클릭 → 편집(Edit)

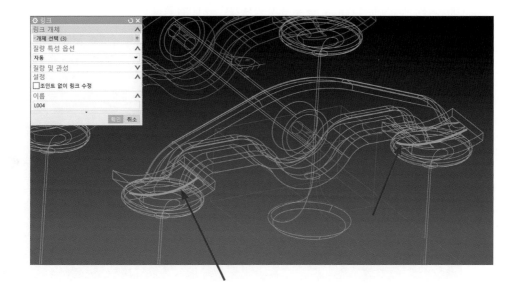

기존 1개의 개체에 스플라인 선 2개 객체를 포함시켜 총 3개의 객체 설정으로 바꾼다.

L005 클릭 → MB3 클릭 → 편집(Edit)

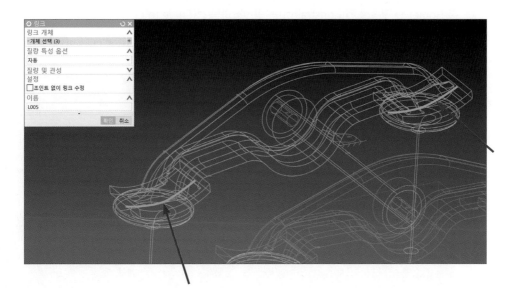

⑧ 아홉 번째 조인트를 설정하기 위해 캠축 L002와 L004가 정해진 범위에서 운동하도록 구속 조건 - 곡선상의 곡선을 이용한다.

홈(Home) → 구속 조건(Constraint) → 곡선상의 곡선(Curve to Curve) → 첫 번째 곡선 세트 → L002 곡선 선택(Select Curve) → 두 번째 곡선 세트 → L004 곡선 선택(Select Curve)

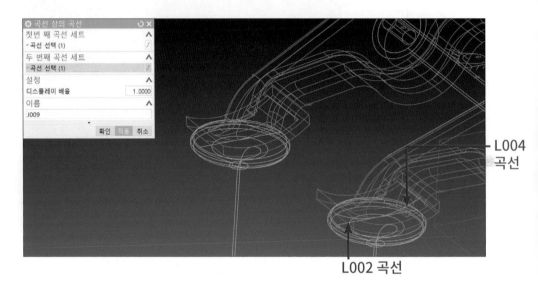

L004 곡선

L002 곡선

⑨ 열 번째 조인트를 설정하기 위해 캠축 L003와 L005가 정해진 범위에서 운동하도록 구속 조건 - 곡선상의 곡선을 이용한다.

홈(Home) → 구속 조건(Constraint) → 곡선상의 곡선(Curve to Curve) → 첫 번째 곡선 세트 → L003 곡선 선택(Select Curve) → 두 번째 곡선 세트 → L005 곡선 선택(Select Curve)

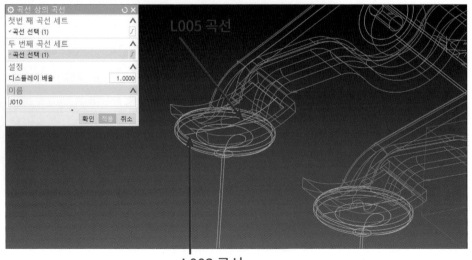

L003 곡선

※ 일곱 번째와 여덟 번째 링크의 개체 선택을 수정해야 한다. 이를 위해서는 동작 탐색기
내 해당 링크 개체를 선택하고 마우스 오른쪽 버튼을 클릭하여 편집하여야 한다.

기존 1개의 개체에 스플라인 선 1개 객체를 포함시켜 총 2개의 객체 설정으로 바꾼다.

L007 클릭 → MB3 클릭 → 편집(Edit)

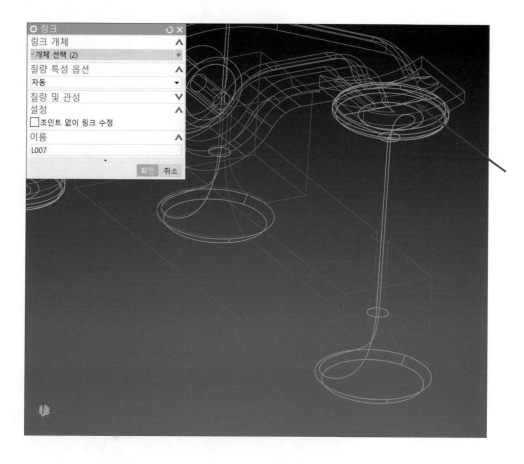

기존 1개의 개체에 스플라인 선 1개 객체를 포함시켜 총 2개의 객체 설정으로 바꾼다.

L008 클릭 → MB3 클릭 → 편집(Edit)

⑩ 열한 번째 조인트를 설정하기 위해 캠축 L004와 L007가 정해진 범위에서 운동하도록 구속 조건 - 곡선상의 곡선을 이용한다.

홈(Home) → 구속 조건(Constraint) → 곡선상의 곡선(Curve to Curve) → 첫 번째 곡선 세트 →

L007 곡선 선택(Select Curve) → 두 번째 곡선 세트 → L004 곡선 선택(Select Curve)

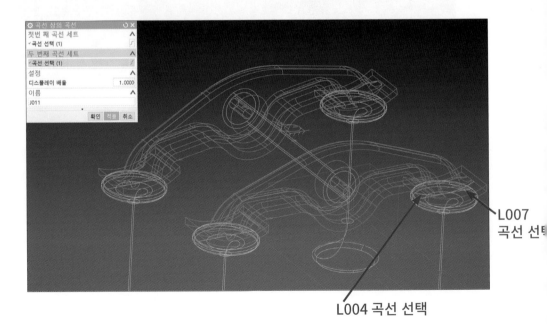

⑪ 열두 번째 조인트를 설정하기 위해 캠축 L005와 L008가 정해진 범위에서 운동하도록 구
속 조건 - 곡선상의 곡선을 이용한다.

홈(Home) → 구속 조건(Constraint) → 곡선상의 곡선(Curve to Curve) → 첫 번째 곡선 세트 →
L008 곡선 선택(Select Curve) → 두 번째 곡선 세트 → L005 곡선 선택(Select Curve)

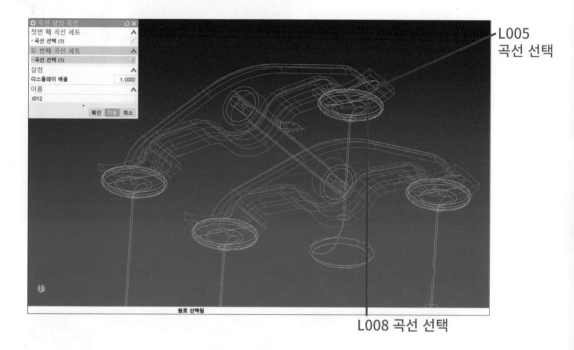

⑫ 열세 번째와 열네 번째 조인트는 링크 L007와 L008이 상하 방향으로 왕복 운동하는 조
인트이다. 이를 만들기 위해 유형은 슬라이더를 선택하고 링크 선택에서 〈그림〉과 같이
Value의 모서리 선을 클릭하고, 백터는 +Z 방향을 선택한다.

홈(Home) → 설정(Setup) → 조인트(Joint) → 정의(Definition) → 유형(Type) → 슬라이드
(Slide) → 작업(Action) → Value의 모서리 선택(Select Link)

● 열세 번째 조인트 (J013)

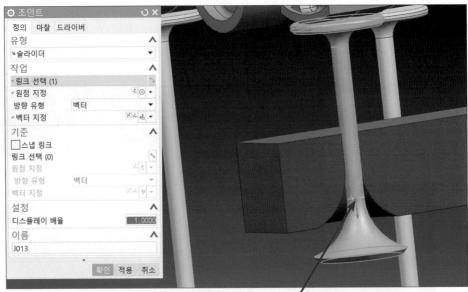

Value의 모서리 변

● 열네 번째 조인트 (J014)

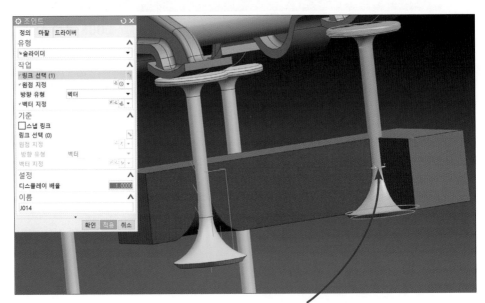

Value의 모서리 변

⑬ 캠 축(L001)의 회전축에 운전자(Driver)를 이용하여 동작을 부여한다.

홈(Home) → 설정(Setup) → 운전자(Driver) → 드라이버 유형(Type) → 조인트 드라이버 → 드라이버 개체 선택 → J004 → 회전(Revolute) → 다항식(Constant) → 초기 변위(Initial Displacement) 0 → 초기 속도(Initial Velocity) 360 → 초기 가속도(Initial Acceleration) 0 → 확인(OK)

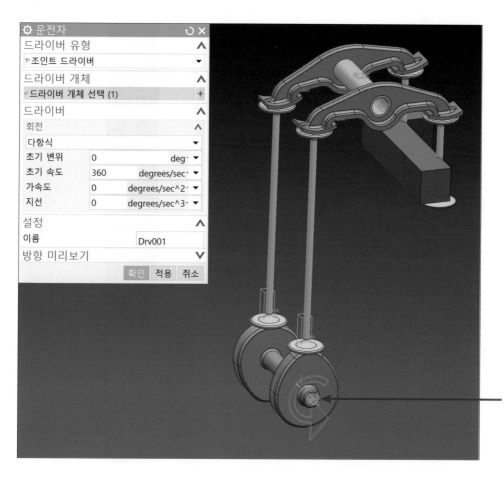

(6) 해석 진행하기 및 분석 결과 확인하기

① Motion에서 동작을 해석하기 위해서 마찬가지로 동작 탐색기에 Solution 항목을 마우스 오른쪽 버튼 클릭 ⇒ 해석을 진행해야 한다.

홈(Home) → 분석(Analysis) → 해석(Solve)

② 애니메이션 대화상자를 통한 애니메이션을 실행한다.

　홈(Home) → 분석(Analysis) → 애니메이션(Animation) → 재생(Play)

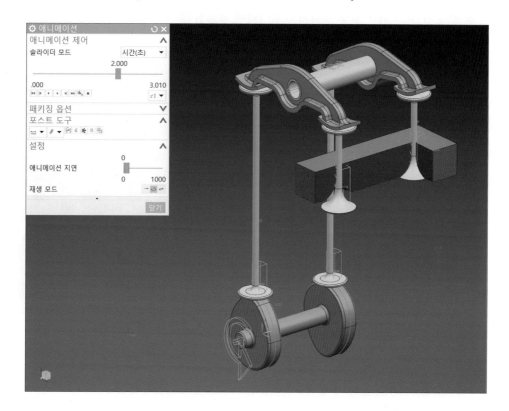

③ 메커니즘의 구동하는 동안 링크 간의 거리를 측정할 수 있다. 측정하기에 앞서 측정 대
　상이 되는 링크에 마커를 부착한다.

　홈(Home) → 설정(Setting) → 마커(Marker)

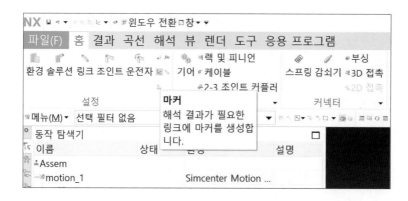

● 첫 번째 마커(A001) 부착 방법

연관된 링크 → L008 링크 선택 → 방향 → 점 지정 → 좌표계 지정 →절대 좌표계

※ 링크 선택 시 밸브 원통 모서리를 선택하면 원통의 중심점이 선택됨

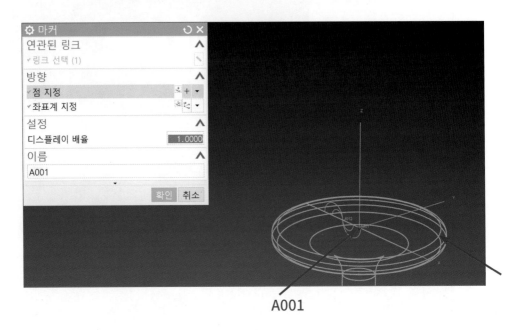

A001

● 두 번째 마커(A002) 부착 방법

연관된 링크 → L009 링크 선택 → 방향 → 점 지정 → 좌표계 지정 →절대 좌표계

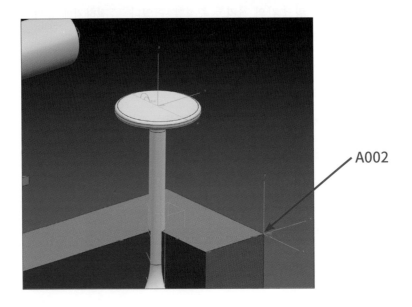

A002

④ 엔진-캠 메커니즘 구동 시 밸브와 블록 사이의 거리를 측정해 보자.

　해석(Analysis) → 거리 측정 → 유형 → 투영 거리 → 벡터 → Z축 → 시작점 A001 → 끝점 A002

　→ 측정

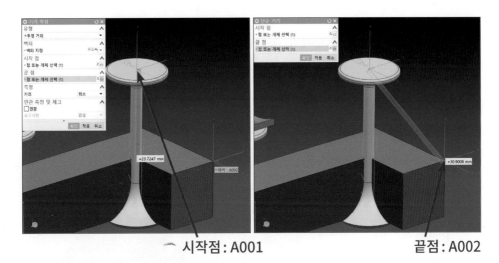

시작점 : A001　　　　　　　　　끝점 : A002

⑤ 애니메이션을 종료한다.

　결과(Result) → 레이아웃(Layout) → 모델로 돌아가기(Return to Model)

　결과(Result) → 애니메이션(Animation) → 애니메이션 종료(Finish Animation)

(7) 해석 종료하기

① 동작 탐색기에서 Assem 아이콘을 마우스 왼쪽 버튼을 더블 클릭하여 시뮬레이션을 종료 한다.

　동작 탐색기 Assem 아이콘 → MB1 더블 클릭

6. 기어 펌프

(1) 예제 파일 불러오기

① Motion Simulation 을 진행하기 위해서는 어셈블리가 완료된 형상이 필요하다.
Motion 폴더에 있는 0 Gear pump Assey.prt 파일을 불러온다.

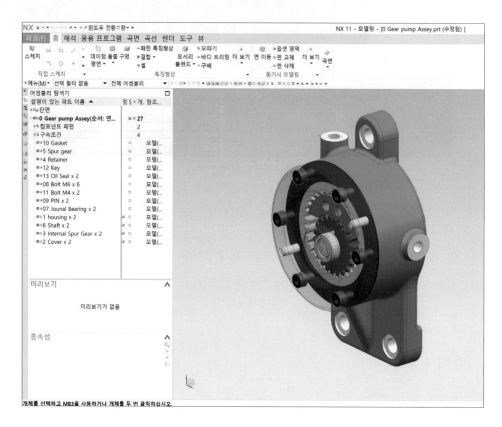

(2) 동작 응용 프로그램(Motion Simulation) 시작하기

① 응용 프로그램에서 동작 아이콘을 클릭한다.

응용 프로그램 → 동작

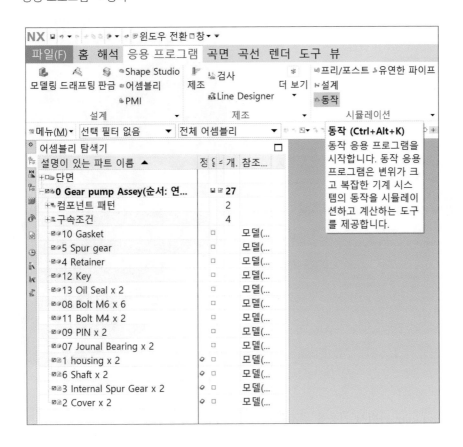

② 해석과 마찬가지로 동작 탐색기에서 0 Gear pump Assey 아이콘을 마우스 오른쪽 버튼을 클릭하여 새 시뮬레이션 생성을 만들어야 한다.

0 Gear pump Assey 클릭 → MB3 클릭 → 새 시뮬레이션(New Simulation)

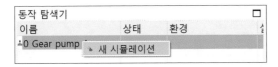

③ 새 시뮬레이션에 환경에서 수정 사항 없이 확인을 누른다.

해석 유형(Analysis Type) → 동역학(Dynamics) → 확인 (OK)

④ Motion Joint 마법사 기능을 취소한다.

OK 하면 Joint 가 자동으로 생성되는데, 여기에서는 Cancel하여 Joint를 수동으로 생성한다.

동작 조인트 마법사(Motion Joint Wizard) → 취소 (Cancel)

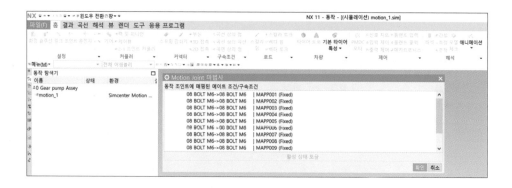

(3) 솔루션 생성하기

① 솔루션을 생성한다.

홈(Home) → 설정(Setup) → 솔루션(Solution) → 솔루션 옵션(Solution Option) → 솔루션 유형(Solution Type) → 정상 실행(Normal Run) → 해석 유형(Analysis Type) → 운동학/동역학 (Kinematics/Dynamics) → 시간(Time) → 스텝(Steps) → 확인(OK)

② 동작 탐색기(Motion Navigator)에 솔루션 항목이 생성된 것을 확인할 수 있다.

동작 탐색기			□
이름	**상태**	**환경**	설
⚙0 Gear pump Assey			
─⊞motion_1		Simcenter Motion ...	
─⊠Solution_1	활성	정상 실행	

(4) 링크(Link) 생성하기

① 첫 번째 링크를 등록한다. 움직이지 않는 링크를 먼저 생성한다. 링크의 개체 선택에서
먼저 〈그림〉과 같이 14개의 컴포넌트를 선택하고 적용을 누른다.

홈(Home) → 설정(Setup) → 링크(Link) → 링크 객체(Link Object) → 객체 선택(Select Object)
→ 질량 특성 옵션(Mass Properties Option) → 자동(Automatic) → 설정(Settings) → ☑조인트
없이 링크 수정(☑Fix the link) → 적용(Apply)

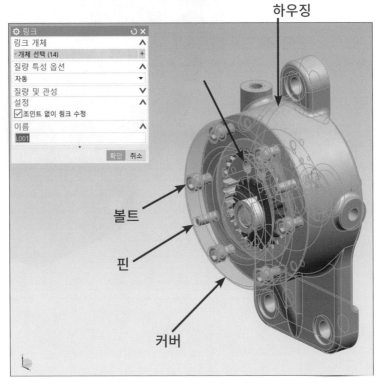

② 다음 두 번째 링크를 등록한다. 개체 선택에서 〈그림〉과 같이 1개의 컴포넌트를 선택하고 적용을 클릭한다.

홈(Home) → 설정(Setup) → 링크(Link) → 링크 객체(Link Object) → 객체 선택(Select Object) → 질량 특성 옵션(Mass Properties Option) → 자동(Automatic) → 설정(Settings) → □조인트 없이 링크 수정(□Fix the link) → 적용(Apply)

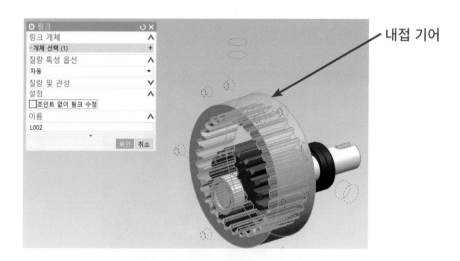

※ 두 번째 링크 등록을 원활하게 하기 위해서 첫 번째 등록한 L001이 보이지 않도록 동작 탐색기에서 L001 앞 체크 표시를 MB1호 제거한다.

③ 다음 세 번째 링크를 등록한다. 〈그림〉과 같이 6개의 컴포넌트를 선택하고 적용을 누른다.

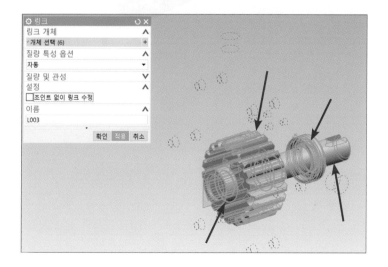

(5) 조인트 및 구속 조건 정의하기

① 첫 번째 조인트 정의하기 위해서 L002가 제자리에서 회전하도록 정의한다. 〈그림〉과 같이 링크 선택에 L002의 내접 기어 모서리를 선택하여 회전하는 중심점과 링크 객체가 모두 추정되어 선택된다.

홈(Home) → 설정(Setup) → 조인트(Joint) → 정의(Definition) → 유형(Type) → 회전 (Revolute) → 내접 기어 모서리 선택(Select Link)

② 다음 벡터 지정에서 회전축의 방향을 선택한다. 〈그림〉과 같이 Y축의 - 방향을 선택하고 확인을 누른다.

③ 다음으로 드라이버 탭에서 내접 기어 회전 조인트의 동작을 부여한다.

드라이버(Driver) 탭 → 회전(Revolute) → 다항식(Constant) → 초기 변위(Initial Displacement)

0 → 초기 속도(Initial Velocity) 360 → 초기 가속도(Initial Acceleration) 0 → 확인(OK)

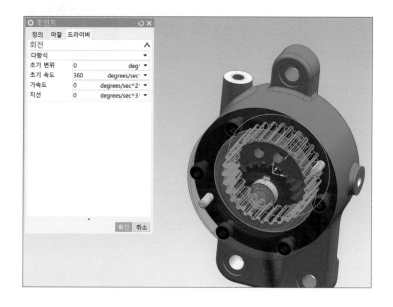

④ 두 번째 조인트 정의하기 위해서 L003가 제자리에서 회전하도록 정의한다. 〈그림〉과 같이 링크 선택에 L003의 축 베어링의 내경 모서리를 선택하여 회전하는 중심점과 링크 객체가 모두 추정되어 선택된다.

홈(Home) → 설정(Setup) → 조인트(Joint) → 정의(Definition) → 유형(Type) → 회전 (Revolute) → 축 베이링의 내경 모서리 선택(Select Link) → 벡터 지정 → Y 축 → 방향 → 확인 (OK)

⑤ 다음으로 J001 회전 조인트와 J002 회전 조인트의 커플러 설정을 통해 기어 동작을 정의한다.

홈(Home) → 커플러(Coupler) → 기어(Gear) → 조인트 선택(Action) → 첫 번째 회전 조인트 →
두 번째 회전 조인트 → 접촉점(옵션) → 설정(비율) → -60/42 → 확인(OK)

※ 기어는 한 쌍의 기어를 하나의 회전 조인트의 동작을 두 번째 회전 조인트 또는 원통 조인트에 연결하는 데 사용된다.

기어를 사용할 경우

1) 두 조인트의 공통 베이스 링크가 있어야 한다.

2) 기어비는 두 번째 조인트의 지오메트리 반경에 대한 첫 번째 조인트와 연결된 기어 지오메트리의 반경이다.

3) 기어 이 사이의 접촉과 기어 반력은 표시되지 않는다.

접촉점 옵션 대화상자를 사용하여 기어비와 기어의 접촉점 위치를 그래픽으로 설정할 수 있다.

전체 1

(6) 해석 진행하기 및 분석 결과 확인하기

① Motion에서 동작을 해석하기 위해서 마찬가지로 동작 탐색기에 Solution 항목을 마우스
오른쪽 버튼 클릭 ⇒ 해석을 진행해야 한다.

홈(Home) → 분석(Analysis) → 해석(Solve)

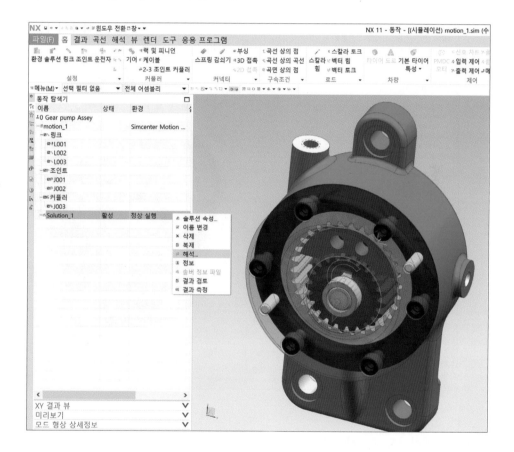

② 메뉴바에서 결과 탭의 재생 아이콘을 클릭하면 링크와 조인트로 연결되어 있는 컴포넌트가 Motion을 통해 움직여지는 것을 확인할 수 있다.

※ 애니메이션을 종료하고 모델 뷰로 돌아가는 방법은 애니메이션에 정지 아이콘을 클릭 ⇒ 마침 아이콘 클릭 ⇒ 모델로 복귀 클릭 ⇒ 메뉴바에서 홈 탭을 클릭

③ 애니메이션 대화상자를 통한 애니메이션을 실행한다. 실행 결과를 동영상 파일로 저장한다.

홈(Home) → 해석(Analysis) → 애니메이션(Animation) → 재생(Play)

홈(Home) → 해석(Analysis) → 애니메이션(Animation) → 동영상 저장

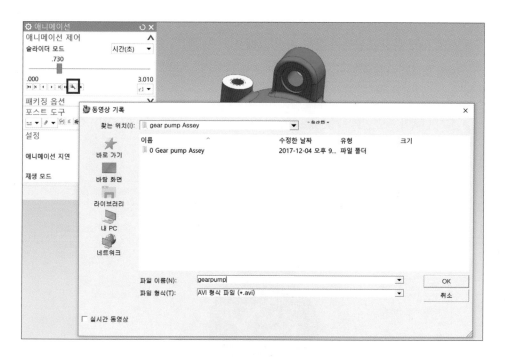

※ 모션 시뮬레이션 폴더 안에 gearpump.avi 동영상 파일이 저장된다.

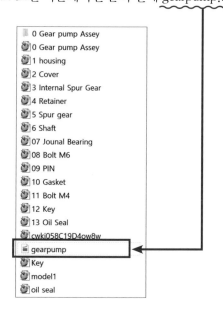

④ 링크, 조인트 마커 등과 같은 동작 객체(Motion Object)의 동작 결과를 플로팅한다.

결과(Result) → 레이아웃(Layout) → 레이아웃 설정(Layout setting) → 3개의 동일하지 않은 뷰

홈(Home) → 분석(Analysis) → XY 결과(XY Result)

- J001, J002 회전 조인트의 각도 변위 그래프

동작 탐색기 → 조인트 → J001 → XY 결과 뷰 → 상대 → 변위 → RZ → MB1 더블 클릭 → 오른쪽
상단 창 선택

동작 탐색기 → 조인트 → J002 → XY 결과 뷰 → 상대 → 변위 → RZ → MB1 더블 클릭 → 오른쪽
하단 창 선택

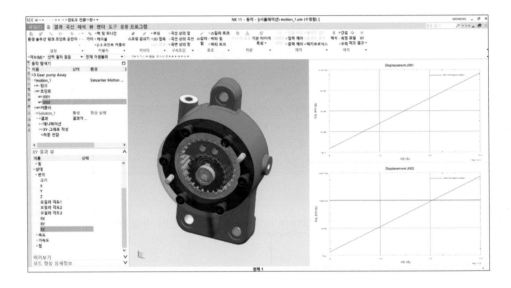

⑤ 기어 펌프의 구동과 회전 조인트의 회전량을 동시에 보기 위해서 결과 탭의 재생 아이
콘을 클릭한다.

결과(Result) 애니메이션(Animation) → 재생(Play)

(7) 해석 종료하기

① 동작 탐색기에서 0 Gear pump Assey 아이콘을 마우스 왼쪽 버튼을 더블 클릭하여 시뮬
레이션을 종료한다.

동작 탐색기 0 Gear pump Assey 아이콘 → MB1 더블 클릭

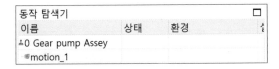

7. 랙과 피니언

(1) 예제 파일 불러오기

① Motion Simulation 을 진행하기 위해서는 어셈블리가 완료된 형상이 필요하다.
  Motion 폴더에 있는 ass-final.prt 파일을 불러온다.

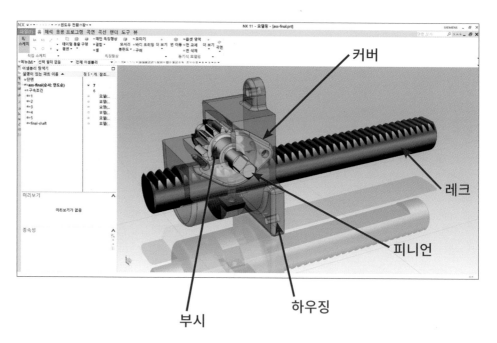

(2) 동작 응용 프로그램(Motion Simulation) 시작하기

① 응용 프로그램에서 동작 아이콘을 클릭한다.

응용 프로그램 → 동작

② 해석과 마찬가지로 동작 탐색기에서 ass-final 아이콘을 마우스 오른쪽 버튼을 클릭하여 새 시뮬레이션 생성을 만들어야 한다.

ass-final 클릭 → MB3 클릭 → 새 시뮬레이션(New Simulation)

③ 새 시뮬레이션에 환경에서 수정 사항 없이 확인을 누른다.

해석 유형(Analysis Type) → 동역학(Dynamics) → 확인 (OK)

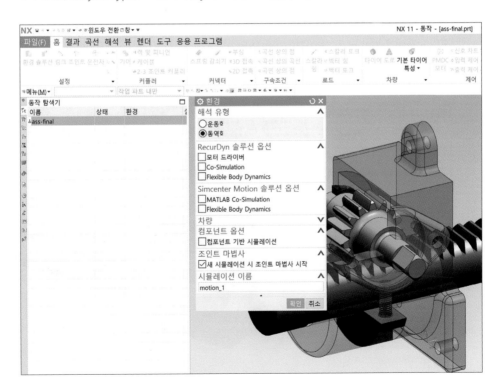

④ Motion Joint 마법사 기능을 취소한다.

OK 하면 Joint 가 자동으로 생성되는데, 여기에서는 Cancel하여 Joint를 수동으로 생성한다.

동작 조인트 마법사(Motion Joint Wizard) → 취소 (Cancel)

(3) 솔루션 생성하기

① Motion Simulation에서 동작을 구현하기 위해서는 솔루션을 생성해야 한다.

홈(Home) → 설정(Setup) → 솔루션(Solution) → 솔루션 옵션(Solution Option) → 솔루션 유형(Solution Type) → 정상 실행(Normal Run) → 해석 유형(Analysis Type) → 운동학/동역학(Kinematics/Dynamics) → 시간(Time) → 스텝(Steps) → 확인(OK)

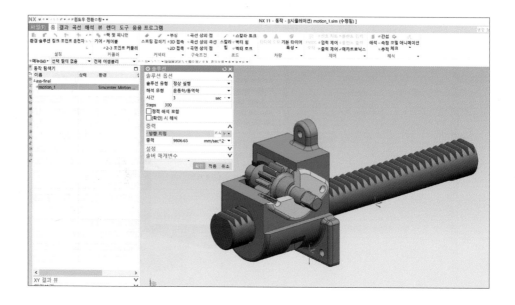

② 동작 탐색기(Motion Navigator)에 솔루션 항목이 생성된 것을 확인할 수 있다.

동작 탐색기			
이름	상태	환경	
⚓ass-final			
└📄motion_1		Simcenter Motion ...	
└📄Solution_1	활성	정상 실행	

(4) 링크(Link) 생성하기

① Motion Simulation을 구현하기 위해서 먼저 링크를 통해 어떠한 컴포넌트를 사용할 것
인지 각각의 파트를 등록시켜야 한다. 링크의 개체 선택에서 먼저 〈그림〉과 같이 4개의
컴포넌트를 선택하고 적용을 누른다.

홈(Home) → 설정(Setup) → 링크(Link) → 링크 객체(Link Object) → 객체 선택(Select Object)
→ 질량 특성 옵션(Mass Properties Option) → 자동(Automatic) → 설정(Settings) → ☑조인트
없이 링크 수정(☑Fix the link) → 적용(Apply)

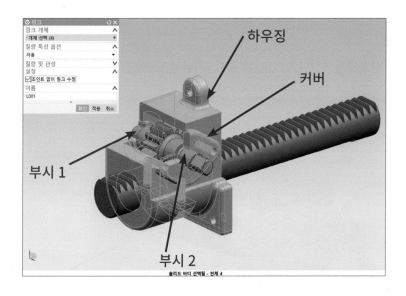

② 다음 두 번째 링크를 등록한다. 개체 선택에서 〈그림〉과 같이 1개의 컴포넌트를 선택하고 적용을 클릭한다.

홈(Home) → 설정(Setup) → 링크(Link) → 링크 객체(Link Object) → 객체 선택(Select Object) → 질량 특성 옵션(Mass Properties Option) → 자동(Automatic) → 설정(Settings) → □조인트 없이 링크 수정(□Fix the link) → 적용(Apply)

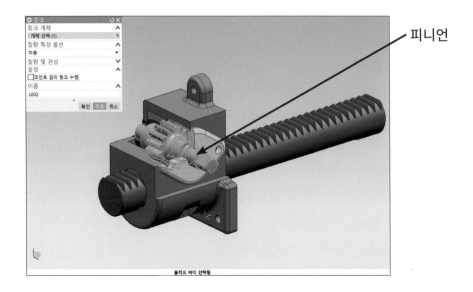

피니언

③ 다음 세 번째 링크를 등록한다. 〈그림〉과 같이 1개의 컴포넌트를 선택하고 적용을 누른다.

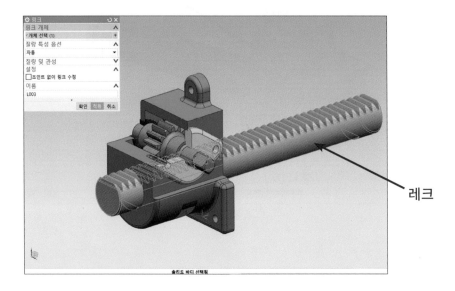

레크

(5) 조인트 및 구속 조건 정의하기

① 첫 번째 조인트 정의하기 위해서 L002가 제자리에서 회전하도록 정의한다. 〈그림 〉와 같이 링크 선택에 L002 Shaft의 면을 선택하여 회전하는 중심점과 링크 객체가 모두 추정되어 선택된다.

홈(Home) → 설정(Setup) → 조인트(Joint) → 정의(Definition) → 유형(Type) → 회전 (Revolute) → SHAFT 면 선택(Select Link)

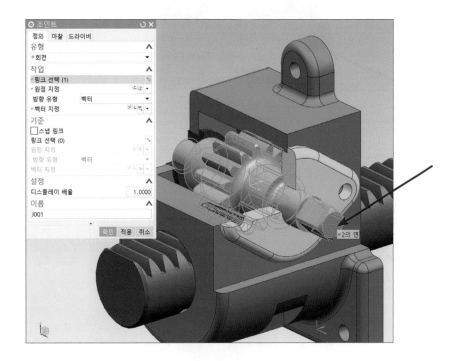

② 다음 벡터 지정에서 회전축의 방향을 선택한다. 〈그림〉과 같이 X축의 + 방향을 선택하고 확인을 누른다.

③ L002 피니언 기어와 L003 랙 기어가 서로 맞물려 회전하면서 L003 링크가 좌/우 방향으로 왕복 운동하는 조인트를 만들기 위해 유형은 슬라이더를 선택하고 링크 선택에서 〈그림〉과 같이 FINAL-SHAFT의 면을 클릭하고, 백터는 +Y 방향을 선택한다.

홈(Home) → 설정(Setup) → 조인트(Joint) → 정의(Definition) → 유형(Type) → 슬라이드 (Slide) → 작업(Action) → 면 선택(Select Link)

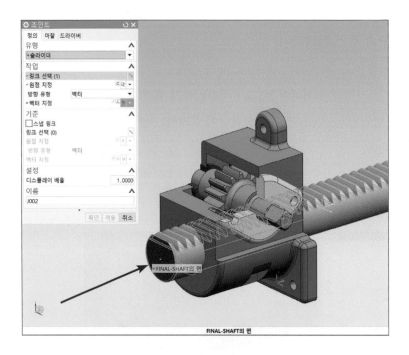

FINAL-SHAFT의 면

슬라이더 조인트 설정 후 좌표계는 아래와 같다.

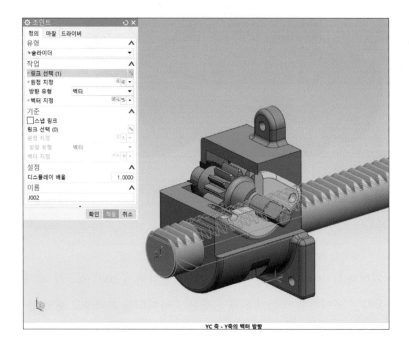

YC 축 - Y축의 벡터 방향

④ L002 피니언 기어와 L003 랙 기어의 상대 운동을 설정하기 위해서 랙 및 피니언을 선택
   하고 확인을 누른다.

   홈(Home) → 커플러(Coupler) → 랙 및 피니언(Rack and Pinion) → 첫 번째 조인트 (Slider
   Joint) → J002 → 두 번째 회전 조인트(Revolute Joint) → J001 → 비율(2×15/2) → 확인(OK)

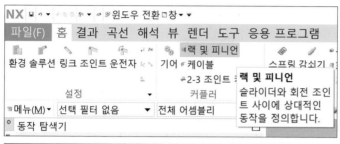

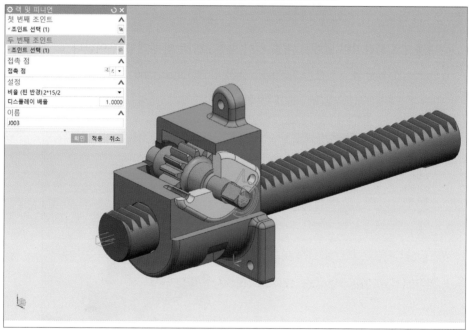

※ 비율의 기본값은 회전축과 이동 축 간의 최소 간격이다. 접촉점 옵션을 이용하여 랙과
   피니언의 접촉점의 위치와 비율을 그래픽으로 설정할 수 있으며, 여기서 비율이란 피니
   언의 유효 반경을 말한다.

⑤ 피니언 기어의 회전 조인트 J001에 운전자(Driver) 탭을 이용하여 동작을 부여한다.

동작 탐색기 → 조인트 → J001 → MB3 클릭 → 편집

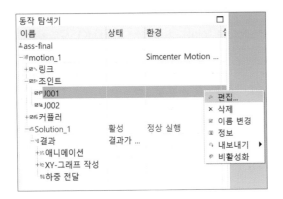

⑥ 다음으로 드라이버 탭에서 내접 기어 회전 조인트의 동작을 부여한다.

드라이버(Driver) 탭 → 회전 → 회전(Revolute) → 다항식(Constant) → 초기 변위(Initial Displacement) 0 → 초기 속도(Initial Velocity) -360 → 초기 가속도(Initial Acceleration) 0 → 적용(Apply)

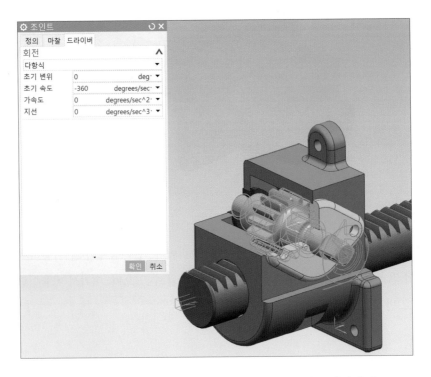

※ 여기서 초기 속도의 (-) 마이너스 값은 회전 방향의 반전을 의미한다.

(6) 해석 진행하기 및 분석 결과 확인하기

① Motion에서 동작을 해석하기 위해서 마찬가지로 동작 탐색기에 Solution 항목을 마우스 오른쪽 버튼 클릭 ⇒ 해석을 진행해야 한다.

홈(Home) → 분석(Analysis) → 해석(Solve)

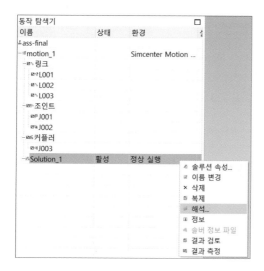

② 메뉴바에서 결과 탭의 재생 아이콘을 클릭하면 링크와 조인트로 연결되어 있는 컴포넌트가 Motion을 통해 움직여지는 것을 확인할 수 있다.

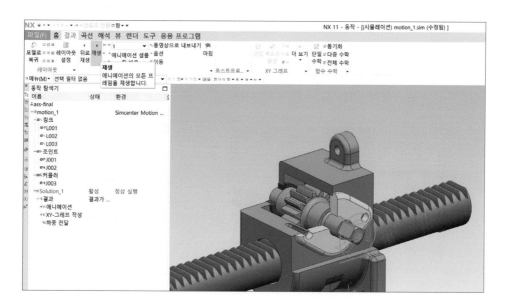

※ 애니메이션을 종료하고 모델 뷰로 돌아가는 방법은 애니메이션에 정지 아이콘을 클릭
⇒ 마침 아이콘 클릭 ⇒ 모델로 복귀 클릭 ⇒ 메뉴바에서 홈 탭을 클릭

③ 링크, 조인트 마커 등과 같은 동작 객체(Motion Object)의 동작 결과를 플로팅한다. 여러 결과를 함께 보기 위해서 레이아웃 설정을 "3개의 동일하지 않은 뷰"로 변경한다.

결과(Result) → 레이아웃(Layout) → 레이아웃 설정(Layout setting) → 3개의 동일하지 않은 뷰

● 3개의 동일하지 않은 뷰창으로 설정된 화면

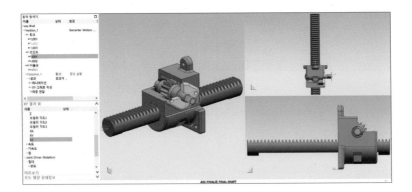

● 회전 조인트 및 슬라이더 조인트 변위 그래프 결과

홈(Home) → 분석(Analysis) → XY 결과(XY Result)

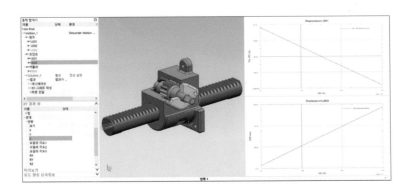

[**피니언 기어**] 동작 탐색기 → 조인트 → J001 → XY 결과 뷰 → 상대 → 변위 → RZ → MB1 더블
클릭 → 오른쪽 상단 창 선택

[**랙 기어**] 동작 탐색기 → 조인트 → J002 → XY 결과 뷰 → 상대 → 변위 → Z → MB1 더블 클릭
→ 오른쪽 하단 창 선택

④ 시뮬레이션 결과를 동영상 파일로 저장한다.

홈(Home) → 해석(Analysis) → 애니메이션(Animation) → 동영상 저장

(7) 해석 종료하기

① 동작 탐색기에서 ass-final 아이콘을 마우스 왼쪽 버튼을 더블 클릭하여 시뮬레이션을 종
료한다.

동작 탐색기 ass-final 아이콘 → MB1 더블 클릭

8. 로봇 암 메커니즘

(1) 예제 파일 불러오기

① Motion Simulation을 진행하기 위해서는 어셈블리가 완료된 형상이 필요하다.

Motion 폴더에 있는 ROBOTIC_ARM.x_t 파일을 불러온다.

파일 → 열기 → 파일 형식 → 파라솔리드 텍스트 파일 (*.x_t) → 파일 이름 → ROBOTIC_ARM

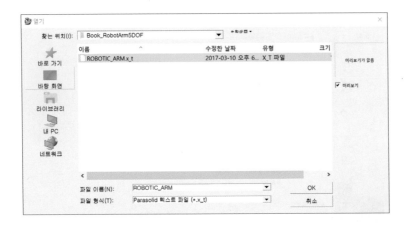

불러오기가 완료된 모델은 다음의 그림과 같다.

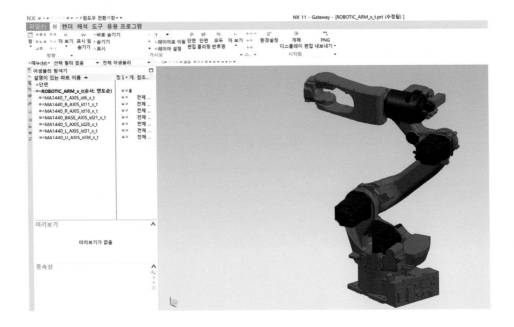

② 열기(open)를 통해 불러온 파일은 해당 홀더에 저장한다.

저장 아이콘을 통해 저장하게 되면 파일 디렉토리에 아래와 같은 파일들이 저장된다.

파일 → 저장

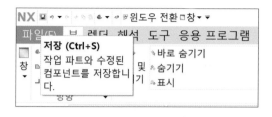

● 예제 파일에 들어 있는 폴더

※ 다른 CAD 시스템에서 설계한 부품 및 조립품을 열거나 가져올 수 있다. 일반적으로 모션 시뮬레이션은 step 파일과 parasolid 파일을 이용한다.

Siemens NX에서는 다른 프로그램(CAIA, Solidwork) 파일 등을 열 수 있다. 하지만 버전에 따라 호환 문제가 발생하기 때문에 Step 파일이나 parasolid 파일로 변환하여 이용하는 것이 효과적일 수 있다.

(2) 동작 응용 프로그램(Motion Simulation) 시작하기

① 응용 프로그램에서 동작 아이콘을 클릭한다.

응용 프로그램 → 동작

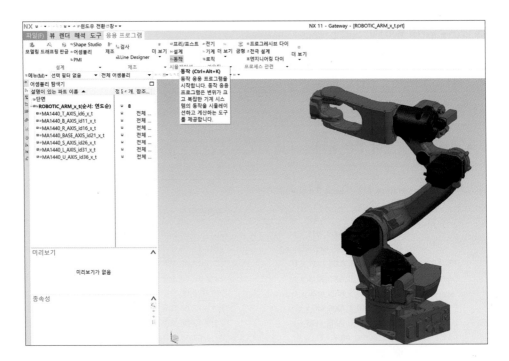

② 해석과 마찬가지로 동작 탐색기에서 ROBOTIC_ARM 아이콘을 마우스 오른쪽 버튼을 클릭하여 새 시뮬레이션 생성을 만들어야 한다.

ROBOTIC_ARM 클릭 → MB3 클릭 → 새 시뮬레이션(New Simulation)

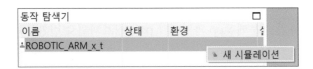

※ 새 시뮬레이션을 생성할 때 시스템은 파트와 동일한 이름의 폴더가 생성된다. 이 시뮬레이션 폴더에는 파트 시뮬레이션 파일, 해석 결과 등과 같은 메커니즘 데이터가 저장된다. 시뮬레이션 파일(*.sim)은 솔루션, 솔루션 설정 및 링크, 조인트 및 커넥터와 같은 모든 동작 객체에 대한 시뮬레이션 데이터를 포함하고 있다.

③ 새 시뮬레이션에 환경에서 수정 사항 없이 확인을 누른다.

해석 유형(Analysis Type) → 동역학(Dynamics) → 확인 (OK)

④ 동작 조인트 마법사(Motion Joint Wizard) 기능을 취소한다.

OK 하면 Joint 가 자동으로 생성되는데, 여기에서는 Cancel하여 Joint를 수동으로 생성한다.

동작 조인트 마법사(Motion Joint Wizard) → 취소 (Cancel)

(3) 솔루션 생성하기

① Motion Simulation에서 동작을 구현하기 위해서는 솔루션을 생성해야 한다.

홈(Home) → 설정(Setup) → 솔루션(Solution) → 솔루션 옵션(Solution Option) → 솔루션 유형(Solution Type) → 정상 실행(Normal Run) → 해석 유형(Analysis Type) → 운동학/동역학(Kinematics/Dynamics) → 시간(Time) → 스텝(Steps) → 확인(OK)

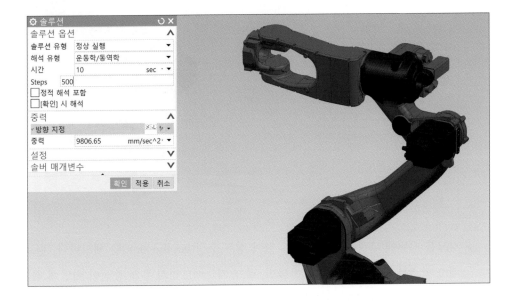

② 동작 탐색기(Motion Navigator)에 솔루션 항목이 생성된 것을 확인할 수 있다.

(4) 링크(Link) 생성하기

① Motion Simulation을 구현하기 위해서 먼저 링크를 통해 어떠한 컴포넌트를 사용할 것인지 각각의 파트를 등록시켜야 한다. 링크의 개체 선택에서 먼저 〈그림〉과 같이 1개의 컴포넌트를 선택하고 적용을 누른다.

홈(Home) → 설정(Setup) → 링크(Link) → 링크 객체(Link Object) → 객체 선택(Select Object) → 질량 특성 옵션(Mass Properties Option) → 자동(Automatic) → 설정(Settings) → ☑조인트 없이 링크 수정(☑Fix the link) → 적용(Apply)

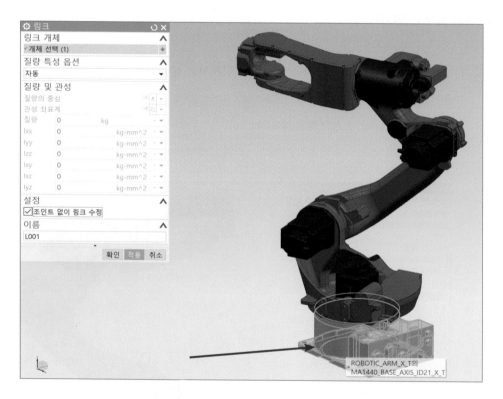

※ 링크를 지면에 고정하려면 조인트 없이 링크 수정(Fix the Link)을 체크한다. 링크 고정 체크 박스를 선택하여 링크를 만들면, 링크 지오메트리의 무게 중심이 지면에 위치하도록 고정 조인트가 자동으로 만들어진다.

② 다음 두 번째 링크를 등록한다. 개체 선택에서 〈그림〉과 같이 1개의 컴포넌트를 선택하고 적용을 클릭한다.

홈(Home) → 설정(Setup) → 링크(Link) → 링크 객체(Link Object) → 객체 선택(Select Object) → 질량 특성 옵션(Mass Properties Option) → 자동(Automatic) → 설정(Settings) → □조인트 없이 링크 수정(□Fix the link) → 적용(Apply)

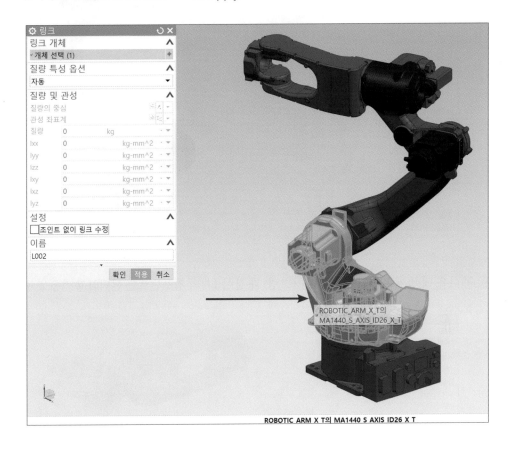

ROBOTIC ARM X T의 MA1440 S AXIS ID26 X T

③ 다음 세 번째 링크를 등록한다. 〈그림〉과 같이 1개의 컴포넌트를 선택하고 적용을 누른다.

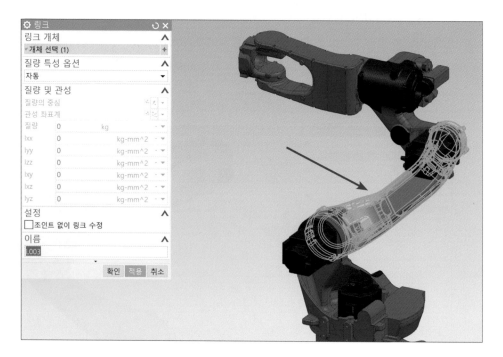

④ 다음 네 번째 링크를 등록한다. 〈그림〉과 같이 1개의 컴포넌트를 선택하고 적용을 누른다.

⑤ 다음 다섯 번째 링크를 등록한다. 〈그림〉과 같이 1개의 컴포넌트를 선택하고 적용을 누른다.

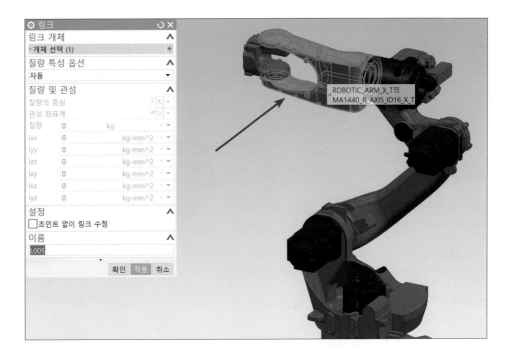

⑥ 다음 여섯 번째 링크를 등록한다. 〈그림〉과 같이 1개의 컴포넌트를 선택하고 적용을 누른다.

⑦ 다음 일곱 번째 링크를 등록한다. 〈그림〉과 같이 1개의 컴포넌트를 선택하고 확인을 누른다.

※ 동작 탐색기(Motion Navigator)를 살펴보면, 링크(Link) 항목이 추가되었다.

(5) 조인트 및 구속 조건 정의하기

① 조인트는 컴포넌트 선택하여 동작 특성을 정의한다. 첫 번째 조인트 정의하기 위해서 로봇 암 L002가 L001을 상대로 피벗 점에서 회전하도록 정의한다. 〈그림〉과 같이 링크 선택에 L002의 바닥 면을 선택하여 회전하는 중심점과 링크 객체가 모두 추정되어 선택 된다.

홈(Home) → 설정(Setup) → 조인트(Joint) → 정의(Definition) → 유형(Type) → 회전 (Revolute) → 작업(Action) → L002 바닥 면 선택(Select Link) → 벡터 지정 → Z + 축

MA1440_S_AXIS_ID26_X_T의 면

기준(Base) → L001 선택(Select Body) → 적용(Apply)

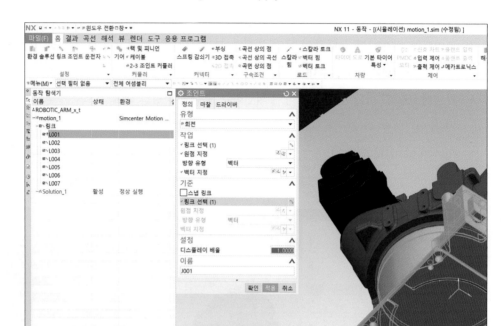

② 두 번째 조인트 정의하기 위해서 L003이 L002을 상대로 회전하도록 정의한다.

링크 선택에 L003의 Robot Arm 측면을 선택하여 회전하는 중심점과 링크 객체가 모두 추정되어 선택된다.

유형(Type) → 회전(Revolute) → 작업(Action) → L003 Robot Arm 하부 측면 선택(Select Link) →벡터 지정 → YC ― 축

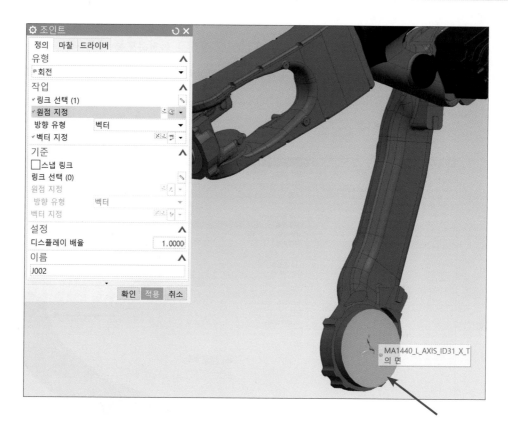

기준(Base) → L002 선택(Select Body) → 적용(Apply)

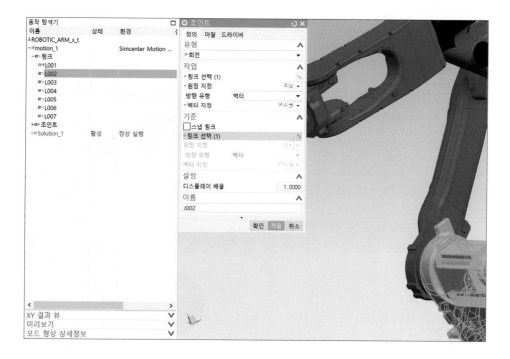

③ 세 번째 조인트 정의하기 위해서 L004가 L003을 상대로 회전하도록 정의한다. 링크 선택에
L003의 Robot Arm 측면을 선택하여 회전하는 중심점과 링크 객체가 모두 추정되어 선택된다.
유형(Type) → 회전(Revolute) → 작업(Action) → L003 Robot Arm 상부 측면 선택(Select Link)
→ 벡터 지정 → YC 축

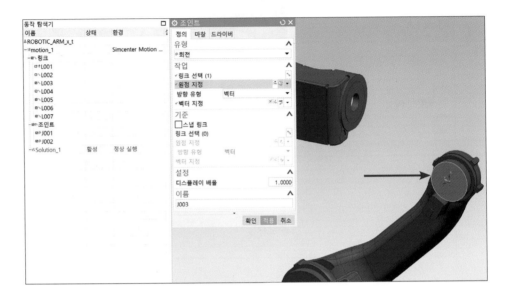

기준(Base) → L004 선택(Select Body) → 적용(Apply)

④ 네 번째 조인트 정의하기 위해서 L005가 L004를 상대로 회전하도록 정의한다. 링크 선택에 L005의 Robot Arm 하부 면을 선택하여 회전하는 중심점과 링크 객체가 모두 추정되어 선택된다.

유형(Type) → 회전(Revolute) → 작업(Action) → L005 Robot Arm 하부 면 선택(Select Link) → 벡터 지정 → −XC 축

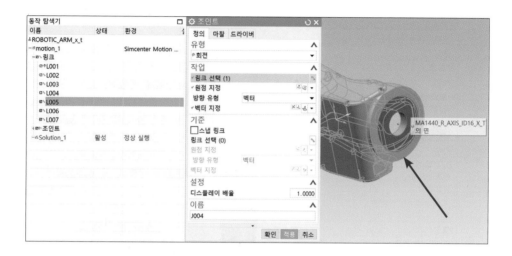

기준(Base) → L004 선택(Select Body) → 적용(Apply)

⑤ 다섯 번째 조인트 정의하기 위해서 L006이 L005를 상대로 회전하도록 정의한다. 링크 선택에 L001의 Shaft의 면을 선택하여 회전하는 중심점과 링크 객체가 모두 추정되어 선택된다.

유형(Type) → 회전(Revolute) → 작업(Action) → L005 Robot Arm 상부 면 선택(Select Link) → 방향 지정 → ZC 축

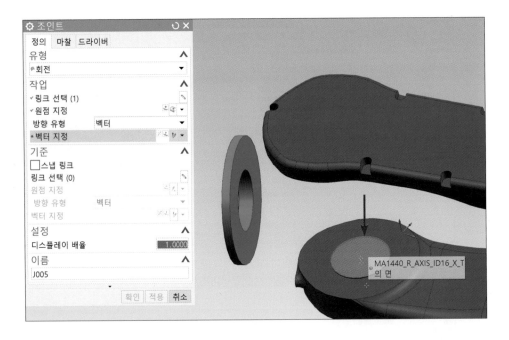

기준(Base) → L006 선택(Select Body) → 적용(Apply)

⑥ 여섯 번째 조인트 정의하기 위해서 L007이 L006을 상대로 회전하도록 정의한다. 링크 선택에 L007의 하부 모서리를 선택하여 회전하는 중심점과 링크 객체가 모두 추정되어 선택된다.

유형(Type) → 회전(Revolute) → 작업(Action) → L007 Robot Arm 하부 모서리 선택(Select Link) → 방향 지정 → XC 축

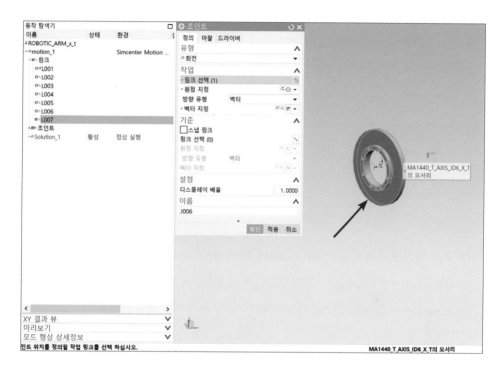

기준(Base) → L006 선택(Select Body) → 확인(OK)

※ 동작 탐색기(Motion Navigator)를 살펴보면, 조인트(Joint) 항목이 추가되었다.

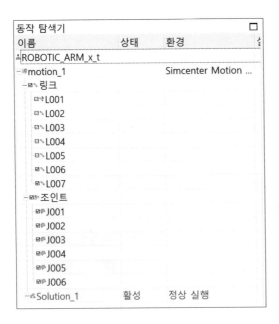

⑦ 로봇 암의 회전축에 운전자(Driver)와 함수 관리자를 이용하여 동작을 부여한다.

홈(Home) → 설정(Setup) → 운전자(Driver) → 드라이버 유형(Type) → 조인트 드라이버 → 회전
(Revolute) → 함수(Function) → 함수 데이터 유형 → 변위 → 함수 관리자

● 드라이버 개체 → J001

⑦-1 함수 섹션에서 오른쪽 마우스 클릭하면 함수 관리자 아이콘이 뜨고 이를 클릭하면 XY 함수 관리자창이 뜬다.

　　XY 함수 관리자 → 함수 속성 → 수학 → 새로 만들기

⑦-2 함수 관리자에서 새로 만들기를 클릭하면 XY 함수 편집기창이 뜬다. 아래와 같은 절차로 내용을 기입한다.

　　XY 함수 편집기 → 함수 속성 → 수학 → 목적 → 동작 → 함수 정의 → 이름 → Motor01_func → 삽입 → 동작-함수 → STEP(x, x0, h0, x1, h1) 더블 클릭 → 공식 → STEP(time, 0, 0, 1, 90) 수정 → 확인

⑦-3 다시 XY 함수 관리자창으로 복귀한다. 확인을 누른다.

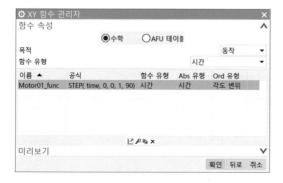

⑦-4 첫 번째 회전 조인트(J001)에 Motor01_func 함수를 이용하여 동작을 부여하기 위해
최종적으로 적용(Apply)을 누른다.

● 드라이버 개체 → J002

첫 번째 조인트에 동작을 부여하는 동일한 방식으로 두 번째 조인트도 동작을 부여한다.

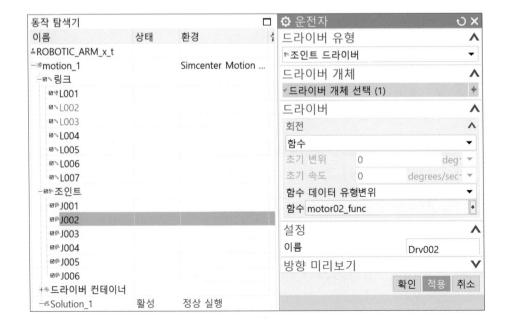

● 드라이버 개체 → J003

첫 번째 조인트에 동작을 부여하는 동일한 방식으로 세 번째 조인트도 동작을 부여한다.

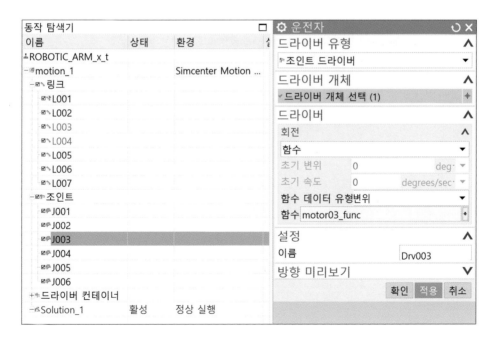

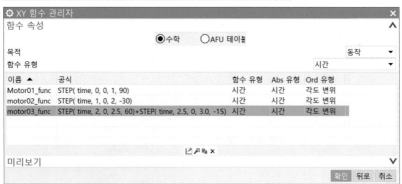

● 드라이버 개체 → J004

첫 번째 조인트에 동작을 부여하는 동일한 방식으로 네 번째 조인트도 동작을 부여한다.

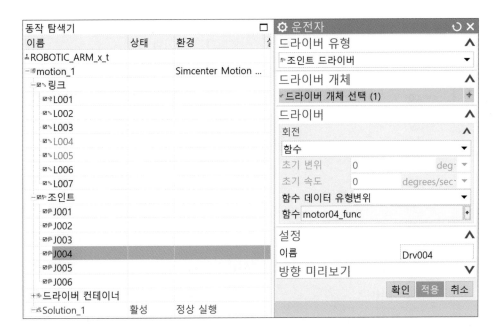

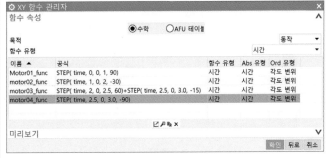

● 드라이버 개체 → J005

첫 번째 조인트에 동작을 부여하는 동일한 방식으로 다섯 번째 조인트도 동작을 부여한다.

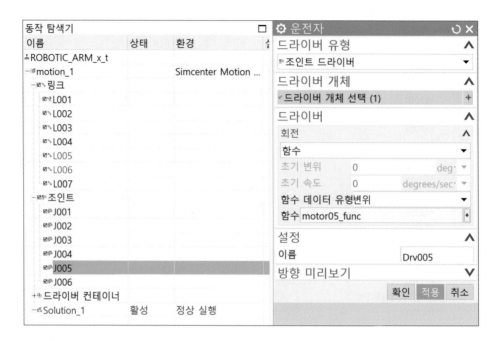

● 드라이버 개체 → J006

첫 번째 조인트에 동작을 부여하는 동일한 방식으로 여섯 번째 조인트도 동작을 부여한다.

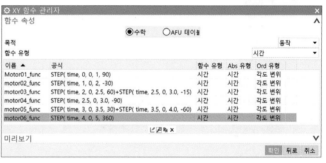

※ STEP 함수 알아보기

기본 공식 STEP(x, x_0, h_0, x_1, h_1)에서

x는 독립 변수. 일반적으로 time을 씀.

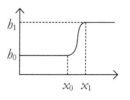

x_0 : 동작이 시작하는 초기 시각 h_0 : 동작이 시작되는 초기 변위 위치

x_1 : 동작이 끝나는 종료 시각 h_1 : 동작이 종료되는 변위 위치

공식

$$\text{STEP} = h_0, \qquad\qquad\qquad\qquad\qquad\qquad\qquad \text{when } x \le x_0$$
$$= h_0 + (h_1 - h_0)\left[\frac{x - x_0}{x_1 - x_0}\right]^2 \left\{3 - 2\left[\frac{x - x_0}{x_1 - x_0}\right]\right\}, \quad \text{when } x_0 < x \le x_1$$
$$= h_1 \qquad\qquad\qquad\qquad\qquad\qquad\qquad \text{when } x \ge x_1$$

※ 동작 탐색기(Motion Navigator)를 살펴보면, 드라이버 컨테이너 항목이 추가되었다.

동작 탐색기			□
이름	상태	환경	실
⚎ROBOTIC_ARM_x_t			
─⚙motion_1		Simcenter Motion ...	
─☑링크			
☑L001			
☑L002			
☑L003			
☑L004			
☑L005			
☑L006			
☑L007			
─☑조인트			
☑J001			
☑J002			
☑J003			
☑J004			
☑J005			
☑J006			
─드라이버 컨테이너			
Drv001			
Drv002			
Drv003			
Drv004			
Drv005			
Drv006			
─Solution_1	활성	정상 실행	

(6) 해석 진행하기 및 분석 결과 확인하기

① Motion에서 동작을 해석하기 위해서 마찬가지로 동작 탐색기에 Solution 항목을 마우스 오른쪽 버튼 클릭 ⇒ 해석을 진행해야 한다.

홈(Home) → 분석(Analysis) → 해석(Solve)

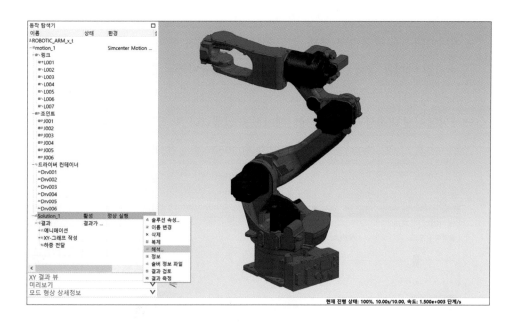

② 메뉴바에서 결과 탭의 재생 아이콘을 클릭하면 링크와 조인트로 연결되어 있는 컴포넌트가 Motion을 통해 움직여지는 것을 확인할 수 있다.

※ 애니메이션을 종료하고 모델 뷰로 돌아가는 방법은 애니메이션에 정지 아이콘을 클릭 ⇒ 마침 아이콘 클릭 ⇒ 모델로 복귀 클릭 ⇒ 메뉴바에서 홈 탭을 클릭

③ 애니메이션 대화상자를 통한 애니메이션을 실행한다. 특정 시간에서의 동작을 추적한다.

홈(Home) → 해석(Analysis) → 애니메이션(Animation) → 재생(Play)

홈(Home) → 해석(Analysis) → 애니메이션(Animation) → 포스트 도구 → 전체 메커니즘 추적

④ 시뮬레이션 분석 시 특정 링크의 동작 범위를 표시한다.

홈(Home) → 분석(Analysis) → 동작 Envelope

솔리드 바디 'MA1440_L_AXIS' 선택됨

• L003 링크의 시뮬레이션 동작 범위

경량형 바디 : 동작 Envelope

⑤ 링크, 조인트 마커 등과 같은 동작 객체(Motion Object)의 동작 결과를 플로팅한다. 동
작과 분석 결과를 동시에 표시하기 위해 레이아웃 설정을 바꾼다.

결과(Result) → 레이아웃(Layout) → 레이아웃 설정(Layout setting) → 나란히 보기

홈(Home) → 분석(Analysis) → XY 결과(XY Result)

- J001 조인트의 상대 각도 변위 결과

  동작 탐색기 → 조인트 → J001 → XY 결과 뷰 → 상대 → 변위 → RZ → MB1 더블 클릭 → 오른쪽
  창 선택

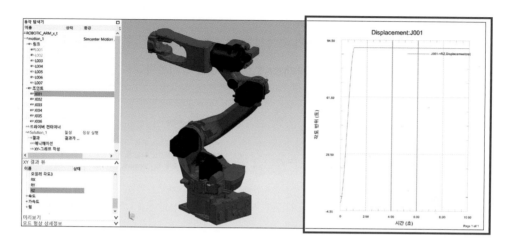

⑥ 애니메이션은 다음 두 가지 방법으로 종료할 수 있다.

결과(Result) → 레이아웃(Layout) → 모델로 돌아가기기(Return to Model)

결과(Result) → 애니메이션(Animation) → 애니메이션 종료(Finish Animation)

(7) 해석 종료하기

① 동작 탐색기에서 ROBOTIC_ARM_x_t 아이콘을 마우스 왼쪽 버튼을 더블 클릭하여 시
뮬레이션을 종료한다.

동작 탐색기 ROBOTIC_ARM_x_t 아이콘 → MB1 더블 클릭

9. 스프링 – 댐퍼 모델

(1) 예제 파일 불러오기

① Motion Simulation을 진행하기 위해서는 어셈블리가 완료된 형상이 필요하다.

　Motion 폴더에 있는 SpringDamper01.prt 파일을 불러온다.

(2) 동작 응용 프로그램(Motion Simulation) 시작하기

① 응용 프로그램에서 동작 아이콘을 클릭한다.

　응용 프로그램 → 동작

② 해석과 마찬가지로 동작 탐색기에서 SpringDamper01 아이콘을 마우스 오른쪽 버튼을
클릭하여 새 시뮬레이션 생성을 만들어야 한다.

SpringDamper01 클릭 → MB3 클릭 → 새 시뮬레이션(New Simulation)

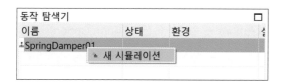

③ 새 시뮬레이션에 환경에서 수정 사항 없이 확인을 누른다.

해석 유형(Analysis Type) → 동역학(Dynamics) → 확인 (OK)

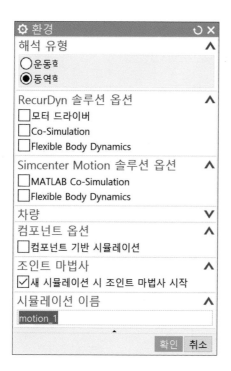

④ Motion Joint 마법사 기능 취소한다.

OK 하면 Joint가 자동으로 생성되는데, 여기에서는 Cancel하여 Joint를 수동으로 생성
한다.

동작 조인트 마법사(Motion Joint Wizard) → 취소 (Cancel)

(3) 솔루션 생성하기

① Motion Simulation에서 동작을 구현하기 위해서는 해석(Advanced Simulation)과 마찬가지로 솔루션을 생성해야 한다.

홈(Home) → 설정(Setup) → 솔루션(Solution) → 솔루션 옵션(Solution Option) → 솔루션 유형(Solution Type) → 정상 실행(Normal Run) → 해석 유형(Analysis Type) → 운동학/동역학(Kinematics/Dynamics) → 시간(Time) → 스텝(Steps) → 확인(OK)

② 동작 탐색기(Motion Navigator)에 솔루션 항목이 생성된 것을 확인할 수 있다.

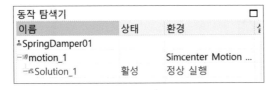

(4) 링크(Link) 생성하기

① Motion Simulation을 구현하기 위해서 먼저 링크를 통해 어떠한 컴포넌트를 사용할 것
인지 각각의 파트를 등록시켜야 한다. 링크의 개체 선택에서 먼저 〈그림〉과 같이 1개의
컴포넌트를 선택하고 적용을 누른다.

홈(Home) → 설정(Setup) → 링크(Link) → 링크 객체(Link Object) → 객체 선택(Select Object)
→ 질량 특성 옵션(Mass Properties Option) → 자동(Automatic) → 설정(Settings) → ☑조인트
없이 링크 수정(☑Fix the link) → 적용(Apply)

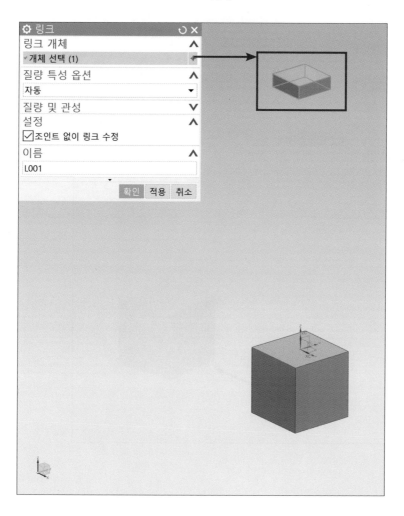

② 다음 두 번째 링크를 등록한다. 개체 선택에서 〈그림〉과 같이 1개의 컴포넌트를 선택하고 적용을 클릭한다.

홈(Home) → 설정(Setup) → 링크(Link) → 링크 객체(Link Object) → 객체 선택(Select Object) → 질량 특성 옵션(Mass Properties Option) → 자동(Automatic) → 설정(Settings) → □조인트 없이 링크 수정(□Fix the link) → 적용(Apply)

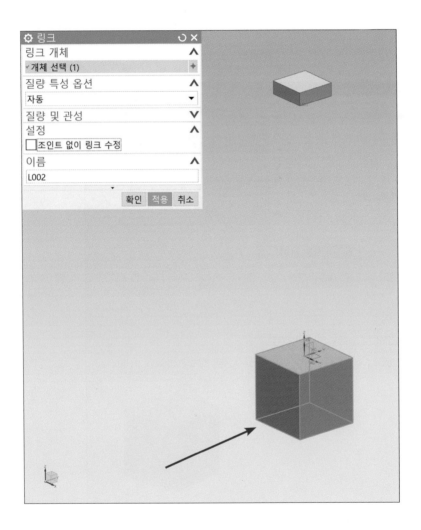

③ 특정 링크의 물성치를 수정해야 경우, 동작 탐색기 내 해당 링크 개체를 선택하고 마우스 오른쪽 버튼을 클릭하여 편집하여야 한다.

L002 클릭 → MB3 클릭 → 편집(Edit) → 질량 특성 옵션 → 사용자 정의 → 질량 → 180 kg

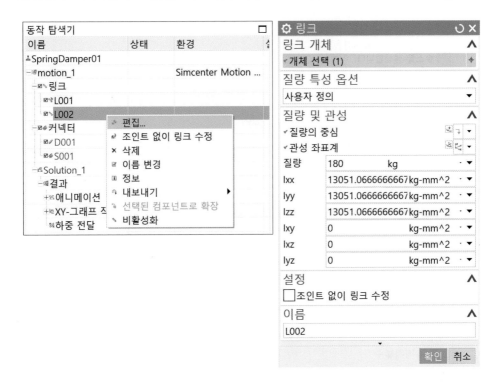

(5) 조인트 및 구속 조건 정의하기

① 다음으로 지면 링크 L001과 사각박스 L002에 스프링-댐퍼를 단다. 커넥터 - 스프링을 선택하고 확인을 누른다.

홈(Home) → 커넥터(Joint) → 스프링(Spring) → 작업(Action) → 링크 선택(Select Link) → 사각박스 L002 → 기준(Base) → 링크 선택(Select Link) → 지면 L001 → 스프링 매개변수 → 강성 → 유형 → 수식 → 값 5 → 사전 하중 → 사전 하중된 거리 400 → 감쇠기 → 유형 → 수식 → 값 0.05 → 확인

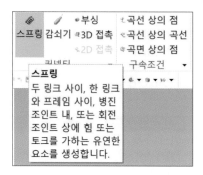

- 선형 스프링(spring) 및 감쇠기(damper)

  선형 스프링 강성계수(linear stiffness coefficient)는 표현식(Expression)을 선택하고 값 상자(Value box)에 값을 입력한다.

※ 동작 탐색기 내 커넥터의 정보가 업데이트되었다.

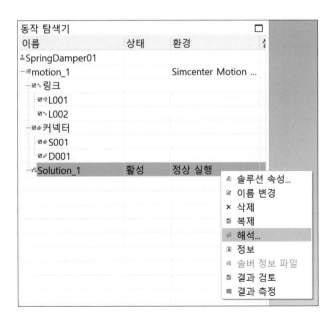

(6) 해석 진행하기 및 분석 결과 확인하기

① Motion에서 동작을 해석하기 위해서 마찬가지로 동작 탐색기에 Solution 항목을 마우스
오른쪽 버튼 클릭 ⇒ 해석을 진행해야 한다.

홈(Home) → 분석(Analysis) → 해석(Solve)

해석이 완료된 모습

동작 탐색기			□
이름	상태	환경	실
⚓SpringDamper01			
─motion_1		Simcenter Motion ...	
─◣링크			
◣L001			
◣L002			
─◢커넥터			
◢S001			
◢D001			
─◣Solution_1	활성	정상 실행	
─◢결과	결과가 ...		
┼◢애니메이션			
┼◢XY-그래프 작성			
◢하중 전달			

② 메뉴바에서 결과 탭의 재생 아이콘을 클릭하면 링크와 조인트로 연결되어 있는 컴포넌트가 Motion을 통해 움직여지는 것을 확인할 수 있다. 애니메이션을 종료하고 모델 뷰로 돌아가는 방법은 애니메이션에 정지 아이콘을 클릭 ⇒ 마침 아이콘 클릭 ⇒ 모델로복귀 클릭 ⇒ 메뉴바에서 홈 탭을 클릭

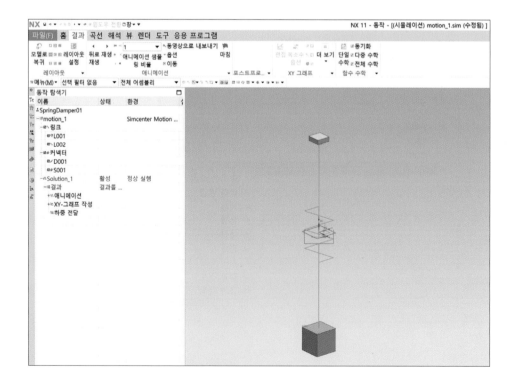

③ 링크, 조인트 마커 등과 같은 동작 객체(Motion Object)의 동작 결과를 플로팅한다. 동
작 결과를 여러 개의 창에서 보기 위해서 레이아웃 설정을 바꾼다.

결과(Result) → 레이아웃(Layout) → 레이아웃 설정(Layout setting) → 3개의 동일하지 않은 뷰

홈(Home) → 분석(Analysis) → XY 결과(XY Result)

※ 결과 그래프로 나타내기 방법

1) 동작 탐색기에서 플로팅하고자 하는 동작 객체(S001)를 선택한다.

2) XY 결과 뷰에서 변위, 속도, 가속도 및 힘을 포함한 결과를 선택하고, 더블 클릭한다.

3) 출력하고자 하는 결과창을 선택한다.

● 스프링-댐퍼의 Z축 변위와 힘 진폭

동작 탐색기 → 커넥터 → S001 → XY 결과 뷰 → 상대 → 변위 → Z → MB1 더블 클릭 → 우측 상
단 창 선택

동작 탐색기 → 커넥터 → S001 → XY 결과 뷰 → 상대 → 힘 → 힘 진폭 → MB1 더블 클릭 → 우측
하단 창 선택

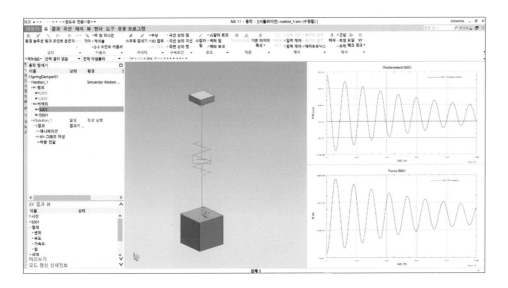

● 스프링-댐퍼의 Z축 변위 대비 스프링의 힘 그래프(스프링 강성 그래프) 플로팅하기

선택한 곡선을 X축으로 설정한 다음, 곡선 중의 하나를 수직 곡선으로 플로팅한다. 이때 X축으로 지정된 곡선은 그래프에서 X축으로 사용된다.

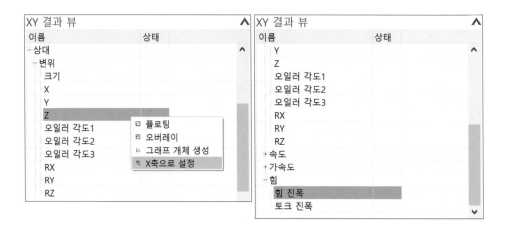

1) 결과 → 레이아웃 설정 → 나란히 결과 레이아웃창 설정한다.

2) 동작 탐색기에서 플로팅하고자 하는 동작 객체(S001)를 선택한다.

3) XY 결과 뷰에서 상대 → 변위 → Z → X축으로 설정한다.

4) XY 결과 뷰에서 상대 → 힘 → 힘 진폭 선택하고, 더블 클릭한다.

5) 출력하고자 하는 결과창을 선택한다.

● 스프링-댐퍼의 Z축 변위와 힘 진폭(스프링 강성)

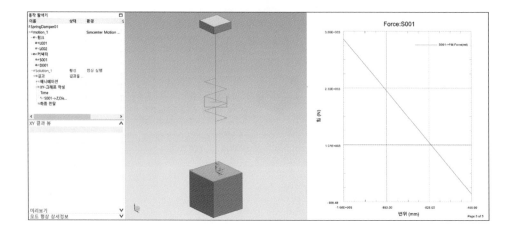

④ 애니메이션 대화상자를 통한 애니메이션을 실행한다. 스프링의 거동과 그래프 결과를 함께 볼 수 있다.

홈(Home) → 해석(Analysis) → 애니메이션(Animation) → 재생(Play)

※ 애니메이션은 다음 두 가지 방법으로 종료할 수 있다.

결과(Result) → 레이아웃(Layout) → 모델로 돌아가기(Return to Model)

결과(Result) → 애니메이션(Animation) → 애니메이션 종료(Finish Animation)

(7) 해석 종료하기

① 동작 탐색기에서 SpringDamper01 아이콘을 마우스 왼쪽 버튼을 더블 클릭하여 시뮬레이션을 종료한다.

동작 탐색기 SpringDamper01 아이콘 → MB1 더블 클릭

동작 탐색기			□
이름	상태	환경	싱
▲SpringDamper01			
▩motion_1			

10. 비선형 스프링–댐퍼 모델

(1) 예제 파일 불러오기

① Motion Simulation을 진행하기 위해서는 어셈블리가 완료된 형상이 필요하다.

Motion 폴더에 있는 SpringDamper02.prt 파일을 불러온다.

(2) 동작 응용 프로그램(Motion Simulation) 시작하기

① 응용 프로그램에서 동작 아이콘을 클릭한다.

응용 프로그램 → 동작

② 해석과 마찬가지로 동작 탐색기에서 SpringDamper02 아이콘을 마우스 오른쪽 버튼을 클릭하여 새 시뮬레이션 생성을 만들어야 한다.

SpringDamper02 클릭 → MB3 클릭 → 새 시뮬레이션(New Simulation)

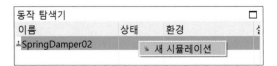

③ 새 시뮬레이션에 환경에서 수정 사항 없이 확인을 누른다.

해석 유형(Analysis Type) → 동역학(Dynamics) → 확인 (OK)

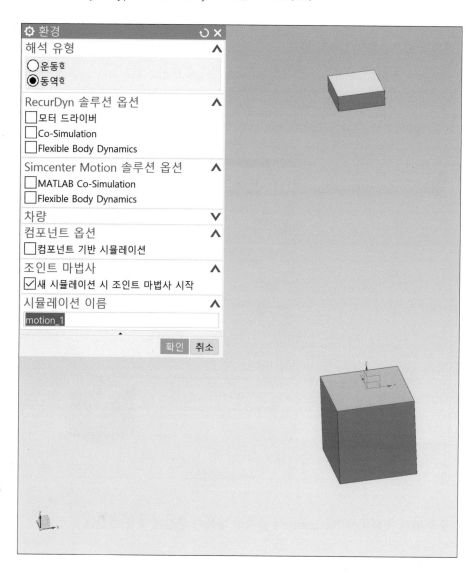

(3) 솔루션 생성하기

① Motion Simulation에서 동작을 구현하기 위해서는 해석(Advanced Simulation)과 마찬가지로 솔루션을 생성해야 한다.

홈(Home) → 설정(Setup) → 솔루션(Solution) → 솔루션 옵션(Solution Option) → 솔루션 유형(Solution Type) → 정상 실행(Normal Run) → 해석 유형(Analysis Type) → 운동학/동역학(Kinematics/Dynamics) → 시간(Time) → 스텝(Steps) → 확인(OK)

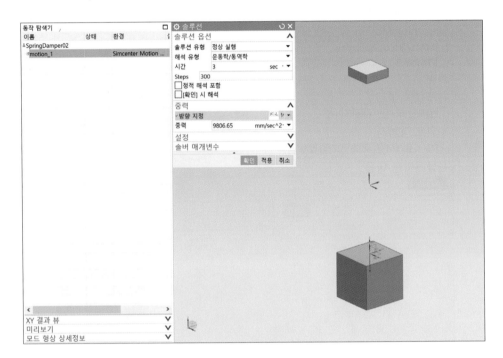

② 동작 탐색기(Motion Navigator)에 솔루션 항목이 생성된 것을 확인할 수 있다.

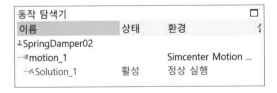

(4) 링크(Link) 생성하기

① Motion Simulation을 구현하기 위해서 먼저 링크를 통해 어떠한 컴포넌트를 사용할 것 인지 각각의 파트를 등록시켜야 한다. 링크의 개체 선택에서 먼저 〈그림〉과 같이 1개의 컴포넌트를 선택하고 적용을 누른다.

홈(Home) → 설정(Setup) → 링크(Link) → 링크 객체(Link Object) → 객체 선택(Select Object) → 질량 특성 옵션(Mass Properties Option) → 자동(Automatic) → 설정(Settings) → ☑조인트 없이 링크 수정(☑Fix the link) → 적용(Apply)

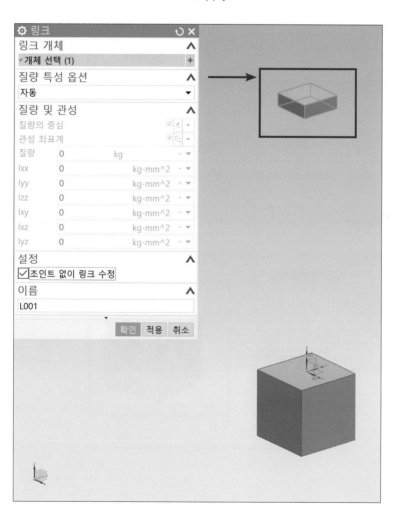

② 다음 두 번째 링크를 등록한다. 개체 선택에서 〈그림〉과 같이 1개의 컴포넌트를 선택하고 적용을 클릭한다.

홈(Home) → 설정(Setup) → 링크(Link) → 링크 객체(Link Object) → 객체 선택(Select Object) → 질량 특성 옵션(Mass Properties Option) → 자동(Automatic) → 설정(Settings) → □조인트 없이 링크 수정(□Fix the link) → 적용(Apply)

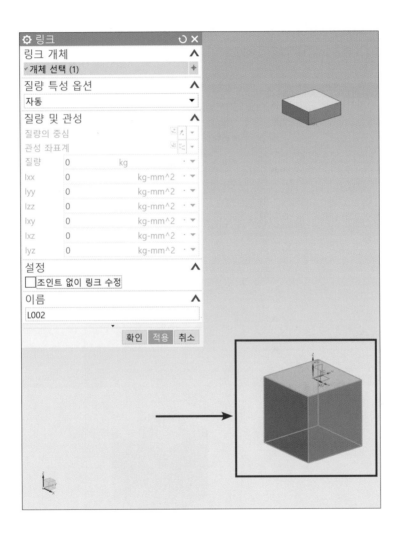

③ 특정 링크의 개체 선택을 수정해야 경우, 동작 탐색기 내 해당 링크 개체를 선택하고 마
우스 오른쪽 버튼을 클릭하여 편집하여야 한다.

L002 클릭 → MB3 클릭 → 편집(Edit) → 질량 특성 옵션 → 사용자 정의 → 질량 → 180 kg

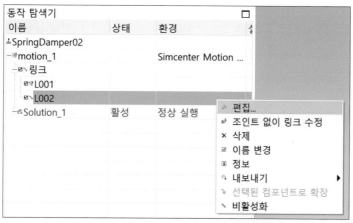

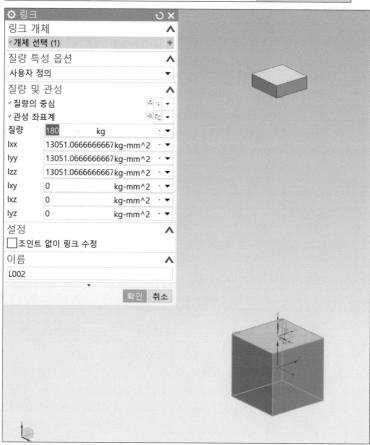

(5) 조인트 및 구속 조건 정의하기

① 지면 L001과 사각박스 L002에 비선형 스프링-댐퍼를 설치한다. 커넥터 - 스프링을 선택
하고 확인을 누른다. 스프링의 비선형 강성계수는 스플라인 함수로 정의한다.

홈(Home) → 커넥터(Joint) → 스프링(Spring) → 작업(Action) → 링크 선택(Select Link) → 사
각박스 L002 → 기준(Base) → 링크 선택(Select Link) → 지면 L001 → 스프링 매개변수 → 강성
→ 유형 → 스플라인 → 함수 → 함수 관리자

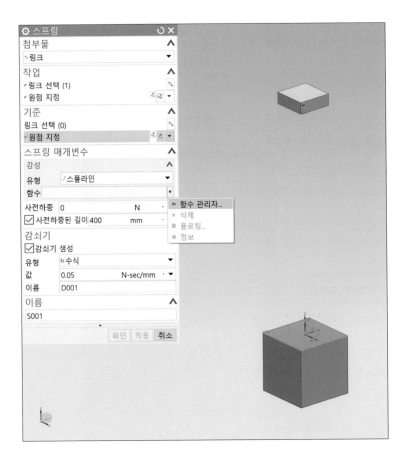

- XY 함수 편집기를 이용한 비선형 물성치 입력

  함수 관리자 → 새로 만들기 → XY 함수 편집기 → 생성 단계 → XY → XY 데이터 생성 → 텍스트 편

  집기 → 입력 → 확인

- 텍스트 편집기 입력값은 아래와 같다.

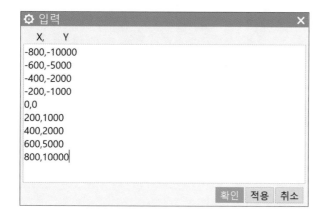

● 비선형 스프링의 강성 입력 결과는 미리보기를 통해 확인할 수 있다.

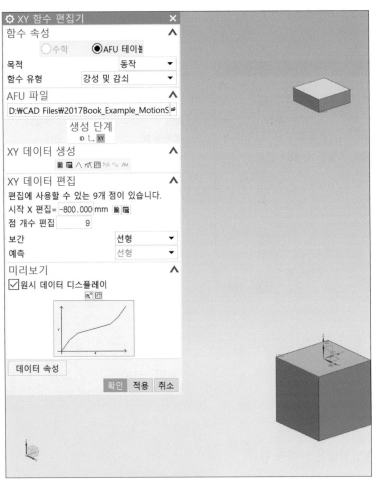

※ 스프링 매개변수에 대한 스플라인 함수 설정이 종료되면 함수에 record 가 표시된다. 감
쇠기(damper)는 동작하는 반대 방향으로 힘을 부가하여 기계적인 에너지를 소산시키는
것으로 종종 반력을 가하여 스프링의 거동을 제어하는 데 사용한다.

감쇠기 → ☑감쇠기 편집 → 유형 → 수식 → 값 → 0.05 → 확인

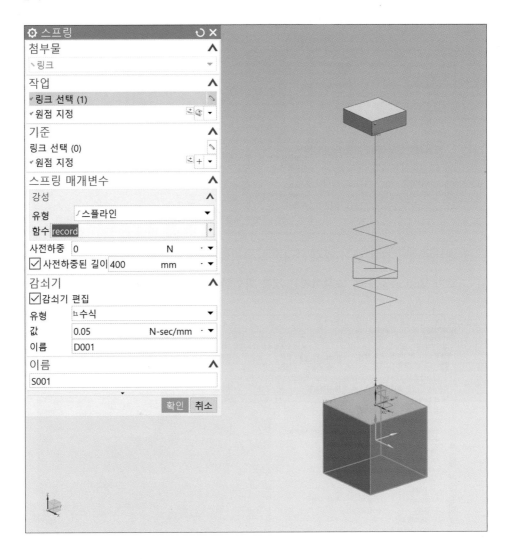

(6) 해석 진행하기 및 분석 결과 확인하기

① Motion에서 동작을 해석하기 위해서 마찬가지로 동작 탐색기에 Solution 항목을 마우스 오른쪽 버튼 클릭 ⇒ 해석을 진행해야 한다.

홈(Home) → 분석(Analysis) → 해석(Solve)

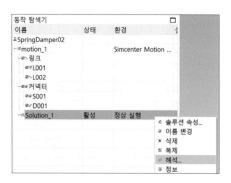

② 메뉴바에서 결과 탭의 재생 아이콘을 클릭하면 링크와 조인트로 연결되어 있는 컴포넌트가 Motion을 통해 움직여지는 것을 확인할 수 있다.

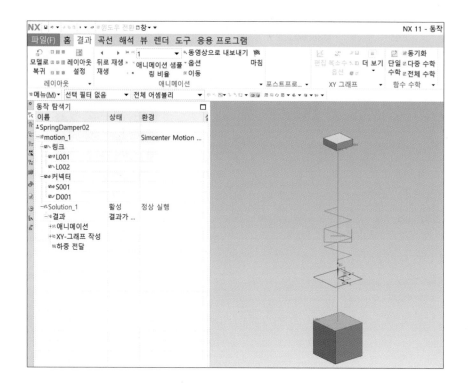

③ 링크, 조인트 마커 등과 같은 동작 객체(Motion Object)의 동작 결과를 플로팅한다. 동
작 결과를 여러 개의 창에서 보기 위해서 레이아웃 설정을 바꾼다.

결과(Result) → 레이아웃(Layout) → 레이아웃 설정(Layout setting) → 3개의 동일하지 않은 뷰

홈(Home) → 분석(Analysis) → XY 결과(XY Result)

● 스프링-댐퍼의 Z축 변위와 힘 진폭

동작 탐색기 → 커넥터 → S001 → XY 결과 뷰 → 상대 → 변위 → Z → MB1 더블 클릭 → 우측 상
단 창 선택

동작 탐색기 → 커넥터 → S001 → XY 결과 뷰 → 상대 → 힘 → 힘 진폭 → MB1 더블 클릭 → 우측
하단 창 선택

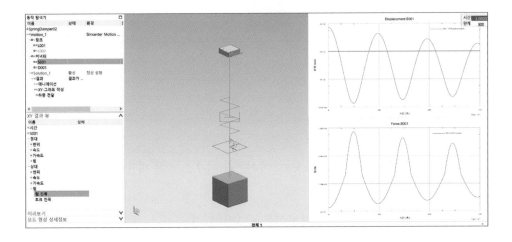

● 스프링-댐퍼의 Z축 변위 대비 스프링의 힘 그래프 (X축 : Z축 변위, Y축 : 스프링 힘)

선형 스프링 댐퍼의 결과 플로팅 방법과 동일하다. X축 설정은 Z 축 변위로 설정하고, Y 축은 스프링 힘 진폭을 설정한다.

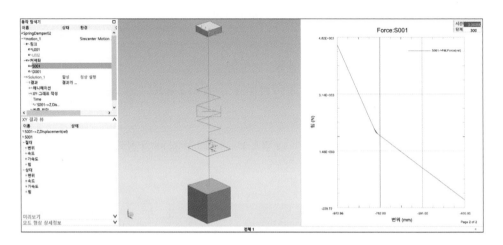

(7) 해석 종료하기

① 동작 탐색기에서 SpringDamper02 아이콘을 마우스 왼쪽 버튼을 더블 클릭하여 시뮬레 이션을 종료한다.

동작 탐색기 SpringDamper02 아이콘 → MB1 더블 클릭

UG NX11(모션시뮬레이션)

2018년 2월 25일   1판   1쇄   인 쇄
2018년 2월 28일   1판   1쇄   발 행

지 은 이 : 이건범 · 임대섭 · 이승원 · 이해원

펴 낸 이 : 박   정   태

펴 낸 곳 : **광   문   각**

10881
파주시 파주출판문화도시 광인사길 161
광문각 B/D 4층
등   록 : 1991. 5. 31 제12 - 484호
전 화(代) : 031-955-8787
팩   스 : 031-955-3730
E - mail : kwangmk7@hanmail.net
홈페이지 : www.kwangmoonkag.co.kr

ISBN : 978-89-7093-885-1   93560

값 : 29,000원

한국과학기술출판협회
Korean Science & Technology Publisher Association